核能与核技术经典教材系列

U0366864

核反应堆热工水力

顾汉洋　丛腾龙　刘　莉　刘茂龙　编著

上海交通大学出版社
SHANGHAI JIAO TONG UNIVERSITY PRESS

内容提要

核反应堆热工水力是高校核工程专业核心课程之一。本书首先介绍堆内热量产生、燃料元件传热、单相对流传热、两相流动和沸腾传热的基本过程;在此基础上,给出了反应堆堆芯稳态热工设计准则、堆芯热工设计的单通道分析方法和子通道分析方法;最后简单介绍了计算流体力学及其在反应堆热工水力中的应用,以及临界流、两相逆流限制、支管夹带、自然循环等特殊重要现象。本书可作为高等院校核工程专业本科生教材,也可供核工程领域研究生及技术人员参考。

图书在版编目(CIP)数据

核反应堆热工水力 / 顾汉洋等编著. -- 上海:上海交通大学出版社,2024.9. -- ISBN 978-7-313-31653-0

Ⅰ. TL33

中国国家版本馆 CIP 数据核字第 20249FB615 号

核反应堆热工水力

HEFANYINGDUI REGONG SHUILI

编　　著:顾汉洋　丛腾龙　刘　莉　刘茂龙
出版发行:上海交通大学出版社　　　　　　　地　　址:上海市番禺路 951 号
邮政编码:200030　　　　　　　　　　　　　电　　话:021 - 64071208
印　　制:常熟市文化印刷有限公司　　　　　经　　销:全国新华书店
开　　本:710 mm×1000 mm　1/16　　　　印　　张:21.25
字　　数:359 千字
版　　次:2024 年 9 月第 1 版　　　　　　　印　　次:2024 年 9 月第 1 次印刷
书　　号:ISBN 978 - 7 - 313 - 31653 - 0
定　　价:69.00 元

版权所有　侵权必究
告读者:如发现本书有印装质量问题请与印刷厂质量科联系
联系电话:0512 - 52219025

前　言

核反应堆热工水力分析的目的是研究反应堆系统内流体流动和能量传输的过程，是反应堆工程设计和安全分析的基础。因此"反应堆热工水力学"通常被设置为反应堆工程专业的核心基础课程。

围绕反应堆热工水力分析，国内已经有一批优秀教材，如于平安等编著的《核反应堆热工分析(第三版)》(上海交通大学出版社，2002)、俞冀阳编著的《反应堆热工水力学(第三版)》(清华大学出版社，2018)等。这些教材系统地阐述了反应堆内的热源产生、单相/两相流动及传热相关的基础知识，并给出了热工分析的常用方法。

本书围绕压水反应堆热工设计分析，涵盖热工水力学基本概念、分析方法以及典型工程应用。在阐述热工水力分析基础知识的同时，注重知识的应用和工程问题的解决，力求使教材教学内容与反应堆热工设计应用紧密结合，使读者能够通过本书的学习，具备实操解决反应堆热工水力基本问题的能力。例如，在临界热流密度预测章节，不仅给出了常见的圆管和棒束通道内临界热流密度预测模型、临界热流密度查询表，还给出了如何使用模型或查询表计算轴向非均匀功率的通道内的临界热流密度；在堆芯稳态热工设计章节，不仅给出了热工设计准则、热管和热点因子、单通道稳态设计的一般方法，还通过一个完整的案例让读者掌握如何使用准则和方法开展实际的反应堆热工初步设计。

由于编者水平有限，书中难免存在疏漏和不足之处，恳请各位读者批评指正！

编著者
2024 年 8 月

目　录

第 1 章　反应堆热工水力学简介

本章主要介绍核能与反应堆发展历史及主要反应堆类型，以及典型压水堆一回路系统、燃料组件结构，在此基础上介绍反应堆内主要热工水力现象，最后阐述反应堆热工水力分析的主要任务。

1.1　核能与反应堆发展

核能自 1942 年开始，经历了 80 余年的发展，已形成以第二代、第三代反应堆技术为主，第四代核反应堆技术蓬勃发展的局面。本节主要介绍核能发展历史及现状。

1.1.1　发展历史

核能，即原子能，主要包括裂变能和聚变能，前者是铀等重元素核分裂时释放出来的能量，后者是氕、氘、氚、氦等轻元素核聚合释放出来的能量。目前各国核电站应用裂变核能进行发电。核电站内一回路冷却剂将核反应堆堆芯裂变热导出，通过汽轮机以及发电机将热能转变为电能。不同类型反应堆设计特点不同，汽轮机可能被一回路冷却剂直接驱动，抑或是被从一回路吸收核热的二回路冷却剂驱动。

自 1942 年费米在美国芝加哥大学建成世界上第一座自持链式核裂变反应堆，以及苏联于 1954 年 6 月 27 日建成世界首个并网发电的奥布宁斯克核电站，全世界已经累计有 639 个核电机组投入运营。现有反应堆系统类型可分为第一代、第二代、第三代、第三代加以及第四代反应堆，如图 1-1 所示。

第一代反应堆指 20 世纪 50—70 年代建造的动力堆和民用核能反应堆的原型堆。第一代反应堆覆盖了一批实验示范型核电站，例如英国天然铀石墨气冷反应堆 Calder Hall-1，法国 60 MW 天然铀石墨气冷堆等。这一代反应

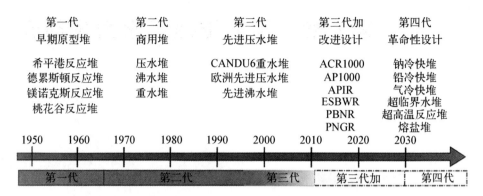

图 1-1　核反应堆发展历史

堆受到燃料技术的限制，多以天然铀作为燃料，并停留在实验示范阶段，反应堆在以"概念验证"为目的的低功率水平上运行。

　　第二代核反应堆指 20 世纪 60 年代至 21 世纪初商用反应堆，采用能动安全系统设计，以自动启动的电气或机械传动实现安全功能。典型的第二代反应堆包括压水反应堆（pressurized water reactor，PWR）、重水反应堆（如 Canada deuterium uranium，CANDU）、沸水堆（boiling water reactor，BWR）等，目前大部分商用反应堆为第二代反应堆。

　　第三代核反应堆相较于第二代反应堆，在燃料技术、热效率、模块化结构、安全系统（特别是非能动安全系统）等领域进行了改进，进而提高了反应堆安全性并延长了使用寿命。第三代反应堆的堆芯寿期能达到 60 年（第二代反应堆为 40 年寿期）。典型的第三代反应堆堆型设计包括美国西屋公司设计的 600 MW 先进压水堆（AP-600）、通用电气核能公司设计的先进沸水反应堆（advanced boiling water reactor，ABWR）等。

　　第三代加反应堆是第三代反应堆的进化发展，与第二代反应堆设计相比，第三代加反应堆系统的最大改进是在设计中引入了非能动安全系统，这些系统无须主动控制或操作员干预，而是依靠重力或自然对流来减轻异常事件的影响。第三代加反应堆设计的示例包括俄罗斯 VVER-1200 反应堆、美国西屋公司设计的 AP1000、中国华龙一号等。

　　第四代核能系统较第三代反应堆系统在经济性、安全性、可持续发展性、防核扩散、防恐怖袭击等方面具有显著的先进性和竞争能力。2002 年第四代核能系统国际论坛（Generation IV International Forum，GIF）确立了 6 种先进第四代核反应堆作为重点研发对象，包括 3 种快中子堆［钠冷快堆（sodiumcooled fast reactor，SFR)、铅冷快堆(lead-cooled fast reactor，LFR)和气冷快堆(gas-cooled fast reactor，GFR)]，以及 3 种热中子堆[超临界水冷堆(super critical water-cooled reactor，SCWR)、超高温气冷堆(very high temperature gas-cooled reactor，VHTR)和熔盐堆(molten salt reactor，MSR)]。

　　核反应堆种类繁多，根据中子能谱的不同，可以分为快中子反应堆和热中子反应堆；按用途的不同，可以分为研究试验堆、生产堆与动力堆；按冷却剂与慢化剂的不同，可以分为轻水反应堆(包括压水堆和沸水堆)、重水反应堆、气冷反应堆(包括氦气冷却与二氧化碳冷却等)、液态金属冷却反应堆(包括钠冷堆、铅冷堆等)以及熔盐反应堆等。截至 2023 年 12 月，全球在运行核反应堆中，压水堆装机容量约占 78.2%、重水堆约占 6.6%，沸水堆约占 11.5%，三者合计约占 96.3%(见表 1-1)。故本节重点介绍压水堆、重水堆及沸水堆。

表 1-1　不同类型在役反应堆净装机容量、数目及容量占比(IAEA)(截至 2023 年 12 月)

反应堆类型	总净容量/MW	反应堆数目/个	占比/%
压水堆	291 765	305	78.17
重水堆	24 723	47	6.62
沸水堆	43 071	41	11.54
水冷石墨慢化堆	7 433	11	1.99
高温气冷堆	200	1	0.05
气冷石墨慢化堆	4 685	8	1.26
快中子增殖堆	1 380	2	0.37
合计	373 257	415	100.00

1.1.2　堆型简介

　　世界上运行的商用核电机组大部分为水冷反应堆。本节针对水冷反应堆中典型的压水堆、重水堆以及沸水堆进行介绍。

　　1) 压水堆

　　国内在运核电机组大部分为压水堆，即加压水冷堆，其原理如图 1-2 所示。压水堆核电厂由核岛、常规岛以及辅助系统构成。核岛由压力容器、蒸汽发生器、稳压器、冷却主泵、一回路管路系统以及支撑一回路运行的辅助系统构成,上述部件均置于安全壳内。汽轮机、发电机以及其他二回路系统部件则位于常规岛内,与火电厂等常规电厂相似。

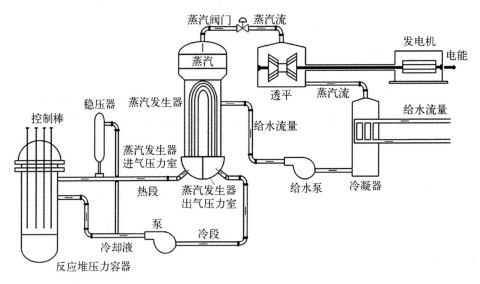

图 1-2　压水堆系统示意图

压水堆冷却剂为轻水,具有优异的热传输能力。为提高压水堆热效率,堆芯出口需维持较高的运行参数,而轻水常压下沸点较低,故现有压水堆一回路、二回路运行压力分别为 15 MPa、6~7 MPa,以保证冷却剂在高温下仍能维持单相状态。

一回路冷却剂通过稳压器加压至 15 MPa 左右。从堆芯吸收核热后,一回路冷却剂由主泵驱动自热管段进入蒸汽发生器一次侧加热二次侧冷却给水,使其汽化产生蒸汽。一回路冷却剂由蒸汽发生器流出后,经冷管段回到核反应堆堆芯。而蒸汽发生器二次侧产生的蒸汽进入汽轮机后推动发电机,最终将核能转变为电能。压力容器、主泵、蒸汽发生器、冷段、热段、稳压器等部件构成了压水堆的一回路压力边界。该密闭空间构成了核反应堆放射性裂变产物的第二道安全屏障。

我国目前在运行压水堆核电机组主要为第二代压水堆,如大亚湾核电机组。福岛事故后,第三代大型先进压水堆研发建设进程加快,2018 年世界首台 AP1000 机组-三门一号机组并网发电;2022 年 3 月中国自主知识产权第三代压水堆核电技术华龙一号首台机组-福清 5 号机组投入商运。AP1000 与华龙一号主要设计参数如表 1-2 所示。

表 1-2　大型压水堆主要参数

主 要 参 数	华龙一号	AP1000
堆芯热功率/MW	3 050	3 400
电功率/MW	1 170	1 250
设计寿命/a	60	60
冷却剂平均温度/℃	310	300.9
一回路压力/MPa	15.5	15.5
一回路环路数/个	3	2
燃料组件数/盒	177	157
平均线功率密度/W·m⁻¹	173.8	187.7
换料周期	18	18
蒸汽发生器出口蒸汽压力/MPa	8.6	5.76
偏离泡核沸腾比(DNBR)裕量/%	>15	>15

除了上述大型压水堆设计外,近年来备受关注的小型模块化反应堆(电功率低于 300 MW)也多采用压水堆技术设计。相较于大型压水堆,基于压水堆技术的小型模块化反应堆具有如下特点。

(1) 堆芯结构较小,反应堆冷却剂系统采用一体化或紧凑式设计,大大降低了反应堆冷却剂丧失事故发生的可能性。

(2) 反应堆堆芯的功率小,衰变热低,在布置上增强了反应堆冷却剂系统的自然循环能力,便于采用非能动方式带出堆芯余热。

(3) 单位功率的水装量相对较大,在事故工况下瞬态变化相对较慢。

典型小型模块化压水堆设计包括"玲珑一号"ACP100、美国 Nuscale 等,其主要设计参数如表 1-3 所示。

表 1-3　典型小型模块化压水堆设计参数

主 要 参 数	Nuscale	ACP100
反应堆形式	压水堆	压水堆
冷却剂	轻水	轻水
热功率/MW	160	385

（续表）

主 要 参 数	Nuscale	ACP100
电功率/MW	50	126.5
一回路循环模式	自然循环	强迫循环
一回路压力/MPa	12.8	15
堆芯进出口温度/℃	258/314	285.8/321.2
燃料类型	17×17 正方形排布 UO_2	17×17 正方形排布 UO_2
燃料组件数目/盒	37	57
燃料丰度/%	4.95	4.95＋4.45
设计寿期/a	60	60
燃料循环周期/月	24	24

2）重水堆

重水堆利用重水（D_2O）作为慢化剂兼冷却剂，重水具有较好的慢化性能与较低的中子吸收截面，仅用天然铀燃料就可以使反应堆达到临界状态。因此，重水堆燃料制备不需要成本高昂的铀浓缩装置，使重水堆对于铀浓缩能力较低的国家具有较强的吸引力。目前，拥有重水堆的国家包括加拿大、中国、印度等，较为代表性的重水堆是加拿大 CANDU 堆（见图 1-3）。秦山

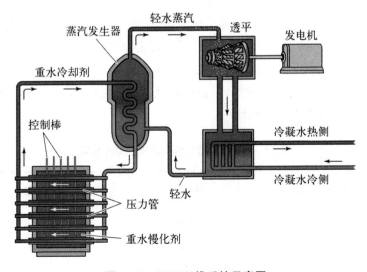

图 1-3　CANDU 堆系统示意图

三期核电站采用了 CANDU 堆型,是国内唯一重水堆机组,其设计参数如表 1-4 所示。

表 1-4　典型重水堆设计参数(秦山三期 CANDU 堆)

主 要 参 数	数值、材料或类型
反应堆形式	重水堆
冷却剂	重水
热功率/MW	2 064
电功率/MW	728
一回路循环模式	强迫循环
一回路压力/MPa	10
堆芯进出口温度/℃	266/310
燃料类型	三角形排布
燃料组件数目/盒	380
燃料富集度	天然铀
设计寿期/a	40
燃料循环周期/月	连续在线换料

重水堆与利用轻水作为冷却剂的压水堆系统设计相似,包括一回路系统与二回路系统。二回路系统与压水堆二回路系统基本一致,均包括蒸汽发生器蒸汽侧、汽轮机、冷凝系统、发电机等设备。一回路系统则由堆芯、重水冷却剂管线、主泵、稳压器、蒸汽发生器高压水侧构成。

典型重水堆堆芯包括堆芯容器、压力管式燃料组件、反应性控制装置、装卸料系统。重水堆堆芯设计与上述轻水冷却压水堆堆芯有较大不同。轻水堆燃料棒间隙轻水介质既是慢化剂又是冷却剂,而 CANDU 形重水堆则用压力管将重水冷却剂与慢化剂分开。重水冷却剂在压力管内流动,重水慢化剂则装在压力管外的反应堆容器内。天然铀燃料棒以三角形形式形成燃料组件,装入锆铌合金压力管内。堆芯由几百根带燃料组件的压力管排列而成。为将传递给慢化重水热量降至最低,在压力管外设置有同心套管,两管之间充以氮气隔热,使慢化重水温度低于 60℃。压力管则贯穿堆芯容器,在堆芯内相互独立,而在堆芯进出口连接。重水堆堆芯采用卧式设计,冷却剂水平流动,与轻水压水堆自下向上流动不同。

典型重水反应堆的控制和停堆是通过将垂直控制棒插入低压慢化剂中来实现的。除采用控制棒外,还可用改变反应堆容器中重水的液位来实现快速停堆,将控制棒快速插入,同时打开容器底部大口径排水阀,将重水慢化剂急速排入储水箱内,以达到停堆效果。可采用遥控的装卸料机进行不停堆换料,在换料时,由装卸料机连接压力管两端密封接头,新燃料组件从压力管的一端推入,辐照过的燃料从另一端推出,反应堆仍保持运行状态,称为"顶推式双向换料"。

3）沸水堆

与压水堆需独立的蒸汽发生器产生高温高压蒸汽不同,沸水堆直接在反应堆压力容器内产生蒸汽,推动汽轮机做功发电。如图 1－4 所示,来自汽轮机的冷凝水,在给水泵驱动下进入反应堆压力容器,沿堆芯围筒与容器内壁间隙向下流动,自堆芯底部再向上流过堆芯,受热汽化。汽水混合物流过堆芯上部设置的汽水分离器,在叶片作用下形成涡流,水分被分离出。单相水沿环形空间下降,与过冷给水混合。蒸汽则在干燥器叶片作用下进一步分离水分,最终离开压力容器,经由蒸汽管道进入汽轮机做功,汽轮机乏汽经冷凝器冷凝、净化及再热器加热,再次进入压力容器,形成闭合循环。典型沸水堆设计参数如表 1－5 所示。

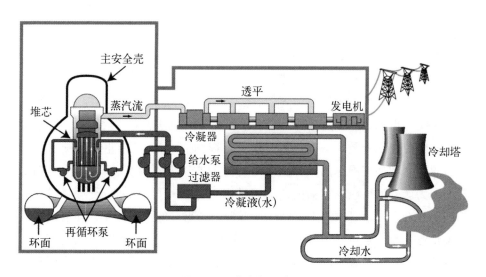

图 1－4　沸水堆系统图

表 1-5　沸水堆设计参数

主 要 参 数	数值、材料或类型
冷却剂	轻水
热功率/MW	3 579
电功率/MW	1 150
一回路循环模式	强迫循环
一回路压力/MPa	7.23
堆芯进出口温度/℃	278/288
燃料类型	正方形排布 8×8
燃料组件数目/盒	800
燃料富集度	天然铀
设计寿期/a	40
燃料循环周期/月	24

沸水堆为提高冷却剂堆芯传热特性,在压力容器内设置了多台喷射泵与再循环泵,使堆芯内冷却剂形成强迫循环。再循环泵吸入堆芯流量 1/3,提高压力后返回至容器进口管,再送入喷射泵进口管,喷射泵出口水流经堆芯进口腔室进入堆芯(见图 1-5)。

沸水堆与压水堆设计上有如下区别。

(1) 相较于压水堆两回路系统设计,沸水堆自堆芯-汽轮机常用单回路设计,无须单独的蒸汽发生器。堆芯额外设置的喷射泵、再循环泵,使沸水堆压力容器尺寸较同功率等级压水堆更大。

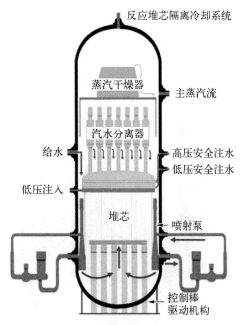

图 1-5　沸水堆堆芯结构

(2) 压水堆控制棒驱动机构设置于堆芯上方,控制棒从堆芯自上向下插入堆芯,实现反应性控制。而沸水堆由于堆芯上部设置了复杂的汽水分离器及干燥器,故其控制棒驱动系统及堆芯检测仪表系统只能布置于堆芯底部,自下向上插入堆芯。

(3)沸水堆压力容器内允许水沸腾,其工作压力约为 7 MPa,远低于压水堆约 15 MPa 的一回路压力。

(4)沸水堆进入汽轮机的蒸汽由堆芯直接进入,蒸汽携带一定的放射性,故汽轮机周围需要进行屏蔽。

1.2 压水堆一回路系统

压水堆装机容量占世界在役核电厂总装机容量的 78%,我国已经建成及正在建设的绝大多数为压水堆型核电厂。一回路系统为反应堆主冷却剂系统,其主要功能为通过冷却剂强迫循环流动,将堆芯核裂变产生的热量通过蒸汽发生器传输至二回路,同时冷却堆芯,将堆芯温度保持在安全范围内。

典型压水堆一回路由堆芯及多个环路构成(见图 1-6)。每个环路由 1~2 台循环主泵、冷段主管道、热段主管道、1 台蒸汽发生器构成。一回路系统还包括 1 台稳压器、连接管段级运行控制和保护动作所需的阀门和仪表等。一回路系统被视为裂变产物放射性的第二道屏障,构成主系统压力边界。

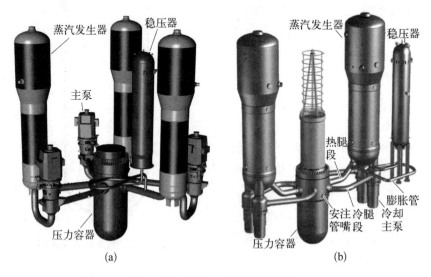

图 1-6 典型压水堆一回路系统

(a) 华龙一号;(b) AP1000

以第三代先进压水堆为例，不同类型反应堆在环路设计等方面有些差别，表 1-6 给出了华龙一号与 AP1000 的回路参数对比。

表 1-6 华龙一号与 AP1000 一回路设计参数对比

参 数	华龙一号	AP1000
环路数量/个	3	2
热段(热腿)数量/个	3	2
冷段(冷腿)数量/个	3	4
蒸汽发生器数量/台	3	2
主泵数量/台	3	4
主泵类型	轴封泵	屏蔽泵
稳压器数量/台	1	1

1.2.1 压水堆本体结构

压水堆本体结构包括压力容器、堆芯、堆内构件、控制棒驱动机构以及堆内测量结构。如图 1-7 所示，压力容器内布置非常紧凑，运行于很高的压力之下，内部布置堆芯、堆内构件、控制棒驱动机构等结构。压力容器有偶数个出口管嘴，用于冷却剂进出。

堆内构件为堆内支撑结构，在压力容器内支撑与固定堆芯组件，包括上支撑结构(上支撑板)与下支撑结构(下支撑板、吊篮等)等。

堆芯位于压力容器中下部，它是核反应堆的核心部件，所有的核裂变反应都在堆芯中产生，并释放出核能，同时将核能转变成热能。因此，堆芯既是一个高温热源又是一个强辐射源。堆芯由核燃料组件、棒束控制组件、灰棒控制组件、可燃毒物组件、中子源棒组件等构成。核燃料部分由多个尺寸相同、横截面为正方形(或三角形)的燃料组件构成。组件按照一定间距，通过定位销垂直固定在堆芯下板上，使组成的堆芯近似圆柱状；堆芯上板也有定位销，用于燃料组件上端定位。

冷却剂首先从连接冷管段的进口接管流入压力容器，沿着由压力容器内壁和堆芯吊篮间组成的环形下降段向下流动。冷却剂流至压力容器底部下腔室转向向上，经过流量分配板及堆芯支承板的流量分配后向上流过堆芯，带出其中的热量。通过上栅格板后，经冷却剂上腔室从连接两条热管段的出口管

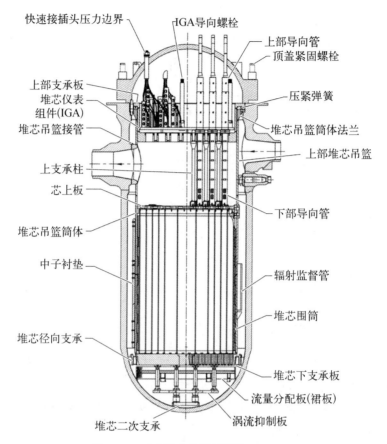

图 1-7 反应堆本体纵剖面图(AP1000)

道排出,冷却剂自上而下又自下而上的流动是为了减少动压头对堆芯所产生的机械应力。冷却剂流量主要用于冷却燃料组件,另有少部分旁流冷却控制棒、吊篮以及上腔室和上封头。在旁流冷却作用下,压力容器上封头处水温接近冷却水入口温度,避免汽化。旁流流量约占总流量的6%。

1.2.2 蒸汽发生器

蒸汽发生器是压水堆一回路与二回路间热传输的接口,同时又是一、二回路隔离屏障,使放射性产物限制于一回路。蒸汽发生器可按照工质流动方式、传热管形状、设备安放方位等进行分类。按照二回路工质流动方式,可分为自然循环式蒸汽发生器、直流蒸汽发生器;按照传热管形状,可分为 U 形管、直管、螺旋管蒸汽发生器;按照设备安放方位,可分为立式蒸汽发生器与卧式蒸汽发生器。压水堆广泛使用的蒸汽发生器包括立式自然循环蒸汽发生器(华龙一号、AP1000)、卧式蒸汽发生器(VVER),以及立式直流蒸汽发生器(部分小型模块化反应堆)等。

　　下面以典型立式自然循环蒸汽发生器为例介绍蒸汽发生器结构。蒸汽发生器由下封头、管板、U 形管束、汽水分离器及筒体组件构成。U 形管束和汽水分离器均布置于蒸汽发生器二次侧的承压壳体内,蒸汽发生器内部结构如图 1-8 所示。堆芯冷却剂由主管道热段通过蒸汽发生器入口管嘴进入蒸汽发生器下封头的进口腔室,经过倒 U 形传热管束,将反应堆冷却剂的热量传输至二次侧介质,使二回路给水变为蒸汽。然后冷却剂从 U 形管返回下封头的出口腔室,由直接装在下封头出口管嘴上的并联主泵重新输入反应堆压力容器内。二回路给水在 U 形管束顶部标高附近进入给水环,再由给水上

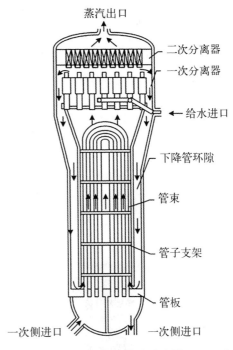

图 1-8　立式自然循环蒸汽发生器(AP1000)

倒 J 形管进入蒸汽发生器二次侧,给水与被汽水分离器分离出来的饱和水混合向下流动。

　　再循环水顺着蒸汽发生器二次侧壳体与传热管束套筒间的环形腔靠自然循环驱动流动,并在套筒底部折弯,由最下部的管束支承板导向进入管束中心区。再循环水经过预热、蒸发转化为汽水混合物,上升至一级汽水分离器。在离心力作用下,汽与水分离,并在分离筒形成蒸汽柱,向上流出分离器;其余水则在筒壁上形成环水层,螺旋上升至疏水环后180°折返,最终再次被传热管束循环加热。流出一级分离器的蒸汽经上部汽水分离区中立分离后进入干燥器,最终形成的合格蒸汽进入二回路主蒸汽系统。

　　立式自然循环蒸汽发生器二次侧水流动为自然循环驱动,传热管束套筒将蒸汽发生器二次侧分为下降段与上升段。下降段内给水与蒸汽出的饱和水混合后为过冷单相水,上升段为汽水混合物,过冷水与饱和汽水混合物密度差

导致传热管束套筒内外存在压差,进而形成二次侧冷却剂自然循环。混合后的再循环水流量与给水流量之比称为蒸汽发生器循环倍率,典型立式自然循环蒸汽发生器循环倍率通常为 3.5～5。

1.2.3 稳压器

稳压器(见图 1-9)是反应堆冷却剂系统主要设备之一,用于在反应堆启动、稳态运行、功率变化、停堆等不同工况下一回路系统的压力控制与保护。此外,稳压器可作为一回路系统热力除氧器使用,去除回路中裂变气体及其他有害气体;同时,可用于吸收一回路系统水容积的变化,具有容积控制的辅助功能。

压力控制:在反应堆稳态运行、功率变化,以及中、小事故工况下,稳压器将一回路压力控制在规定的范围内,避免冷却剂沸腾,保证反应堆安全。

压力保护:在重大事故工况下,当反应堆压力变化超出规定范围,稳压器为一回路系统提供超压或低压保护,防止堆芯等部件损坏。

典型压水堆核电机组采用电加热式稳压器,一回路系统有且只有一台稳压器。稳压器由上封头、下封头以及筒体构成,通过波动管与一回路系统其中一个环路热管段相连。上封头设有喷雾管以及安全卸压管,喷

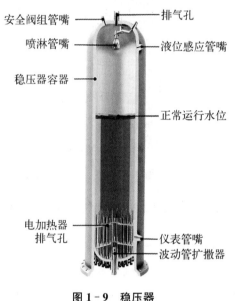

安全阀组管嘴
排气孔
喷淋管嘴
液位感应管嘴
稳压器容器
正常运行水位
电加热器排气孔
仪表管嘴
波动管扩撒器

图 1-9 稳压器

雾管内设有喷雾器。下封头与波动管相连,内设有电加热器。在正常运行工况下,稳压器内液相与汽相各占一半。当反应堆内冷却剂密度发生变化时,膨胀或收缩的冷却剂通过波动管波动流入或流出稳压器。电加热器可加热进入稳压器的冷却剂,使部分水汽化,提高容器内压力。喷雾管与一回路冷段相连,当稳压器内出现压力正波动时,可使过冷水雾化喷入容器内,冷凝蒸汽腔内蒸汽,防止压力升高超过设定值。当稳压器内出现压力负波动时,稳压器内水的闪蒸及自下封头插入的电加热器启动产生蒸汽,使一回路压力维持于反应堆紧急停堆的低压整定值之上。

上封头设有卸压阀与安全阀。当系统压力超过卸压阀阈值时,卸压阀打开,将稳压器内蒸汽排入卸压箱(第二代压水堆)或安全壳换料水箱(AP1000),降低稳压器容器内部压力;当系统压力超过安全阀整定值时,安全阀向安全壳大气排放卸压,为一回路系统提供超压保护。

1.2.4 主泵

反应堆主泵驱动冷却剂形成强迫循环,进而将堆芯热量传输至蒸汽发生器。它是整个冷却系统中唯一的高速旋转设备,负责维持冷却剂在密闭的环路中的持续流动,即便在外部电源支持不足的情况下,也能依靠内部惰转机制维持必要的冷却作用。反应堆主泵分为轴密封泵及屏蔽泵。

1) 轴密封泵

国内大部分第二代压水堆核电厂及华龙一号第三代核电机组都采用轴密封泵作为一回路冷却剂主泵(见图1-10)。主泵采用空气冷却的三相感

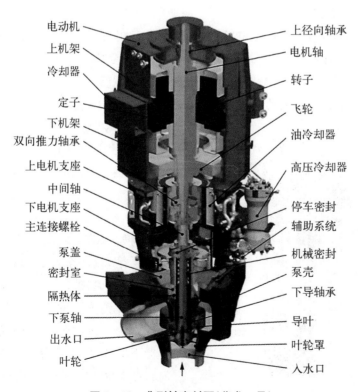

图1-10 典型轴密封泵(华龙一号)

应式电动机驱动的立式、单级、轴密封式轴流泵机组。该机组由电动机、轴密封组件和水力部件等组成。反应堆冷却剂由装在泵轴底部的叶轮抽送。冷却剂从泵壳底部吸入,向上经过叶轮和导叶的加压后从泵壳侧面的出口接管排出。

反应堆冷却剂沿泵轴的泄漏由串联布置的三级轴密封系统控制。RCV系统供应的密封注入水通过高压冷却器和旋液分离器后进入轴密封,以防止反应堆冷却剂沿泵轴向上泄漏,并冷却轴密封和泵轴承。在RCV系统供应的轴封注入水失效但设冷水正常的情况下,通过应急轴封水循环注入管线,取自叶轮出口后的高温高压反应堆冷却剂在被高压冷却器冷却后,作为应急轴封水被注入轴密封,以阻止热的反应堆冷却剂沿泵轴向上泄漏,使轴封和泵轴承的温度保持在允许的范围内。

主泵机组轴包括电机轴段、可移动轴段和泵轴段。因为有可移动轴段,所以能在不拆除电机的情况下拆卸轴密封。主泵的水力部件主要由泵壳、叶轮、导叶体等部件组成。叶轮为轴流式,叶轮与泵轴的连接是弹性连接,力矩由径向圆柱销来传递。

主泵驱动用电动机是立式、鼠笼、单速三相感应式。电动机由空气冷却,而空气由两台热交换器采用WCC系统的水冷却。电动机装有防反转装置,该装置在一台主泵瞬间停运而其他泵正常运转时能防止停运的泵反向旋转。飞轮安装在电动机的内部,位于电机定子和电机下部径向轴承之间。飞轮用于增加主泵转子的转动惯量,使主泵机组在丧失电源时有足够的惰转流量,保证驱动主泵向堆芯提供冷却剂。

2) 屏蔽泵

例如,AP1000反应堆采用的冷却剂泵是单级、全密封、高惯量离心式屏蔽泵(见图1-11)。每台主泵直接连接到蒸汽发生器下封头的出口接管上。泵的吸入口构成蒸汽发生器下封头的一部分,以限制冷却剂环路过渡段的长度,减小环路压降,简化蒸汽发生器、主泵和管道的

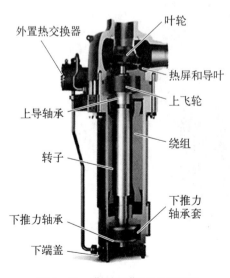

外置热交换器　叶轮　热屏和导叶　上飞轮　上导轴承　绕组　转子　下推力轴承套　下推力轴承　下端盖

图1-11　典型屏蔽泵(AP1000)

基础和支撑系统,并且在出现小破口失水事故期间,可以减小堆芯裸露的可能性。

屏蔽泵将电机和所有的转动设备包在一个承压容器内,该容器由泵壳罩、热屏、定子壳以及定子帽组成,其设计压力与 RCS 系统在全压运行时的压力相匹配。定子和转子嵌入防腐蚀壳内,防止与冷却剂接触。在防泄漏方面,通过在压力边界内完全包含叶轮和转子的轴,避免了传统密封装置的使用。主泵驱动电机采用立式鼠笼感应式设计,配备全封闭的转子和定子。屏蔽泵设计允许在必要时移除电机外壳,以便于检查、维护和更换。定子外壳结构防止冷却剂进入转子和轴承腔,确保定子绕组和绝缘的安全。转子外壳隔离了转子铜条与系统的接触,减少了铜析出并进入其他区域的可能性。高密度钨合金制成的飞轮由两个独立组件构成,提供最大转动惯量以延长泵的惯性运行时间。上部飞轮组件位于电机与泵叶轮之间,下部组件位于电机壳内的止推轴承转动组件内。

1.3 燃料组件

反应堆燃料组件的主要特征包括燃料棒束的排布特征(几何布局与棒间距)、燃料棒沿其跨度的分离与支撑方法。轻水反应堆、重水反应堆及液态金属冷却快堆均使用棒状燃料。高温气冷堆则多采用石墨燃料球。

轻水反应堆(LWRS)的冷却剂也作为慢化剂,有较小的燃料-水体积比(通常称为金属-水比),燃料棒间距较大。轻水堆较低的燃料棒堆积分数,允许燃料棒能够采用方阵式布置,并且为了降低组件压降,需要一个中小额叶面积的棒支撑结构。大部分压水堆燃料组件均采用方形阵列(如 AFA-3G、华龙一号 CF3、AP1000 等燃料组件),不过 VVER 例外,其采用六角形阵列结构。

采用在线换料的重水堆,其堆芯由堆叠在圆形压力管中的燃料组件组成。圆形的边界导致不规则的燃料棒几何阵列设计。重水堆采用短燃料棒束,通过组件末端与中心支撑结构支撑,而不是轻水堆采用的支撑格架。

1.3.1 方形燃料组件

轻水堆采用的方形排布燃料组件包括燃料棒、上管座、下管座、导向管、仪表管以及格架等部分构成(见图 1-12)。典型燃料组件内有 264 根燃料棒,按

17×17 正方形形式排列。组件中心布置一导向管,用于插入固定式堆内探测器(又称仪表管),另有 24 根对称布置的导向管用于插入反应性控制组件。表 1-7 给出了华龙一号与 AP1000 燃料组件参数对比。

燃料棒由包壳管以及封装在管内的二氧化铀陶瓷芯块组成。包壳为防止放射性泄漏的第一道屏障,通常采用锆合金制成。锆合金具有良好的中子经济性(吸收截面低)、较高的抗冷却剂、燃料和裂变产物腐蚀能力,以及在运行温度下的高机械强度和延展性,这些特性均有利于加深燃料的燃耗。燃料芯块为

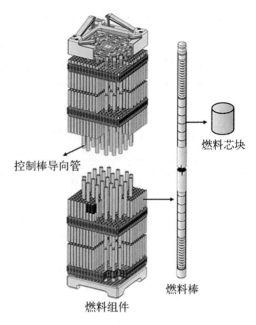

燃料芯块

燃料棒

控制棒导向管

燃料组件

图 1-12 燃料组件-燃料棒-芯块示意图

表 1-7 典型方形排布燃料组件基本参数

主 要 参 数	AP1000	华龙一号 CF3
组件数量/个	157	177
组件横截面尺寸/mm	214×214	214×214
燃料棒排列方式	17×17	17×17
每个组件中的燃料棒数量/根	264	264
燃料棒间距/mm	12.6	12.6
芯块尺寸/mm	$\phi 8.192 \times 9.83$	$\phi 8.192 \times 13.46$
燃料棒直径/mm	9.5	9.5
燃料棒长度/mm	4 267	3 658
包壳材料	ZIRLO	N36 锆合金
每个组件中的格架数量/个	15	11
顶部和底部格架数量及材料	2,Inconel 合金 718	0
中间格架数量及材料	8,ZIRLO^{TM}	8
中间搅混格架(IFM)数量及材料	4,ZIRLO^{TM}	3

（续表）

主 要 参 数	AP1000	华龙一号 CF3
底部保护格架数量及材料	1，Ni－Cr－Fe 合金 718	0
每个组件中的导向管数量/根	24	24
导向管材料	ZIRLO™	N36

圆柱状，用二氧化铀粉末冷压烧结而成。为降低芯块在温度与辐照作用下的膨胀与肿胀，减少其与包壳的相互作用，芯块两端加工成浅蝶形。为了适应长运行循环及加深燃耗的需要，燃料棒两端各有一个气腔，可容纳更多的裂变气体。包壳与芯块间留有间隙，除了容纳裂变气体，可容纳包壳与芯块间径向热膨胀及辐照后的燃料肿胀。在燃料棒制作的过程中，需预充一定压力的氦气，用于减少芯块、包壳间相互作用以及防止包壳受冷却剂高压作用而坍塌。

燃料组件下管座由开有水孔的下格板、围板及支撑柱构成。冷却剂从支撑柱与围板形成的空间，向上流过下格板开孔，进入燃料棒间通道。下管座除了作为组件底部结构部件，还可对进入组件的冷却剂进行流量分配，并作为燃料组件第一道异物过滤装置，降低一回路系统内有害异物进入堆芯活性区。上管座包括上格板、围板、上框板以及板弹簧。上格板开有圆孔及半圆形槽，一部分圆孔为流水孔，使冷却剂能够从上格板流过上管座，其余部分圆孔则插入导向管。组件上、下管座的存在使燃料元件能够较好地固定于组件内，防止其意外弹出或掉落。

燃料棒在燃料组件中由顶部格架、底部格架、中间格架（6～8 层）和中间流动搅混格架及 1 层保护格架进行支撑（见图 1－13），以使燃料组件在寿期内能够保持棒间横向间距。顶部、底部及中间格架条带均设有弹簧夹与钢凸，用于夹紧与支撑燃料棒。中间格架具有对称的搅混翼布置，用以促进组件内不同通道间的流量混合，提高热工性能。上部中间格架间设有中间流动搅混格架，其条带仅有支撑钢凸与冷却剂搅混翼，用于在较热的燃料区段提供额外流体搅混，改善燃料组件偏离泡核沸腾的热工水力性能。底部保护格架仅有钢凸，无搅混翼以及弹簧夹，其与防异物下管座配合，使流道变窄，进一步降低进入燃料棒束的异物数量。顶部与底部格架无搅混翼，为燃料棒提供足够的约束力，并允许燃料棒轴向自由膨胀。

上述方形组件采用实心芯块＋包壳结构的燃料棒，而环形燃料则是由

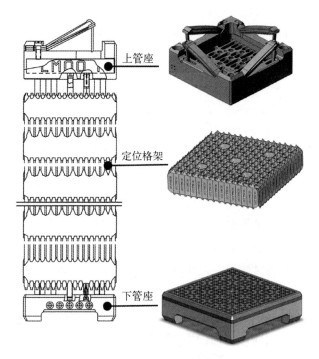

图 1 - 13 燃料格架

环形芯块和内、外两层包壳构成的新型高性能燃料元件,与传统棒状燃料元件不同,环形燃料设有内、外双冷却剂通道(见图 1 - 14)。环形燃料具有以

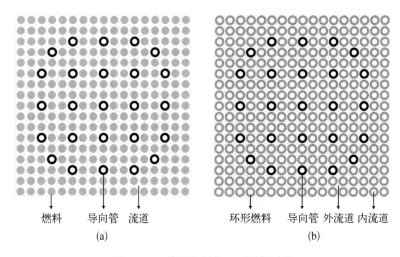

燃料　　导向管　　流道　　　　环形燃料　导向管　外流道 内流道

(a)　　　　　　　　　　　　　　　(b)

图 1 - 14　棒状燃料与环形燃料对比

(a) 棒状燃料;(b) 环形燃料

下优点。

（1）芯块传热路径短，燃料运行温度低，储热少，事故下反应堆安全性更高。

（2）双面冷却提高了燃料传热面积，允许更高的功率密度，与当前商用压水堆相比有更好的经济性。

（3）环形燃料与传统 UO_2 - Zr 燃料棒体系兼容。

1.3.2　六边形组件

采用六边形燃料组件（见图 1 - 15）的典型反应堆是 VVER，其燃料组件同样由上下管座结构部件及燃料棒束构成。燃料棒束呈正三角形排列，燃料棒间设有放置 18 根控制棒或可燃毒物棒的导向管、1 根中心管、1 根中子与温度测量管。燃料棒设计与方形燃料组件采用的燃料棒设计相似，但芯块与包壳管尺寸有区别（见表 1 - 8）。VVER 燃料组件定位格架除了六边形结构外，其格架无交混翼，仅格架边缘围板有向燃料组件内部弯折的导向翼。

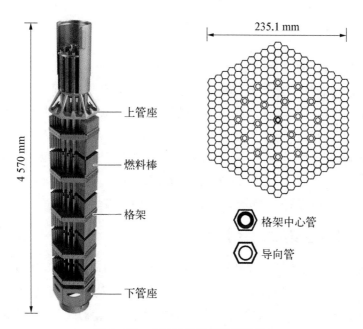

图 1 - 15　六边形燃料组件（VVER）

表 1‒8　典型六边形燃料组件参数(VVER)

参　　数	数值或材料等
组件数量/个	163
组件横截面对边距/mm	235.1
燃料棒排列方式	六边形
每个组件中的燃料棒数量/根	312
燃料棒间距/mm	12.75
芯块尺寸/mm	直径 7.6;高度 9~12
燃料棒直径/mm	9.1
燃料棒长度/mm	4 570
包壳材料	Zr‒Nb 合金,E110
中间格架/个	13
下栅格板/个	1
每个组件中的导向管数量/根	18

1.4　热工水力现象及主要任务

对于反应堆,最基本的要求是安全,需要设计者及运行者在整个寿期内保证反应堆能够长期稳定运行,并能够适应启动、功率调节、停堆等功率变化。在发生一般事故工况下堆芯能够不被破坏,严重事故下放射性物质不泄漏到周围环境中。反应堆还需要尽可能地提高其经济性,在满足安全性条件下降低建造成本、提高热效率等。反应堆安全性与经济性的保证涉及多方面因素,包括反应堆物理、热工、材料、控制、化工等,其中热工水力设计极为重要,堆芯设计是否可靠,安全性与经济性能否保证均需要通过热工水力参数体现。

1.4.1　反应堆主要热工水力现象

反应堆如压水堆结构部件繁多,一、二回路及相应的安全系统等多个系统相互作用,涉及的热工水力现象十分复杂。反应堆热工水力分析需要研究系统内各部分温度分布、冷却剂流动与传热特性、预测稳态、瞬态及事故工况下反应堆的热力参数,并确定主要热力参数随时间的动态特性。故开展热工水力分析前,需要对于反应堆内主要热工水力现象进行充分的认识。本节以压水堆为例,简要介绍反应堆涉及的主要热工水力现象。

反应堆燃料释放的热量由燃料元件传导至冷却剂,一回路循环的冷却剂带出堆外。上述过程涉及导热、对流传热及输热等,而反应堆系统输热能力及其作用于各个部件的作用与冷却剂流动特性存在密切关系。

反应堆系统内冷却剂流量分布是计算堆芯焓场、温度场等关键参数必需的参量。反应堆设计中,冷却剂流量分布也需与发热分布相匹配,方能最大限度输出堆芯释热,提高反应堆运行功率。冷却剂循环泵唧送功率也取决于冷却剂流量以及系统内总压降。对于压水堆,一回路冷却剂多数情况下维持单相,其压降计算需要考虑位置变化、管路结构形状变化、管壁摩擦等因素;冷却剂层流与湍流等不同流型下流动特性也有较大差异。压水堆在正常情况下,允许燃料元件表面发生过冷沸腾及最热通道发生饱和沸腾,在事故工况下则会在更多通道内出现饱和沸腾。发生沸腾后,冷却剂由单相变为两相。两相流的存在明显改变了冷却剂流动及传热特性。在受热通道中,汽水混合物中汽相与液相同时流动,形成不同的流动结构,即产生不同的流型。如在加热通道内,存在泡状流、弹状流、环状流以及滴状流等。两相流流型与冷却剂系统压力、流量、含汽量、壁面热流密度、管路及部件结构特性均有密切关系。

对于第三代先进压水堆,其安全系统突出非能动特征,即依赖重力等因素,形成自然循环,将堆芯余热导出。自然循环是指闭合回路内,依靠热段(上行段)和冷段(下行段)的流体密度差形成驱动压头,实现冷却剂的流动循环。无论是单相还是两相状态,自然循环产生原理一致。在反应堆系统设计中,需要依据系统结构、功率等因素,确定系统压降及自然循环流量。

反应堆在事故工况下,如发生破口事故,高压高温流体会从管路破口流出。冷却剂放空速率取决于流体从出口的流出速率,当冷却剂流出速率不再受下游压力影响时,这种流动称为临界流或阻塞流。对于单相流体,也称声速流,此时出口流量达到最大值。临界流流量决定了冷却剂丧失速度及一回路卸压速率,故其对于反应堆冷却剂丧失事故的安全考虑极为重要。临界流影响堆芯冷却能力及安全系统作用时间,若处理不当,将严重影响事故发展进程及最终后果。

反应堆系统内流体传热同样依据流体相态,分为单相对流传热与流动沸腾传热。单相对流传热依据驱动力不同,又分为强迫对流传热与自然对流传热。流动沸腾传热则分为池式沸腾传热与流动沸腾传热。池式沸腾为浸没于有自由表面且原来静止的大容积液体内的受热面产生的沸腾。对于压水堆而言,在发生冷却剂丧失事故后期经过紧急注水后,堆芯燃料元件又浸没于水中,即产生池式沸腾。流动沸腾则指流体流经加热通道产生的沸腾。上述两种沸腾,依据热流密度、过热度等参数不同,划分为不同的沸腾类型,包括过冷沸腾、核态沸腾、过度沸腾以及膜态沸腾等,对于反应堆而言,核态沸腾区,包括沸腾起始点至沸腾临界点,具有最重要的意义。沸腾临界指由于沸腾机理变化引起的换热系数陡降,导致换热壁面温度骤升。达到沸腾临界时的热流密度又称为临界热流密度。沸腾临界依据发生参数的不同,分为过冷或低含汽率下的沸腾临界以及高含气率下的沸腾临界。前者主要发生于压水堆,后者则出现于沸水堆。

压水堆冷却剂系统若出现两相,流体可出现大的体积变化。反应堆系统质量流密度、压降与空泡间存在高度耦合关系,流体受微小扰动后产生流量漂移,或者出现以一特定频率的恒定振幅或变振幅进行流量振荡,上述现象称为流动不稳定性。流动不稳定性不仅在热源发生变动时可能产生,在稳定热源工况下也有可能发生。流动不稳定性对于堆芯、蒸汽发生器等结构可产生较大危害,例如流量与压力振荡引发的机械力使部件产生有害机械振动,导致其疲劳损坏,干扰控制系统;导致传热性能恶化,降低系统输热能力,并使临界热流密度下降,过早出现沸腾临界。

1.4.2　反应堆热工水力主要任务

反应堆热工水力分析是一门研究反应堆及回路系统内燃料元件传热、冷却剂流动与热量传输等复杂过程的学科,是反应堆工程的重要组成部分,综合了热力学、流体力学、传热学等多个学科的知识。

反应堆热工水力分析基本任务是确保反应堆在正常运行工况下,堆芯核裂变热能够通过热力系统传输并进行能量转换;在停堆或事故工况下,堆芯衰变热能传出,保证反应堆系统安全。反应堆热工水力分析主要研究反应堆系统内燃料元件、冷却剂等在各运行工况下的热力学特征参数,预测反应堆系统在不同瞬态及事故工况下压力、温度、流量等参数随时间的变化特性。通过额定功率下的稳态分析,在初步设计阶段确定反应堆结构与运行参数,为堆芯核设计、机械设计、测量仪表与控制系统设计提出设计准则。基于瞬态及事故工况分析,确定反应堆系统在不同工况下的安全特性,为反应堆控制及安全保护系统设计(如确定安全保护系统整定值)提供热工依据。

思考题

1. 试述不同代反应堆技术特点与区别。

2. 试述蒸汽发生器类型与区别。

3. 试述压水堆燃料组件特点。

4. 试述燃料组件格架的作用。

参考文献

[1]　Todreas N E, Kazimi M S. Nuclear systems volume I：thermal hydraulic fundamentals[M]. Boca Raton：CRC Press，2015：328 - 375.

[2]　Andrea B, Stefano S. Nuclear power reactor designs：from history to advances[M]. New York：Academic Press Incorporated，2023：259 - 291.

[3]　El-sefy M, Ezzeldin M, El-Dakhakhni W, et al. System dynamics simulation of the thermal dynamic processes in nuclear power plants[J]. Nuclear Engineering and Technology，2019，51 (6)：1540 - 1553.

[4]　邢继,吴琳.中国自主先进压水堆技术华龙一号[M].北京：科学出版社,2020.

[5]　Carlin E L, Hilton P A, Sung Y. Margin assessment of AP1000 loss of flow transient[C]//The American Society of Mechanical Engineers. Proceedings of the 14th International Conference on Nuclear Engineering. July 17 - 20, 2006. Miami, Florida, USA：ASME. Volume 2：603 - 611.

[6]　Ishraq M A R, Rohan H R K, Kruglikov A E. Neutronic assessment and optimization of ACP - 100 reactor core models to achieve unit multiplication and radial power peaking factor[J]. Annals of Nuclear Energy，2024，205：110588.

[7]　Hopwood J, Hastings I J, Soulard M. Enhanced CANDU 6：an upgraded reactor product with optimal fuel cycle capability[C]//The American Society of Mechanical Engineers. Proceedings of the 18th International Conference on Nuclear Engineering. 18th International Conference on Nuclear Engineering：May 17 - 21, 2010. Xi'an, China：ASME. Volume 6：369 - 373.

[8]　Hamon D A. Encyclopedia of nuclear energy [M]. New Jersey：John Wiley and Sons, Incorporated，2021：214 - 235.

[9]　Suppes G J, Storvick T S. Sustainable nuclear power[M]. Burlington：Academic Press，2007：319 - 351.

[10]　孙汉虹,程平东,缪鸿兴.第三代核电技术 AP1000[M].2 版.北京：中国电力出版社,2016.

[11]　Li C, Liu Y, Xu C, et al. Conceptual design of integral test facility for hualong one[C]//Pacific Nuclear Council and American Nuclear Society. Proceedings of the 20th Pacific Basin Nuclear Conference. June 6 - 10, 2017. Singapore. Volume 2：213 - 221.

[12]　符精品.AP1000 非能动余热排出热交换器不同水位工况下传热特性研究[D].北京：华北电力大学,2022.

[13]　冯晓东,王磊,雷宇升,等.“华龙一号”核主泵质保等级与安全分级的划分[J].流体机械,2021, 49(5)：41 - 46.

[14]　范福平,陆智勇.在役 AP1000 主泵锁紧杯断裂故障原因分析[J].核动力工程,2021,42(4)：176 - 181.

第 2 章 堆内热源及其分布

核反应堆内的热源分布是反应堆热工水力分析的前提,需由反应堆中子学分析获得。而堆内燃料、冷却剂及结构物的温度、密度与几何参数是反应堆中子学分析所必需的。因此,反应堆热工水力分析与中子学分析紧密耦合。本章将介绍裂变能的产生与分配、堆内功率的空间分布以及停堆后的功率变化。

2.1 裂变能的产生及其分配

反应堆的热源是核裂变过程中释放出来的能量。裂变释放出的能量可以分为三大类:第一类是裂变瞬间释放出来的,包括裂变碎片动能、瞬发中子动能及瞬发 γ 射线。第二类是裂变后发生的各个过程所释放出的能量,主要包括裂变产物的 β 衰变和 γ 衰变释放出的能量、缓发中子动能及中微子能量。单次裂变释放中微子能量约为 12 MeV,由于中微子不带电且质量几乎为零,它几乎不与堆内任何物质作用。因此,中微子所具有的能量是不能被反应堆利用的。裂变产物的 γ 衰变和 β 衰变在停堆后的很长一段时间内仍继续释放能量,停堆后衰变余热的导出是反应堆安全研究中的重要问题之一。第三类是裂变产生的过剩中子被堆内各种材料吸收所发生(n, γ)反应释放出的能量,虽然这部分能量不是由核裂变直接释放出来的,但其是核裂变间接导致的能量释放,并且大部分能量也在堆内转变为热能,故通常把这一部分能量也归入裂变能。

不同核素裂变所释放出来的能量是有差异的,一般在计算时,可近似认为每次裂变可利用的能量 E_f 约为 200 MeV(3.2×10^{-11} J),其近似分配如表 2-1 所示。裂变碎片的动能约占总释放能量的 84%,裂变碎片的射程一般小于 0.025 mm,因此裂变碎片动能基本是在燃料中以热能的形式释放;β 射线为带电粒子,其射程较短,基本也是在燃料芯块内释放为热能;在压水堆中,裂变中子在和慢化剂的前几次碰撞中就失去了大部分能量,能量主要释放在慢化剂中;γ射线穿透力较强,在堆内各处均有沉积。总的来说,可利用裂变能中约 96.2%的能量分布在燃料棒中,2.6%分布在慢化剂中,约1.2%(主要为γ射线能量)分布在非包壳结构物中。

表 2-1　可利用裂变能的分配

类　别		来　源	能量/MeV	射　程	释热位置
裂变	瞬发	裂变碎片动能	168	极短	燃料元件中
		瞬发中子动能	5	中	大部分在慢化剂中
		瞬发γ射线	7	长	堆内各处
	缓发	裂变产物衰变β射线	7	短	大部分在燃料中,小部分在慢化剂中
		裂变产物衰变γ射线	6	长	堆内各处
非裂变	瞬发和缓发	过剩中子引发的非裂变反应能及(n,γ)产物的γ与β衰变能	约7	有长有短	堆内各处
总计			约200		

2.2　体积释热率

在单位时间、单位体积内发生的裂变次数称为裂变反应率 RR,有

$$RR = \Sigma_f \phi = N\sigma_f \phi \tag{2-1}$$

式中,ϕ 为中子通量密度($s^{-1} \cdot cm^{-2}$);Σ_f 为宏观裂变截面(cm^{-1});N 为可裂变核子的密度(cm^{-3});σ_f 为有效微观裂变截面(cm^2)。

体积释热率是指在单位时间、单位体积内释放的热量。需要注意体积释热率是指在该单位体积内转化为热能的能量,并不是在该单位体积内释放出来的全部能量,因为有些能量如射程较远的γ射线和β射线会在别的地方转化为热能,有的能量如中微子的能量无法转化为热能并加以利用。堆芯内单位体积的释热率 q''' 为

$$q''' = F_c E_f RR = F_c E_f N\sigma_f \phi \tag{2-2}$$

式中,F_c 为堆芯(主要是燃料元件和慢化剂)的释热量占核反应堆总释热量的

份额，E_f 为每次裂变释放的能量。若堆芯的体积为 V_c，整个堆芯体积内的平均中子通量为 $\bar{\phi}$，则堆芯的总热功率为

$$P_c = F_c E_f N \sigma_f \bar{\phi} V_c \qquad (2-3)$$

如果计入位于堆芯之外的反射层、热屏蔽等的释热量，则核反应堆释放出的热功率 P 应为

$$P = P_c / F_c = E_f N \sigma_f \bar{\phi} V_c \qquad (2-4)$$

若裂变物质在堆芯内的分布是均匀的，则可以认为 N 是常数，由式(2-2)可知堆内热源的分布与中子通量的分布一致，由式(2-4)可知核反应堆的热功率与平均中子通量密度成正比。

2.3　均匀堆功率分布

均匀裸堆假设堆芯内的燃料完全均匀分布且无反射层。通过物理计算可以得到不同形状均匀裸堆堆芯的中子通量分布解析解。通过对均匀裸堆的分析，可以总体把握一个反应堆的主要特性。一些典型几何形状的均匀裸堆中子通量分布如表 2-2 所示。

表 2-2　一些典型几何形状的均匀裸堆功率分布

几　何	坐　标	分 布 函 数	峰因子
厚度为 a 的无限平板	x	$\cos(\pi x / a_e)$	$\pi/2$
边长为 a、b、c 的长方体	x、y、z	$\cos(\pi x / a_e)\cos(\pi y / b_e)\cos(\pi z / c_e)$	$\pi^3 / 8$
半径为 R 的球体	r	$\dfrac{\sin(\pi r / R_e)}{\pi r / R_e}$	$\pi^2 / 3$
半径为 R、高度为 L 的圆柱体	r、z	$J_0\left(\dfrac{2.405r}{R_e}\right)\cos\left(\dfrac{\pi z}{L_e}\right)$	$2.32(\pi/2)$

注：下标 e 为外推距离。

常见动力堆采取圆柱形堆芯，其中子通量 $\phi(r, z)$ 在径向上为第一类零阶贝塞尔函数分布，在轴向上为余弦分布(见图 2-1)，即

$$\phi(r, z) = \phi_0 J_0\left(\frac{2.405r}{R_e}\right)\cos\left(\frac{\pi z}{L_e}\right) \qquad (2-5)$$

式中，ϕ_0 是由中子通量密度的归一化条件或反应堆的输出功率来确定的。L_e 与 R_e 分别为外推长度和外推半径，$L_e = L + 2\Delta L$，$R_e = R + \Delta R$。ΔL 与 ΔR 通常取 $0.71\lambda_{tr}$，其中 λ_{tr} 为中子的平均输运自由程。对于大型压水堆，$R \gg \Delta R$ 且 $L \gg \Delta L$，在初步计算时外推长度可忽略不计。对于小型压水堆和石墨堆，外推长度与堆芯尺寸处于同一数量级，其影响不能忽略。

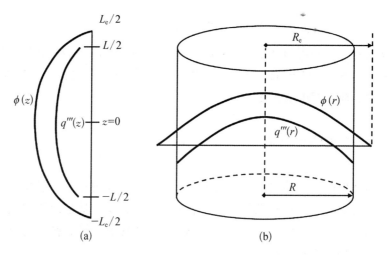

图 2-1　均匀圆柱堆功率分布

(a) 轴向功率分布；(b) 径向功率分布

根据式(2-2)，堆芯内任一位置 (r, z) 处的体积释热率 $q'''(r, z)$ 为

$$q'''(r, z) = q'''_{max} J_0\left(\frac{2.405r}{R_e}\right) \cos\left(\frac{\pi z}{L_e}\right) \tag{2-6}$$

式中，q'''_{max} 为堆芯最大体积释热率，$q'''_{max} = F_c E_f N \sigma_f \phi_0$。其中径向分布的第一类零阶贝塞尔函数分布最大值与平均值的比值约为 2.32，轴向分布的余弦函数最大值与平均值的比值为 $\pi/2$，因此在忽略外推长度与外推半径的情况下，均匀圆柱形堆芯的功率峰因子，即功率最大值 q'''_{max} 与平均值 $\overline{q'''}$ 的比值为 3.644。

前面讨论了均匀裸堆的功率分布，但是在实际情况下，几乎所有的反应堆均有不同厚度的反射层。在裸堆的情况下，堆内的中子一旦逸出芯部外，就不可能再返回到芯部中去，这一部分中子就损失掉了。如果在芯部的外围包上一层散射性能好且吸收截面小的材料，这时由芯部逸出的中子会有一部分经这一层介质散射而返回到芯部。从经济地利用中子的观点来看这十分有利。这种包围在反应堆芯部外面用以反射从芯部泄漏出来的中子的材料称为反射层。部分逸出的中子因在反射层中散射而返回到芯部,就会使得堆芯边缘功率相比裸堆更高(见图2-2)。

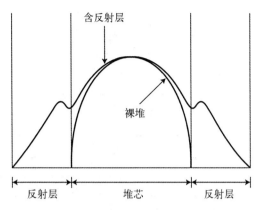

图2-2　含反射层均匀堆中子通量分布

2.4　非均匀堆功率分布

上述讨论是基于燃料在堆芯内均匀分布的假设,可以获得宏观的功率分布。而实际上反应堆基本都是非均匀堆,由核燃料、冷却剂、慢化剂、结构材料等多种材料构成并具有复杂结构。以如今商用核电站中应用最广的压水堆为例,一般由经过冷压烧结形成的 UO_2 燃料芯块、包壳、压紧弹簧以及上下端塞等组成基本的棒状燃料元件。然后燃料元件、控制棒、可燃毒物和导向管等以正方形排列组合形成燃料组件。再将燃料组件按一定排布组成堆芯。因此堆芯具有多层次的非均匀性,这都将对功率分布产生不同的影响。

2.4.1　堆芯布置对功率分布的影响

早期的压水堆大都采用均匀化装料方案以方便装卸料,但均匀装料将导致寿期初堆芯中央出现高功率峰值,限制反应堆的输出功率,同时由于边缘区域的中子通量密度低,导致卸料时的燃耗深度浅。目前,世界上多数压水堆采用低泄漏换料方案。图2-3(a)为典型低泄漏换料方案的平衡循环堆芯装载示例,在这种换料方案中,新燃料组件多布置在离堆芯边缘靠近堆芯区的位置,把用过一个和两个循环的燃料交替地布置在堆芯的中间区,把烧过两个循环以上的燃耗深度比较深的组件安置在堆芯最外面的边缘区。低泄漏换料方案堆芯边缘中子通量密度较低,从而减少了中子从堆芯的泄漏,提高中子利用的经济性和堆芯的反应性,有助于延长堆芯寿期或降低新料所需富集度。同时,该换料方式减少了反应堆压力容器的中子注量和热冲击,从而延长了压力容器的使用寿命。图2-3(b)所示为大型压水堆组件功率峰因子分布,该堆芯平均单盒燃料组件功率为 20.93 MW,与功率峰因子相乘后即为各组件功率。

图 2-3　CAP1400 平衡循环堆芯装载方式及径向功率峰因子

(a) 装载示例；(b) 径向功率峰因子

(b) 径向功率峰因子

	A	B	C	D	E	F	G	H
8	0.281	1.152	1.232	0.988	1.306	1.011	1.323	1.017
9	0.642	1.054	0.962	1.287	1.002	1.316	1.014	1.323
10	0.270	1.148	1.237	0.989	1.303	1.007	1.316	1.011
11	0.521	1.123	0.964	1.287	0.996	1.303	1.002	1.306
12		0.921	1.294	0.976	1.287	0.989	1.287	0.988
13		0.639	0.791	1.294	0.964	1.237	0.962	1.232
14			0.639	0.921	1.123	1.148	1.054	1.152
15					0.521	0.270	0.642	0.281

(a) 装载示例

图例：区号-IFBA数目 / 燃料类型 / 经历循环次数

	H	G	F	E	D	C	B	A
8	B1-000 UO₂ 1	Y2-128 UO₂ 1	Y1-156 UO₂ 1	Z1-156 UO₂ FEED	Y1-156 UO₂ 1	Y2-128 UO₂ 1	Z2-128 UO₂ FEED	X2-128 UO₂ 2
9	Y1-128 UO₂ 1	Y1-156 UO₂ 1	Z1-156 UO₂ FEED	Z1-156 UO₂ 1	Z1-156 UO₂ FEED	Y2-088 UO₂ 1	Z2-128 UO₂ FEED	X2-128 UO₂ 2
10	Y1-156 UO₂ 1	Z1-156 UO₂ 1	Y1-156 UO₂ 1	Z1-156 UO₂ 1	Y1-156 UO₂ FEED	Y2-088 UO₂ 1	Z2-128 UO₂ FEED	X2-128 UO₂ 2
11	Z1-156 UO₂ FEED	Y1-156 UO₂ 1	Z1-156 UO₂ FEED	Y1-156 UO₂ 1	Y1-128 UO₂ 1	Z1-156 UO₂ 1	Z2-088 UO₂ FEED	X2-088 UO₂ 2
12	Y1-156 UO₂ 1	Y1-156 UO₂ 1	Y1-156 UO₂ 1	Y1-156 UO₂ 1	Y2-128 UO₂ 1	Z2-088 UO₂ FEED	X2-088 UO₂ 2	
13	Y2-128 UO₂ 1	Y2-088 UO₂ 1	Z1-156 UO₂ 1	Z2-156 UO₂ 1	Z2-128 UO₂ 1	Z2-156 UO₂ 2	X2-156 UO₂ 2	
14	Z2-128 UO₂ FEED	Z2-128 UO₂ FEED	Z2-128 UO₂ 1	Z2-088 UO₂ FEED	Z2-088 UO₂ 2	X2-128 UO₂ 2	X2-156 UO₂ 2	
15	X2-128 UO₂ 2	Z2-128 UO₂ 2	X2-128 UO₂ 2	X2-088 UO₂ 2	X2-088 UO₂ 2			

2.4.2　控制棒对功率分布的影响

　　反应堆一般有一定数量的控制棒以实现停堆与运行操作。控制棒通常布置在高中子通量的区域,这样可以提高控制棒的效率,并有利于功率的径向展平。如图 2-4 所示,在无控制棒时,均匀堆芯径向功率分布接近零阶贝塞尔函数。在插入控制棒后,控制棒所在位置中子通量大幅下降,而外区的中子通量及功率则相对提高了,整体径向功率得到一定程度的展平。

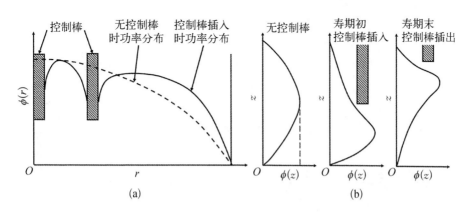

图 2-4　控制棒对功率分布的影响

(a) 径向功率分布;(b) 轴向功率分布

　　但在轴向上,控制棒对功率分布造成不利影响。在堆芯寿期初,剩余反应性较大,控制棒插入较深,使中子通量峰偏向堆芯底部;随着燃耗加深,补偿棒逐步抽出以平衡反应性损失,中子通量峰也逐渐上移;在寿期末,控制棒抽出,且堆芯顶部燃耗较低,因此中子通量分布就向顶部歪斜。一方面,无控制棒时轴向分布接近余弦函数,控制棒插入会造成更高的功率峰因子;另一方面,寿期末燃料燃耗深,安全裕度降低,堆芯顶部冷却剂温度高于堆芯底部,因此寿期末顶部功率偏高不利于反应堆安全。在大型商用压水堆中通常结合化学补偿与可燃毒物补偿控制以降低对控制棒的需求,减少控制棒引起的功率畸变。但在无硼化控制的小型反应堆中就需要严格考虑控制棒位置及插入深度,以符合设计准则的要求。

2.4.3　可燃毒物对功率分布的影响

　　在实际堆芯中为了展平堆芯的功率分布,组件内也会采用燃料分区布置[见图 2-5(a)]。为了控制剩余反应性和进一步降低功率峰因子,组件内也常

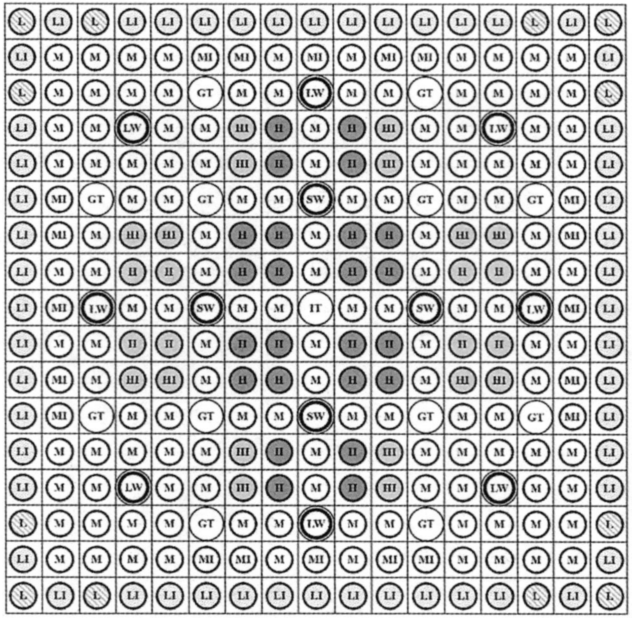

(a)

1.473	1.318	1.397	1.284	1.268	1.254	1.240	1.240	1.232	1.240	1.239	1.253	1.267	1.282	1.394	1.315	1.469
1.318	1.437	1.411	1.383	1.385	1.312	1.255	1.305	1.189	1.305	1.254	1.311	1.383	1.381	1.408	1.434	1.315
1.397	1.411	1.353	1.310	1.383		1.341	1.250		1.250	1.340		1.381	1.308	1.350	1.408	1.394
1.284	1.384	1.310		1.303	1.360	1.296	1.342	1.214	1.342	1.295	1.359	1.301		1.308	1.381	1.281
1.269	1.385	1.383	1.303	1.329	1.362	1.299	1.354	1.241	1.353	1.298	1.361	1.328	1.301	1.381	1.382	1.266
1.255	1.313		1.361	1.362		1.341	1.279		1.278	1.341		1.361	1.358		1.310	1.252
1.241	1.256	1.341	1.296	1.299	1.342	1.415	1.399	1.293	1.399	1.414	1.340	1.298	1.294	1.339	1.253	1.238
1.241	1.306	1.251	1.343	1.354	1.279	1.399	1.432	1.376	1.431	1.399	1.278	1.353	1.341	1.249	1.303	1.238
1.234	1.191		1.214	1.242		1.293	1.376		1.375	1.292		1.240	1.213		1.188	1.231
1.241	1.306	1.251	1.343	1.354	1.279	1.399	1.432	1.376	1.431	1.399	1.278	1.353	1.341	1.249	1.303	1.238
1.241	1.256	1.341	1.296	1.299	1.342	1.415	1.399	1.293	1.399	1.414	1.340	1.298	1.294	1.339	1.253	1.238
1.255	1.313		1.361	1.362		1.341	1.279		1.278	1.341		1.361	1.358		1.310	1.252
1.269	1.385	1.383	1.303	1.329	1.362	1.299	1.354	1.241	1.353	1.298	1.361	1.328	1.301	1.381	1.382	1.266
1.284	1.384	1.310		1.303	1.360	1.296	1.342	1.214	1.342	1.295	1.359	1.301		1.308	1.381	1.281
1.397	1.411	1.353	1.310	1.383		1.341	1.250		1.250	1.340		1.381	1.308	1.350	1.408	1.394
1.318	1.437	1.411	1.383	1.385	1.312	1.255	1.305	1.189	1.305	1.254	1.311	1.383	1.381	1.408	1.434	1.315
1.473	1.318	1.397	1.284	1.268	1.254	1.240	1.240	1.232	1.240	1.239	1.253	1.267	1.282	1.394	1.315	1.469

(b)

图 2-5　CAP1400燃料组件径向设计与燃料棒相对功率分布

(a) 燃料组件径向设计;(b) 燃料棒相对功率分布

常装载可燃毒物。组件内的燃料分区布置以及可燃毒物的装载都会使组件结构更加复杂,但从功率分布来看,这些设计可以有效地使功率分布变得相对均匀。图 2-5(b)所示为某组件内棒功率分布。组件中的某棒平均线功率为图 2-5(b)的数值与全堆燃料棒平均线功率(约 186 W/cm)的乘积,轴向近似于式(2-5)中的余弦分布。在实际工程应用中,精细的燃料棒径向和轴向功率可以通过耦合反应堆物理计算获得。

2.4.4　燃料棒内功率分布

由于燃料的空间自屏蔽效应,如图 2-6 所示,燃料元件内的中子通量分布与它周围的慢化剂内中子通量分布会有较大差异。

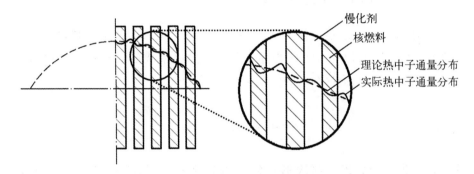

图 2-6　非均匀堆的热中子通量分布示意图

若将正方形栅元等效为圆形栅元,应用扩散理论,则可得到简化后的燃料元件内热中子通量分布表达式:

$$\phi = AI_0(K_0 r) \tag{2-7}$$

式中,ϕ 为燃料棒中半径 r 处的热中子通量;I_0 为第一类零阶修正的贝塞尔函数;$K_0^2 = \Sigma_a/D$,Σ_a 为宏观吸收截面,D 为扩散系数;A 值由边界条件确定。

可推导燃料元件自屏蔽因子:

$$F = \frac{燃料元件最大热中子通量}{燃料元件平均热中子通量} = \frac{K_0 R_0}{2} \frac{I_0(K_0 R_0)}{I_1(K_0 R_0)} \tag{2-8}$$

式中,I_1 为第一类一阶修正贝塞尔函数;R_0 为燃料元件半径。现有压水堆采用富集铀且燃料棒较细,根据式(2-8)可得其 F 值的范围为 1.0～1.1。由于

F 值变化不大,在简化计算时可以认为元件内某位置所产生的功率正比于该位置上不考虑自屏蔽作用时的宏观热中子通量。但在更精细的计算中,如燃料多物理耦合计算,需要对燃料元件内的功率分布进行精确计算。

2.5 结构物、慢化剂和控制棒内的功率分布

上文提到可利用裂变能中绝大多数(约 96.2%)的能量分布在燃料棒中,但仍有剩余能量释放在慢化剂、结构物和控制棒等位置,导致这些位置也会产生功率分布,在某些特定情况下也是需要考虑的。

2.5.1 结构材料中热量的产生及分布

结构材料如包壳、定位格架、元件盒、控制棒导向管等产生的热量几乎完全来自 γ 射线吸收反应释放的能量。若假设对 γ 射线的吸收正比于材料质量,可以近似估算结构材料内的体积释热率 q'''_s 为

$$q'''_s = f_\gamma q''' \frac{\rho_s}{\bar{\rho}} \qquad (2-9)$$

式中,f_γ 为裂变后以 γ 射线形式释放的热量比例,由表 2-1 可知其约为 0.1;q''' 为均匀化处理后堆芯某位置的体积释热率(W/m³);ρ_s 为结构材料的密度(g/cm³);$\bar{\rho}$ 为均匀化后堆芯材料的平均密度(g/cm³)。以 CAP1400 为例,其组件内的平均体积释热率约为 107 MW/m³,锆合金包壳密度约为 6.56 g/cm³,组件平均密度约为 4.7 g/cm³,即可估算包壳中的体积释热率。需要注意式(2-9)忽略了中子与结构材料相互作用而产生的热量,如中子慢化过程的释热。该部分占结构材料的热源比例小于 10%,因此不会产生较大误差。在钠冷快堆或铅冷快堆中,其冷却剂的热源也可由式(2-9)进行估算。

2.5.2 慢化剂中热量的产生及分布

慢化剂中产生的热量主要来自中子散射和吸收 γ 射线能量。中子与质量数为 A 的靶核发生弹性碰撞,从初始能量 E_f 的快中子慢化到能量 E_t 的热中子所需要的平均碰撞次数 N_c 可表示为

$$N_c = \frac{\ln E_f - \ln E_t}{\xi}$$

式中，ξ 为平均对数能降，有

$$\xi = 1 - \frac{(A-1)^2}{2A} \ln\left(\frac{A+1}{A-1}\right)$$

则每次碰撞平均能量损失 ΔE 为

$$\Delta E = \frac{E_f - E_t}{N_c}$$

若快中子通量为 ϕ_f，宏观弹性散射截面为 Σ_s，则慢化剂中的体积释热率 q'''_m 为

$$q'''_m = f_\gamma q''' \frac{\rho_m}{\bar{\rho}} + (1.602 \times 10^{-13}) \Sigma_s \phi_f \Delta E \qquad (2-10)$$

式中，等号右侧第一项为慢化剂吸收 γ 射线的沉积热量（参考 2.3.2 节），ρ_m 为慢化剂的平均密度（g/cm³），$\bar{\rho}$ 为堆芯材料的平均密度（g/cm³）；等号右侧第二项为因弹性散射而沉积在慢化剂中的热量。在压水堆中，慢化剂与冷却剂为同一种材料，慢化剂的冷却问题可以在元件冷却问题中一并考虑。在水冷石墨堆或气冷石墨堆中，冷却剂为液体或气体，而慢化剂为固体，慢化剂的冷却问题必须专门考虑。

2.5.3　控制棒材料中热量的产生及分布

压水堆一般采用银-铟-镉合金或碳化硼作为控制棒材料，快堆一般以碳化硼作为控制棒材料。控制棒材料通常被做成燃料元件状的细棒并覆以不锈钢包壳材料以提高其强度、刚度和耐腐蚀性能。控制棒的热源主要来自以下两方面：吸收堆芯的 γ 射线以及控制棒本身吸收中子的 (n, α) 或 (n, γ) 反应。吸收堆芯 γ 射线的热量可以采用屏蔽方法进行计算。

要计算控制棒与中子反应而产生的热量，首先需要估算控制棒内单位时间俘获的中子数 $n_{CR,a}$。反应堆每秒发生的裂变数 n_f 可估算为

$$n_f = \frac{P_c}{E_f} \qquad (2-11)$$

式中，E_f 为每次裂变可利用的能量，约为 200 MeV（见 2.1 节）；P_c 为堆芯的总热功率（W）（见 2.2.1 节）。若控制棒的吸收系数为 Δk_e，即每次裂变被控制棒吸收的中子比例为

$$n_{CR, a} = \frac{P_c}{E_f} \Delta k_e \qquad (2-12)$$

碳化硼通过 ^{10}B 的（n，α）反应吸收中子，平均每次反应释放的能量约为 $E_a = 2\,MeV$，由于 α 粒子射程短，其能量沉积在吸收材料内，因此产生的功率为

$$P_{CR} = \frac{E_a}{E_f} P_c \Delta k_e = 0.01 \times P_c \Delta k_e \qquad (2-13)$$

其他材料主要通过（n，γ）反应吸收中子，放出的 γ 射线的能谱有一定的范围，如果取其能谱平均值为 E_γ（MeV），每次反应平均产生的 γ 射线数量为 $v(E_\gamma)$，γ 射线的穿透能力比较强，控制棒本身只吸收其中一部分，假设吸收系数为 a_γ，则产生的功率为

$$P_{CR} = a_\gamma v(E_\gamma) \frac{E_\gamma}{E_f} P_c \Delta k_e \qquad (2-14)$$

若控制棒由 m 种吸收核素组成，则产生功率为

$$P_{CR} = \frac{P_c \Delta k_e}{E_f} \sum_{i=1}^{m} f_i a_{i, \gamma} v(E_{i, \gamma}) E_{i, \gamma} \qquad (2-15)$$

式中，f_i 为核素 i 吸收中子占控制棒吸收中子总数的份额。

求得控制棒的释热率后，可以进一步算出其温度分布。需要对控制棒进行有效冷却，以保证控制棒最高中心温度小于特定条件下的允许温度。

2.6 停堆后的反应堆功率

当反应堆由于事故停堆或者正常停堆后，堆芯的功率不是立即降为零。铀燃料棒内的显热和剩余中子裂变热大约在半分钟内释放出来，其后的冷却要求完全取决于衰变热。

停堆后堆芯内的主要热源可分为三部分：剩余中子裂变、裂变产物的放

射性衰变与中子俘获产物的放射性衰变。停堆后 t 时刻的反应堆功率 $P(t)$ 可用 Glasstone 关系式表述,即

$$\frac{P(t)}{P_0} = 0.1\big[(t+10)^{-0.2} - (t+t_0+10)^{-0.2} + 0.87(t+t_0+2\times10^7)^{-0.2} - $$

$$0.87(t+2\times10^7)^{-0.2}\big] \qquad (2-16)$$

式中,P_0 为停堆前反应堆的功率(MW);t_0 为停堆前反应堆的运行时间 (s);t 为停堆后的时间(s)。停堆后反应堆功率 P/P_0 的变化如表 2-3 所示。

表 2-3　停堆后反应堆功率 P/P_0 的变化

停堆前运行时间	1 h	12 h	1 d	10 d	100 d
20 d	0.011 6	4.7×10^{-3}	3.6×10^{-3}	1.0×10^{-3}	9.0×10^{-5}
200 d	0.012 9	6.1×10^{-3}	4.9×10^{-3}	2.0×10^{-3}	4.0×10^{-4}
无限	0.013 5	6.6×10^{-3}	5.5×10^{-3}	2.6×10^{-3}	9.0×10^{-4}

美国核协会(ANS)2005 年对衰变热变化标准进行了重新评估,4.2% 富集度 UO_2 压水堆燃料、辐照时间为 1 350 等效满功率天(EFPD)、燃耗深度为 51 MW·d/kg 的 ANS 衰变热变化半经验公式如下:

$$\frac{P(t)}{P_0} = \begin{cases} -6.145\,75\times10^{-3}\times\ln(t) + 0.060\,157 & 1.5 \leqslant t \leqslant 400 \text{ s} \\ 1.406\,80\times10^{-1}\times t^{-0.286} & 400 \leqslant t \leqslant 4\times10^5 \text{ s} \\ 8.703\,00\times10^{-1}\times t^{-0.425\,5} & 4\times10^5 \leqslant t \leqslant 4\times10^6 \text{ s} \\ 1.284\,20\times10^1\times t^{-0.601\,4} & 4\times10^6 \leqslant t \leqslant 4\times10^7 \text{ s} \\ 4.038\,30\times10^4\times t^{-1.067\,5} & 4\times10^7 \leqslant t \leqslant 4\times10^8 \text{ s} \\ 3.911\,30\times10^{-5}\times\exp(-7.354\,1\times10^{-10}t) & 4\times10^8 \leqslant t \leqslant 4\times10^{10} \text{ s} \end{cases}$$

$$(2-17)$$

图 2-7 对比了 Glasstone 公式与 ANS 标准余热。在反应堆停堆后仍有一定量的功率,因此必须设置余热排出系统来防止这些热量损坏燃料元件。在福岛核事故后,非能动余热排出系统逐步成为先进反应堆的必备系统之一。在乏燃料的储存、运输与后处理过程中也必须保证其充分冷却。

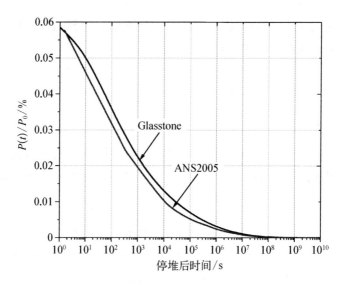

图 2-7　ANS-2005 和 Glasstone 停堆后相对功率变化对比

思考题

1. 某压水堆热功率为 3 400 MW,含有 157 盒燃料组件,每个燃料组件有 558.5 kg UO_2,^{235}U 平均富集度为 4.8%(质量分数)。假设裂变全由 ^{235}U 产生,^{235}U 有效微观裂变截面为 35 b。试求堆芯平均中子通量密度。

2. 考虑具有以下特征的理想堆芯:

   ^{235}U 的富集度在堆芯中均匀,通量分布符合无反射、均匀燃料的圆柱形堆芯特征,堆芯总热功率为 3 411 MW,燃料释热量所占份额为 0.962,堆芯直径为 3.37 m,堆芯活性区高度为 3.658 m,棒数为 50 952 根,燃料棒直径为 9.5 mm,外推距离 Δz 和 ΔR 为 10 cm。请计算该压水堆的下列特性。

   (1) 功率峰因子;

   (2) 燃料棒内的最大释热量。

3. 半径为 2.44 m、高度为 6.10 m 的圆柱形重水堆,最大功率为 72.7 MW/m^3,燃料元件外径(直径)为 1.524 cm。试求堆芯中心与边界中间的单根燃料棒内的总功率。

4. 某额定热功率为 3 411 MW 的压水堆在 75% 功率水平下稳定运行 1 年以上,计算其在停堆 1 天、1 周及 1 个月后的堆芯热功率。

5. 一个反应堆以 40% 功率运行 10 天后,以满功率又运行了 50 天后,完全停堆,试用 ANS—2005 余热标准计算冷却 100 天后的余热水平。

参考文献

［1］　谢仲生.核反应堆物理分析［M］.西安：西安交通大学出版社,2020.

［2］　郑明光,严锦泉.大型先进非能动压水堆 CAP1400［M］.上海：上海交通大学出版社,2018.

［3］　Glasstone S，Sesonske A. Nuclear reactor engineering［M］. New York：Van Nostrand Reinhold，1981.

［4］　American National Standards Institute. Decay heat power in light water reactors：ANSI/ANS-5.1-2005［S］. Illinois，USA：American Nuclear Society，2005.

第3章 燃料元件传热分析

燃料元件是反应堆中的核心部件,其热工水力性能对于反应堆的安全性和经济性都有着重要影响,对于燃料元件的传热分析是核反应堆热工分析的重要内容,下面将对燃料元件中的传热过程进行分析。

3.1 燃料元件材料

燃料元件主要由核燃料和包壳组成,其中,核燃料被包壳包覆。裂变现象发生在核燃料中,裂变过程中产生的裂变能是反应堆中能量的来源,裂变能最终以热能的形式被传递给堆芯冷却剂。包壳的主要作用是将核燃料与冷却剂隔离,防止核燃料受到冷却剂的化学腐蚀以及机械侵蚀,同时作为放射性裂变产物的第一道安全屏障包容裂变产物和裂变气体,降低冷却剂回路的放射性污染。另外,包壳还可以保持燃料元件的几何形状和位置,是燃料元件的支撑结构。在进行燃料元件的热工分析时,核燃料和包壳材料的物理性质会随着温度而发生变化,影响其传热过程,下面将对核燃料和包壳的材料进行简要介绍。

3.1.1 典型核燃料材料

在反应堆中使用的易裂变和可转换物质称为核燃料。核燃料中必须包含有易裂变的核素,当它们在反应堆内工作时,可以维持链式反应,并释放出裂变能。可以用作核燃料的核素有^{233}U、^{235}U、^{239}Pu,其中只有^{235}Pu是天然存在的,天然铀中仅含 0.714% 的^{235}U,其余为^{238}U 和^{234}U,含量分别占 99.28% 和 0.006%。^{233}U 和^{239}Pu 是在反应堆中通过^{232}Th 和^{238}U 俘获中子后嬗变得到的,因此^{233}U 和^{239}Pu 又称二次再生燃料,^{232}Th 和^{238}U 称为转换燃料。理想的核燃料需具备以下特点。

(1)易裂变原子密度高,燃料中应含有高浓度的裂变或增殖原子,不应含有中子吸收截面大的原子。

（2）导热性能好，这样可以使燃料具有较高的功率密度，能够承受高热流而不产生过大的温度梯度，使燃料中心温度保持在熔点以下。

（3）熔点高，熔点以下没有相变，不会因为相变而导致熔点以下的密度、形状、尺寸等发生变化。

（4）热膨胀系数低，以保持燃料元件的尺寸稳定。

（5）具有化学稳定性，能够与包壳材料相容，与冷却剂不发生化学反应。

（6）辐照稳定性好，在强辐照下不会发生因肿胀、开裂和蠕变等引起的变形失效，机械性能在辐照下没有很大的变化。

（7）材料的物理和力学性能好，易于加工，并能经济地生产。

核燃料可分为固体燃料和液体燃料。其中，固体燃料包括金属型燃料、陶瓷型燃料和弥散型燃料，是目前反应堆中最常用的核燃料，根据堆型的不同具有不同的形式。液体燃料是将核燃料、冷却剂和慢化剂溶合在一起，在反应堆发展初期被研究过，目前还没有发展成为实用动力燃料。

金属型燃料包括纯金属铀和铀合金燃料。铀是一种致密的、具有中等硬度的银白色金属，熔点为 1 133 ℃，在熔点以下有 3 种同素异构体。铀的优点是密度高、热导率高、工艺性能好、易于加工成型，而缺点是在熔点以下会随温度变化而引起相变、α 相（正交晶系）各向异性、辐照稳定性和化学稳定性差。为了改善纯金属铀的特性，可在其中加入其他材料，形成铀合金。铀合金主要包括 α 相合金和 γ 相合金。α 合金能够保持 α 结构，并具有细小而混乱的晶粒组织，抗辐照性能好，典型的 α 合金有 U‐1.5%Nb‐5%Zr、U‐2%Zr、U‐0.3%Cr、U‐1.5%Mo 等。γ 相合金是通过在金属铀中加入锆、钼、铌等材料而得到，常见的有 U‐Zr、U‐Mo 和 U‐Nb。

铀、钚、钍与非金属元素的化合物组成了陶瓷型燃料，主要包括氧化物型、碳化物型和氮化物型。陶瓷型燃料具有很高的熔点、无相变、与包壳和冷却剂相容性好、辐照稳定性好等优点，目前的动力堆中普遍采用这种类型的核燃料，其中氧化物型的应用最为广泛。

弥散型燃料是将含有易裂变核素的化合物加工成粉末或者颗粒，均匀地散布在非裂变材料中形成的。含有易裂变核素的燃料颗粒为燃料相，非裂变材料为基体相。一般所用的基体材料与包壳材料为同类材料，从而使导热性能得到改善。弥散型燃料具有熔点高、与包壳相容性好、导热性能好、抗腐蚀以及抗辐照性能好等优点。同时，弥散型燃料成本较低，燃料类型可以多样化。其缺点是基体材料占比高,必须采用富集铀。

在陶瓷型核燃料中,UO_2 燃料的应用最为广泛。UO_2 燃料的优点为熔点高、高温稳定性和辐照稳定性好、化学稳定性好、在 1 000℃ 以下能包容大多数裂变气体、热中子俘获截面低。缺点是热导率小,使芯块的温度梯度较大,并且机械强度低、脆,在反应堆条件下易裂,加工成型困难。虽然 UO_2 燃料有不足之处,但是其优良特性仍是主导的一面,所以目前被大多数商用核电站所采用。

3.1.2　典型包壳材料

虽然大多数压水堆核燃料都具有良好的抗腐蚀性,但是长期在高温环境下与冷却剂接触,受到冷却剂的腐蚀量还是显著的。同时,运行过程中所释放出的裂变气体也会对冷却剂回路造成污染。因此,需要在核燃料外面再添加一层包壳。包壳材料应具有较小的中子吸收截面,较高的强度,抗蠕变能力、抗腐蚀性、抗辐照性、热稳定性、导热性以及与芯块的相容性要好,同时还应该易于加工并且经济性好。适合做包壳的材料主要有铝、镁、锆、不锈钢、镍基合金、石墨等。铝具有较低的中子吸收截面、低温下良好的抗腐蚀性,但是在高温下,铝的强度和抗腐蚀性都不够好,所以只是在早期被使用过。镁在高温下的抗腐蚀性也较差,所以不适合使用。在现代压水堆中,主要采用不锈钢和锆合金作为包壳材料。其中,应用最广泛的是锆-2 合金和锆-4 合金。另外,在快堆中多采用不锈钢和镍基合金,而高温气冷堆则采用石墨作为包壳材料。

锆合金在高温下长期和水接触后,会逐渐吸氢脆化。在相同的条件下,锆-4 合金的吸氢率是锆-2 合金的 1/3～1/2。在其他方面,这两种合金的性能十分相似。在大多数压水堆中,采用锆-4 合金作为包壳材料。在沸水堆和少部分压水堆中,采用锆-2 合金作为包壳材料。由于吸氢脆化的影响,在压水堆稳态热工设计中,包壳外表面的最高限制温度一般不超过 350℃。目前,各国也在研发新一代的包壳材料,比如法国研发的 M5 合金和美国研发的 ZIRLO 合金,它们的抗腐蚀性要比锆-4 合金的更好,可以用于制造先进的高性能燃料组件。

3.2　燃料元件导热

燃料元件的导热是指依靠热传导把燃料元件中由于核裂变产生的能量,从温度较高的燃料内部传递到温度较低的外表面的过程。反应堆在运行过程中,热量在燃料元件内主要通过热传导的方式传递至燃料元件表面,再被冷却剂带走。一般而言,燃料元件内的导热包括燃料导热和包壳导热两个过程。

3.2.1 基本导热方程

热量的传导遵守傅里叶导热定律,其表达式为

$$\boldsymbol{q}'' = -k \nabla T \tag{3-1}$$

式中,$\boldsymbol{q}''$ 为热流密度(W/m^2),是单位时间内通过单位等温面积沿温度降低方向所传递的热量,具有方向性;k 为热导率$[W/(m \cdot K)]$;∇T 为温度梯度(K/m),亦具有方向性。

设某一固体内含有热源 $q'''(\boldsymbol{r}, t)$ (W/m^3),由于固体的可压缩性小,可以认为在导热过程中固体的密度不变,那么对该固体内任意一个控制体 V,如图 3-1 所示,可以写出如下热平衡关系式:

$$\int_V \rho c_p(\boldsymbol{r}, T) \frac{\partial T(\boldsymbol{r}, t)}{\partial t} dV = -\oint_A \boldsymbol{q}''(\boldsymbol{r}, t) \cdot \boldsymbol{n} dA + \int_V q'''(\boldsymbol{r}, t) dV$$

$$\tag{3-2}$$

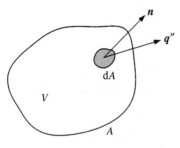

图 3-1 控制体 V

式中,ρ 为密度(kg/m^3);c_p 为比热容$[J/(kg \cdot K)]$。等号左边的一项为单位时间内控制体 V 内的热量变化量;等号右边第一项为单位时间内通过界面 A 导入的热量,第二项为单位时间内控制体 V 内产生的热量。

根据高斯定理,有

$$-\oint_A \boldsymbol{q}''(\boldsymbol{r}, t) \cdot \boldsymbol{n} dA = -\int_V \nabla \cdot \boldsymbol{q}''(\boldsymbol{r}, t) dV$$

$$\tag{3-3}$$

式中,∇ 为梯度算子。将该式代入式(3-2)中可得

$$\int_V \rho c_p(\boldsymbol{r}, T) \frac{\partial T(\boldsymbol{r}, t)}{\partial t} dV = -\int_V \nabla \cdot \boldsymbol{q}''(\boldsymbol{r}, t) dV + \int_V q'''(\boldsymbol{r}, t) dV$$

$$\tag{3-4}$$

去掉积分号,则

$$\rho c_p(\boldsymbol{r}, T) \frac{\partial T(\boldsymbol{r}, t)}{\partial t} = -\nabla \cdot \boldsymbol{q}''(\boldsymbol{r}, t) + q'''(\boldsymbol{r}, t) \tag{3-5}$$

将式(3-1)代入该式后可得

$$\rho c_p(\boldsymbol{r},\ T)\,\frac{\partial T(\boldsymbol{r},\ t)}{\partial t}=\nabla\cdot[k(\boldsymbol{r},\ T)\,\nabla T(\boldsymbol{r},\ t)]+q'''(\boldsymbol{r},\ t) \qquad (3-6)$$

该式即为含有内热源的固体内的基本导热微分方程。

在稳态时,式(3-6)变为

$$\nabla\cdot[k(\boldsymbol{r},\ T)\,\nabla T(\boldsymbol{r})]+q'''(\boldsymbol{r})=0 \qquad\qquad (3-7)$$

在直角坐标系中,式(3-6)可以写成

$$\rho c_p\,\frac{\partial T}{\partial t}=\frac{\partial}{\partial x}\left(k\,\frac{\partial T}{\partial x}\right)+\frac{\partial}{\partial y}\left(k\,\frac{\partial T}{\partial y}\right)+\frac{\partial}{\partial z}\left(k\,\frac{\partial T}{\partial z}\right)+q''' \qquad (3-8)$$

在圆柱坐标系中,式(3-6)可以写成

$$\rho c_p\,\frac{\partial T}{\partial t}=\frac{1}{r}\,\frac{\partial}{\partial r}\left(kr\,\frac{\partial T}{\partial r}\right)+\frac{1}{r^2}\,\frac{\partial}{\partial \varphi}\left(k\,\frac{\partial T}{\partial \varphi}\right)+\frac{\partial}{\partial z}\left(k\,\frac{\partial T}{\partial z}\right)+q''' \qquad (3-9)$$

式中,圆柱坐标系的定义如图 3-2 所示,坐标变量为 r、φ、z。

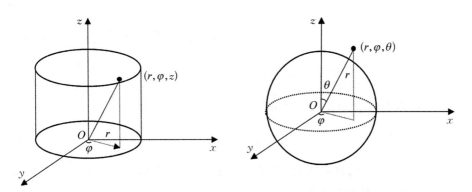

图 3-2　圆柱坐标系　　　　　　　图 3-3　球坐标系

在球坐标系中,式(3-6)可以写成

$$\rho c_p\,\frac{\partial T}{\partial t}=\frac{1}{r^2}\,\frac{\partial}{\partial r}\left(kr^2\,\frac{\partial T}{\partial r}\right)+\frac{1}{r^2\sin^2\theta}\,\frac{\partial}{\partial \varphi}\left(k\,\frac{\partial T}{\partial \varphi}\right)+\frac{1}{r^2\sin\theta}\,\frac{\partial}{\partial \theta}\left(k\sin\theta\,\frac{\partial T}{\partial \theta}\right)+q'''$$

$$(3-10)$$

球坐标系的定义如图 3-3 所示,坐标变量为 r、φ、θ。

实际反应堆中所用燃料元件的几何形状包括平板、棒束、环状或圆球等。

选取合适的坐标系,对式(3-6)做进一步简化分析求解,即可求得燃料元件的温度场。

3.2.2　变热导率问题的处理

在实际问题中,热导率会受到温度、压力和各向异性等因素的影响,为了获得更加准确的计算结果,需考虑热导率的变化。在核反应堆中,固体燃料元件多为各向同性材料,且压力的影响可以忽略,热导率主要受温度的影响,即 $k=k(T)$。在反应堆热工水力的详细设计阶段,燃料元件的计算采用数值离散的方法,热导率由给定的函数依据当地条件进行数值计算。在进行热工水力的初步设计时,常采用积分热导率法考虑热导率的变化,以得到较为精确的结果,下面将对此进行简单介绍。

定义积分热导率为

$$I_k = \int_{T_0}^{T} k(T)\mathrm{d}T \tag{3-11}$$

则

$$\nabla I_k = \nabla \int_{T_0}^{T} k(T)\mathrm{d}T = \nabla T \frac{\mathrm{d}}{\mathrm{d}T}\int_{T_0}^{T} k(T)\mathrm{d}T = k(T)\nabla T \tag{3-12}$$

$$\nabla \cdot (k\nabla T) = \nabla^2 I_k \tag{3-13}$$

在稳态条件下,由式(3-7)可得到

$$\nabla^2 I_k + q''' = 0 \tag{3-14}$$

式(3-14)为线性微分方程,通常比式(3-7)更易求解。对于大多数金属,热导率与温度线性相关,可表示为

$$k = k_0[1 + \beta_0(T-T_0)] \tag{3-15}$$

代入式(3-14),可得

$$\nabla^2 k^2 + 2\beta_0 k_0 q''' = 0 \tag{3-16}$$

对于 UO_2 燃料,其热导率与温度、燃耗等多种因素相关,将在下一节详细介绍,表 3-1 给出了 95% 理论密度下未辐照 UO_2 燃料积分热导率值 $(T_0=0℃)$。

表 3-1　95％理论密度下未辐照 UO_2 燃料的积分热导率

$T/℃$	$I_k/(W/m)$	$T/℃$	$I_k/(W/m)$
50	448	1 200	5 341
100	849	1 298	5 584
200	1 544	1 405	5 840
300	2 132	1 550	6 195
400	2 642	1 738	6 687
500	3 093	1 876	6 886
600	3 497	1 990	7 131
700	3 865	2 155	7 488
800	4 202	2 348	7 916
900	4 514	2 432	8 107
1 000	4 806	2 805	9 000
1 100	5 081		

3.2.3　二氧化铀的热物性

UO_2 燃料在目前的商用核反应堆中广泛使用,本节将对其主要热物理性质密度、熔点、定压比热容、热导率、裂变气体释放和热膨胀系数进行讨论。

1) 密度

UO_2 的理论密度是 10.96 g/cm^3,是根据材料的晶格常数计算得到的。在实际制造过程中,UO_2 芯块由粉末状的 UO_2 烧结而来,芯块内部不可避免地存在着孔隙,所以达不到理论密度。二氧化铀制品的密度与其加工方式有关,振动密实的二氧化铀粉末密度可达理论密度的 82％～91％,而烧结得到的二氧化铀燃料块密度可达理论密度的 88％～98％。在反应堆热工水力设计计算过程中,一般取 95％理论密度下的值,也就是 10.41 g/cm^3。

2) 熔点

UO_2 的熔点会随着氧铀比和微量杂质的含量而变化,由于氧铀比在加热过程中会发生变化,所以在实际中 UO_2 的真正熔点难以准确测定。因此,不同研究人员所测量出的熔点也会有所不同,比如已测得的未经辐照的 UO_2 的熔点数据有 $(2\,760\pm30)℃$、$(2\,800\pm15)℃$、$(2\,800\pm100)℃$、$(2\,840\pm45)℃$、$(2\,860\pm30)℃$、$(2\,860\pm45)℃$、$(2\,865\pm15)℃$ 等。可以看出,这些数据基本都在 2 800℃左右。

燃料芯块在经过辐照后,燃料内部会积累一定量的固相裂变产物,同时氧铀比也会发生变化,导致燃料的熔点会有所降低。根据反应堆的运行经验,燃耗深度每增加 10^4 MW·d/t,UO_2 的熔点会下降约 32℃。

在燃料元件分析程序 MATPRO 中,UO_2 的熔点通过下式进行计算:

$$T = 3\,113 - 5.414\xi + 7.468 \times 10^{-3}\xi^2 - 3.2 \times 10^{-6}Bu \qquad (3-17)$$

式中,T 为燃料温度(K);ξ 为氧化物中 PuO_2 的摩尔百分比;Bu 为燃耗深度(GW·d/t)。

3)定压比热容

对于一个给定的燃料温度变化,定压比热容控制了热容量的变化。燃耗为 0 时 UO_2 的定压比热容可以通过下式进行计算:

$$c_p = 193.238 + 325.729\,4t - 312.004\,2t^2 + 116.822\,4t^3 -$$
$$9.753\,5t^4 - 2.644\,1t^{-2} \qquad (3-18)$$

式中,c_p 为定压比热容[J/(kg·K)];$t = T/1\,000$,T 为 UO_2 的温度(K)。该关联式的适用范围为 298.15~3 120 K。

4)热导率

热导率是核燃料非常重要的物理性质之一,在燃料棒的设计中,通过热导率的测定可以计算出燃料芯块的中心温度和径向温度分布,热导率越高,允许的线功率密度也就越大。UO_2 的热导率受到多方面因素的影响,主要包括温度、孔隙率、氧铀比、芯块裂纹以及燃耗。

在燃料棒稳态性能分析程序 FRAPCON 中,UO_2 的热导率通过下式计算得到:

$$k_{95} = \cfrac{1}{A + a \cdot g_{ad} + BT + f(Bu) + [1 - 0.9\exp(-0.04Bu)]g(Bu)h(T)} + \cfrac{E}{T^2}\exp\left(-\cfrac{F}{T}\right) \qquad (3-19)$$

式中,k_{95} 为 95% 理论密度 UO_2 燃料的热导率[W/(m·K)];T 为燃料温度(K);Bu 为燃耗深度(GW·d/t);$f(Bu)$ 为裂变产物溶解在 UO_2 晶体基体的影响(m·K/W),表达式为 $f(Bu) = 0.001\,87Bu$;$g(Bu)$ 为辐照缺陷的影响(m·K/W),表达式为 $g(Bu) = 0.038Bu^{0.28}$;$h(T)$ 为辐照缺陷处退火的温度效应,$h(T) = [1 + 396\exp(-Q/T)]^{-1}$;$Q$ 为退火温度参数,其值为 6 380 K;$A = 0.045\,2$ m·K/W;$a = 1.159\,9$ m·K/W;g_{ad} 为燃料中氧化钆的质量分数;$B = 2.46 \times 10^{-4}$ m/W;$E = 3.5 \times 10^9$ W·K/m;$F = 16\,361\ K$。

图 3-4 和图 3-5 给出了使用 FRAPCON 计算的密度为 95% 理论密度的

UO$_2$ 燃料热导率和积分热导率随温度的变化。可以看出,燃料热导率随燃料温度的增大先减小,在温度高于 1 750℃后又随温度的增大而增大,同时,燃料热导率随燃耗的增大而减小。

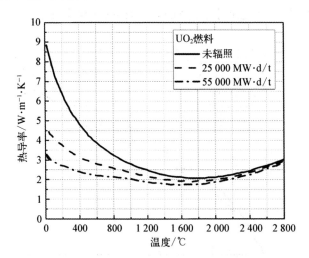

图 3－4　UO$_2$ 燃料在不同燃耗下热导率随温度的变化

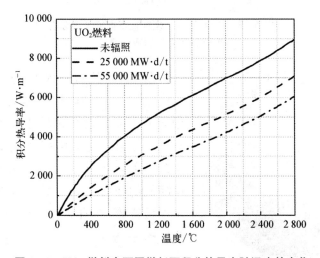

图 3－5　UO$_2$ 燃料在不同燃耗下积分热导率随温度的变化

　　UO$_2$ 的热导率随着其结构中孔隙的增加而降低,FRAPCON 中通过假设球形孔隙对 UO$_2$ 的热导率进行修正,孔隙修正因子 η 的表达式如下:

$$\eta = \frac{1.078\,9\rho/\rho_{TD}}{1.0 + 0.5(1 - \rho/\rho_{TD})} \qquad (3-20)$$

式中,ρ/ρ_{TD} 为 UO_2 制造密度与理论密度的比值,对于密度不为 95% 理论密度的燃料,式(3-19)乘以式(3-20)即可得出其热导率。图 3-6 给出了 FRAPCON 计算的未辐照 UO_2 燃料在不同密度下积分热导率随温度的变化,可以看出,随着燃料密度减小、孔隙增多,燃料的热导率降低。

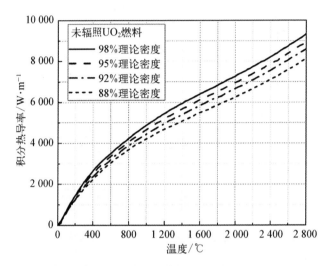

图 3-6 未辐照 UO_2 燃料在不同密度下积分
热导率随温度的变化

图 3-7 经过辐照后产生裂
纹的燃料芯块

在反应堆运行过程中,燃料芯块的裂纹(见图 3-7)和碎片在芯块和包壳间隙中的重定位会改变燃料芯块和间隙的热导率。美国爱达荷国家实验室进行了一系列的实验,得出了 UO_2 因开裂导致热导率降低的经验公式。对于新制的充氦轻水堆燃料棒,在有裂纹的情况下,其有效热导率为

$$k_{eff} = k_{UO_2} - (0.000\,218\,9 - 0.050\,867X + 5.657\,8X^2) \tag{3-21}$$

其中,

$$X = (\delta_{hot} - 0.014 - 0.14\delta_{cold})\left(\frac{0.054\,5}{\delta_{cold}}\right)\left(\frac{\rho}{\rho_{TD}}\right)^8 \tag{3-22}$$

式中，k 为热导率[kW/(m·K)]；δ_{hot} 为热态下未开裂燃料的间隙宽度(mm)；δ_{cold} 为冷态燃料的间隙宽度(mm)。

5) 裂变气体释放

在核燃料裂变过程中会产生氪、氙等裂变气体，通常，只要燃料棒保持其结构完整性，裂变气体就被包容在包壳内。在燃料棒设计中，裂变气体聚集在燃料芯块上部和下部的气腔中，计算释放到气腔的气体量是燃料棒设计的重要内容。当使用 UO_2 燃料时，其中一些裂变气体会在非常低的温度下释放出来。随着温度的升高，燃料芯块会经历结构变化，释放额外的裂变气体。一般来说，燃料运行的温度越高，释放更多裂变气体的可能性就越大。如果燃料的燃耗足够高(比如超过 40 000 MW·d/t)，被困在晶界中的裂变气体可能会在瞬间突然释放，导致燃料棒超压或断裂。

裂变气体释放的百分比取决于燃料的温度。在工程实践中，通常采用经验数据对裂变气体释放量进行估计。表 3-2 给出了基于大量经验数据得到的裂变气体释放份额随燃料温度的变化。可以看出，当燃料芯块温度超过 1 600℃时，裂变气体释放量急剧增加。因此，为了尽量减少裂变气体的释放，在大多数反应堆设计中将大部分燃料棒温度保持在 1 600℃以下。

表 3-2　UO_2 燃料芯块裂变气体释放份额随温度的变化

裂变气体释放份额/%	燃料温度范围/℃
5	500～1 400
10	1 400～1 500
20	1 500～1 600
40	1 600～1 700
60	1 700～1 800
80	1 800～2 000
98	2 000～2 200

6) 热膨胀系数

热膨胀系数也是 UO_2 的一个重要性质，可用于计算在反应堆运行过程中由于温度变化导致的燃料芯块形变与间隙尺寸变化。在 1 000℃以下，UO_2 的热膨胀系数大约为 1×10^{-5}℃$^{-1}$。在 1 000℃以上时，UO_2 的热膨胀系数大约为 1.3×10^{-5}℃$^{-1}$。

3.2.4 包壳材料的热物性

锆-4合金的热导率和定压比热容可分别通过下式求解:

$$k = 7.73 + 3.15 \times 10^{-2} T - 2.87 \times 10^{-5} T^2 + 1.552 \times 10^{-8} T^3 \quad (3-23)$$

$$c_p = \begin{cases} 286.5 + 0.1T, & 0 < T < 750℃ \\ 360, & T \geqslant 750℃ \end{cases} \quad (3-24)$$

锆-2合金的热导率和定压比热容的求解关联式分别为

$$k = 12.07 + 7.38 \times 10^{-3} T - 7.67 \times 10^{-6} T^2 \quad (3-25)$$

$$c_p = \begin{cases} 285 + 9\ 994.7 \times 10^{-5}(1.8T + 32), & 0 < T < 633℃ \\ 359.6 + 9\ 994.7 \times 10^{-5}(1.8T + 32), & 633℃ \leqslant T < 813℃ \\ 357.9 + 9\ 994.7 \times 10^{-5}(1.8T + 32), & 972℃ \leqslant T < 1\ 050℃ \end{cases}$$

$$(3-26)$$

以上4个式子中,k 为锆合金的热导率[W/(cm·℃)];c_p 为锆合金的定压比热容[J/(kg·K)];T 为锆合金的温度(℃)。

锆-4合金的热膨胀系数大约为 $6 \times 10^{-6}/℃$;锆-2合金的轴向热膨胀系数大约为 $4.4 \times 10^{-6}/℃$,径向热膨胀系数大约为 $6.72 \times 10^{-6}/℃$。

3.3 间隙传热

在几乎所有的商用反应堆燃料棒设计中,燃料和包壳之间都存在一个小的"间隙",以允许燃料的热膨胀和收缩。间隙内通常充满惰性气体,因此又称气隙。在现代轻水反应堆中,典型的间隙宽度约为 0.1 mm,典型轻水堆 UO_2 燃料棒在不同线功率下的温度分布如图 3-8 所示。可以看出,燃料中的温差最大,其次是间隙中的温差,间隙虽然很小,但是间隙两侧的温差也有上百摄氏度,所以间隙的热阻不能忽略。

在新制的燃料棒中,间隙被氦气或其他加压气体填充,以改善间隙的传热。然而,随着反应堆的运行,燃料元件逐渐升温并发生热膨胀,随着燃耗的增加,燃料经历肿胀、开裂等结构变化。同时,燃料棒包壳会发生蠕变塌陷,使得燃料与包壳直接接触,间隙热阻减小。此外,燃料中产生了额外的裂变产物,其密度也随之增加。随裂变产物同时产生的裂变气体被困在间隙、晶界和

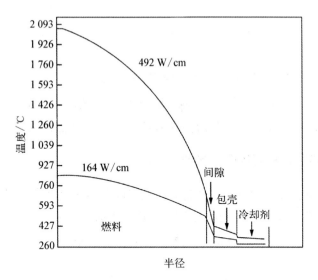

图 3‑8　典型轻水堆在不同线功率下燃料棒中的温度分布

裂缝中。最终,在以上各类因素的影响下,间隙传热随燃耗的加深而增加,如图 3‑9 所示。需要注意的是,UO$_2$ 燃料的导热性能随燃耗下降。在某种程度上,间隙传热的增强和燃料导热的降低相互抵消。在计算实际燃料棒的温度分布时,常使用诸如 FRAPCON 之类的程序来模拟间隙传热的变化。

在 FRAPCON 中,间隙传热由 3 部分组成:燃料和包壳间的辐射传热、间隙气体的导热以及燃料与包壳的接触导热,如下所示。

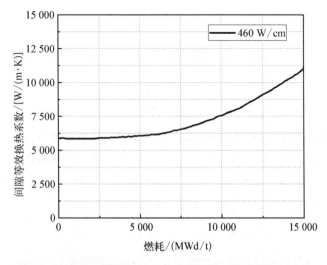

图 3‑9　某压水堆燃料棒间隙等效换热系数随燃耗的变化

$$\Delta T_{\text{gap}} = \frac{q''}{h_{\text{gap}}} = \frac{q''}{h_r + h_{\text{gas}} + h_{\text{contact}}} \tag{3-27}$$

其中，ΔT_{gap} 为间隙温差（K）；q'' 为热流密度（W/m²）；h_{gap} 为间隙等效换热系数 [W/(m²·K)]；h_r，h_{gas} 和 h_{contact} 分别为辐射、气体导热以及接触导热的换热系数 [W/(m²·K)]。下面，将分别讨论 FRAPCON 中 3 种换热系数的计算方式。

3.3.1 燃料和包壳间的辐射传热

对 UO₂ 燃料棒，燃料芯块和包壳间的净辐射传热是在高纵横比、小间隙、无限长圆柱灰体的假设下导出的，辐射传热净表面热流密度可表示为

$$q''_r = \sigma F(T_{\text{fs}}^4 - T_{\text{ci}}^4) = h_r(T_{\text{fs}} - T_{\text{ci}}) \tag{3-28}$$

则

$$h_r = \sigma F(T_{\text{fs}}^2 + T_{\text{ci}}^2)(T_{\text{fs}} + T_{\text{ci}}) \tag{3-29}$$

式中，

$$F = \frac{1}{\varepsilon_f + (r_{\text{fs}}/r_{\text{ci}})(1/\varepsilon_c - 1)} \tag{3-30}$$

σ 为斯特藩-玻尔兹曼常数，其值为 5.6697×10^{-8} W/(m²·K⁴)；ε_f 为燃料的发射率；ε_c 为包壳的发射率；T_{fs} 为燃料表面温度（K）；T_{ci} 为包壳内表面温度（K）；r_{fs} 为燃料外表面半径（m）；r_{ci} 为包壳内表面半径（m）。

3.3.2 间隙气体的导热

对于小尺寸的环形间隙，间隙内气体导热的等效换热系数可表示为

$$h_{\text{gas}} = \frac{k_{\text{gas}}}{\delta_{\text{eff}}} \tag{3-31}$$

式中，k_{gas} 为气体热导率 [W/(m·K)]；δ_{eff} 为间隙的总有效宽度（m）。

需要注意的是，由于气固表面附近存在少量气体分子，因此在表面附近会产生温度不连续，导致有效间隙宽度大于实际间隙宽度，如图 3-10 所示。

在 FRAPCON 中，采用如下方法计算有效间隙宽度。

$$\delta_{\text{eff}} = d_{\text{eff}} + 1.8(g_f + g_c) - b + \delta_g \tag{3-32}$$

式中，δ_g 为通过燃料元件形变模型计算得到的未接触间隙宽度（m）；$b = 1.397 \times$

10^{-6} m。对于未接触间隙；d_{eff} 可表示为(R_f+R_c)，其中 R_f 和 R_c 分别为燃料和包壳表面的粗糙度(m)；对于接触间隙，d_{eff} 可表示为 $\exp(-0.001\,25P_i)(R_f+R_c)$；$P_i$ 为接触压力(kg/cm^2)；g_f 和 g_c 分别为燃料和包壳表面温度不连续的距离(m)，其表达式如下：

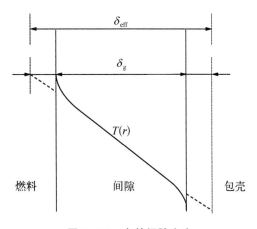

图 3-10 有效间隙宽度

$$(g_f+g_c)=0.013\,7\left(\frac{k_{gas}\sqrt{T_{gas}}}{P_{gas}}\right)$$

$$\left(\frac{1}{\sum a_i f_i/\sqrt{M_i}}\right) \tag{3-33}$$

式中，P_{gas} 为间隙气体压力(Pa)；T_{gas} 为间隙气体平均温度(K)；a_i 为间隙气体组分 i 的调节系数；M_i 为间隙气体组分 i 的摩尔质量(g/mol)；f_i 为间隙气体组分 i 的摩尔分数。

对于纯惰性或双原子气体，热导率可表示为温度的幂次关系：

$$k_p=AT_p^B \tag{3-34}$$

式中，A 和 B 为常数，表 3-3 给出了常用气体的相应值，T_p 为气体温度(K)。

表 3-3　气体热导率关系式中 A 和 B 的取值

气　体	A	B
氦气	2.639×10^{-3}	0.708 5
氩气	2.986×10^{-4}	0.772 4
氪气	8.247×10^{-5}	0.836 3
氙气	4.351×10^{-5}	0.861 6
氢气	1.097×10^{-3}	0.878 5
氮气	5.314×10^{-4}	0.689 8
氧气	1.853×10^{-4}	0.872 9

对于混合气体，其热导率可通过如下表达式进行计算。

$$k_{\text{gas}} = \sum_{i=1}^{N} \frac{k_i f_i}{f_i + \sum_{j=1}^{N} \Phi_{ij} f_j} \tag{3-35}$$

式中，N 为混合气体成分总数；k_i 为组分 i 的热导率 $[\text{W}/(\text{m} \cdot \text{K})]$；$\Phi_{ij}$ 的表达式为

$$\Phi_{ij} = \frac{\left[1 + \left(\dfrac{k_i}{k_j}\right)^{0.5} \left(\dfrac{M_i}{M_j}\right)^{0.25}\right]^2}{\left[8\left(1 + \dfrac{M_i}{M_j}\right)\right]^{0.5}} \tag{3-36}$$

3.3.3 接触导热模型

在经过辐照后，燃料芯块通常会发生肿胀和变形，从而导致气隙的宽度沿周向发生变化。此外，燃料和包壳的热膨胀经常也不同，导致燃料和包壳发生了直接接触，如图 3-11 所示。这样的接触可以减小热阻，从而有效地增强了间隙的传热能力。

在 FRAPCON 中，接触导热的等效换热系数由燃料-包壳交界面压力和粗糙度决定：

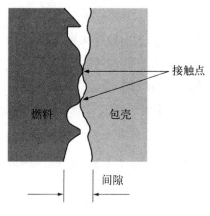

图 3-11 燃料与包壳间的接触

$$h_{\text{contact}} = \begin{cases} \dfrac{0.416\,6k_{\text{m}}P_{\text{rel}}^{0.5}}{\sqrt{R_{\text{f}}^2 + R_{\text{c}}^2}\,E}, & P_{\text{rel}} < 9 \times 10^{-6} \\[3mm] \dfrac{0.001\,25k_{\text{m}}}{\sqrt{R_{\text{f}}^2 + R_{\text{c}}^2}\,E}, & 9 \times 10^{-6} < P_{\text{rel}} < 0.003 \\[3mm] \dfrac{138.852\,8k_{\text{m}}P_{\text{rel}}^2}{\sqrt{R_{\text{f}}^2 + R_{\text{c}}^2}\,E}, & 0.003 < P_{\text{rel}} \leqslant 0.008\,7 \\[3mm] \dfrac{1.208\,1k_{\text{m}}P_{\text{rel}}}{\sqrt{R_{\text{f}}^2 + R_{\text{c}}^2}\,E}, & P_{\text{rel}} > 0.008\,7 \end{cases} \tag{3-37}$$

式中，P_{rel} 为交界面压力与包壳迈耶硬度(锆合金约为 680 MPa)的比值；k_m 为燃料和包壳的几何平均热导率[W/(m·K)]，等于 $2k_f k_c/(k_f + k_c)$；R_f 和 R_c 分别为燃料和包壳表面的粗糙度(m)；E 为 R_f 的函数：

$$E = \exp[5.738 - 0.528\ln(3.937 \times 10^7 R_f)] \qquad (3-38)$$

在燃料元件的初步设计计算中，间隙的换热系数可采用经验值，而不用上述公式进行计算，通常取为约 6 000 W/(m²·K)，代表在整个运行寿期内可能出现的最低值。对于沸水堆燃料元件而言，该值与实际情况比较接近。对于压水堆燃料元件而言，由于一回路系统压力较高，接触压力较大，该值可能偏保守一些。

在进行商用燃料元件的详细设计计算时，通常还要考虑线功率密度和气隙宽度对导热的影响。图 3-12 是采用 FRAPCON 程序计算得到的某燃料棒服役 1 小时后的间隙换热系数。可以看出，随着线功率密度的增加，热膨胀会增加，从而使换热系数增加。当间隙宽度非常小并且线功率密度较大时，热膨胀所引起的导热强化效应会达到饱和，则换热系数不随线功率密度的增加而增加。

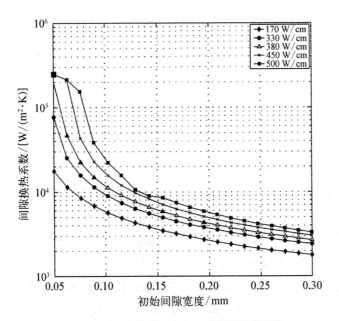

图 3-12　不同线功率密度下的间隙换热系数

3.4 不同类型燃料元件传热计算

燃料元件的型式与反应堆的类型和用途有关。例如,在大多数压水堆中,采用棒状燃料元件,而在高温气冷堆中则采用球形燃料元件。目前主流的燃料元件形式包括棒状、环形、板状和球形,本节将针对不同类型的燃料元件介绍其传热过程。

3.4.1 棒状燃料元件

棒状燃料元件是反应堆中最常见的几何结构。在此以单根燃料棒为对象进行分析,如图 3-13 所示。燃料棒通常包括芯块、间隙与包壳。

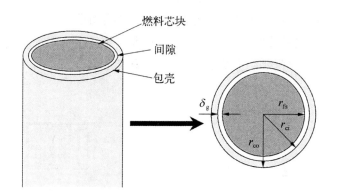

图 3-13 棒状燃料元件示意图

注:r_{fs} 为燃料芯块的半径,δ_g 为间隙的宽度。

1) 燃料芯块的导热

假设燃料芯块中的中子通量是均匀分布的,那么芯块中产生的热量也就可以认为是均匀分布的。在常见的压水堆中,燃料组件内的棒间节距与燃料棒直径之比通常大于 1.2,并且燃料棒周围的周向流动基本是相同的,因此可以认为燃料芯块周围没有明显的周向温度梯度。另外,燃料棒的长度与直径的比值通常大于 10,所以在除了燃料棒两端的位置处,轴向导热与径向导热相比,导热量很小,可以忽略掉。在燃料棒的顶端和低端,轴向导热对于燃料棒内的温度分布具有重要的影响。

因此,在稳态工况下,在远离燃料棒两端的位置处,燃料芯块的导热方程

可以简化成径向一维方程,即

$$\frac{1}{r}\frac{\mathrm{d}}{\mathrm{d}r}\left(k_{\mathrm{f}}r\frac{\mathrm{d}T}{\mathrm{d}r}\right)+q''' = 0 \tag{3-39}$$

将式(3-39)进行积分后可得

$$k_{\mathrm{f}}r\frac{\mathrm{d}T}{\mathrm{d}r}+\frac{q'''r^2}{2}+C_1 = 0 \tag{3-40}$$

式中,C_1 为积分常数。

通常假设芯块内温度分布轴对称,当 $r=0$ 时,有

$$q''\mid_{r=0} = -k_{\mathrm{f}}\frac{\mathrm{d}T}{\mathrm{d}r}\bigg|_{r=0} = 0 \tag{3-41}$$

因此,可以求得 $C_1 = 0$。则式(3-40)变为

$$k_{\mathrm{f}}\frac{\mathrm{d}T}{\mathrm{d}r}+\frac{q'''r}{2} = 0 \tag{3-42}$$

将式(3-42)在 $[0,r]$ 上再次积分,整理后可得

$$\int_{T_r}^{T_0}k_{\mathrm{f}}\mathrm{d}T = \frac{q'''r^2}{4}+C_2 \tag{3-43}$$

式中,r 为燃料芯块径向任意位置;T_0 和 T_r 分别为燃料芯块中心和半径为 r 处的温度值;C_2 为积分常数。

当 $r=r_{\mathrm{fs}}$ 时,有

$$C_2 = \int_{T_{\mathrm{fs}}}^{T_0}k_{\mathrm{f}}\mathrm{d}T - \frac{q'''r_{\mathrm{fs}}^2}{4} \tag{3-44}$$

将式(3-44)代入式(3-43)可得

$$\int_{T_{\mathrm{fs}}}^{T_r}k_{\mathrm{f}}\mathrm{d}T = \frac{q'''}{4}(r_{\mathrm{fs}}^2 - r^2) \tag{3-45}$$

由能量守恒可知,燃料芯块的线功率密度可表示为

$$q' = q'''\pi r_{\mathrm{fs}}^2 \tag{3-46}$$

则当 $r=0$ 时,有

$$\int_{T_{fs}}^{T_0} k_f \mathrm{d}T = \frac{q''' r_{fs}^2}{4} = \frac{q'}{4\pi} \qquad (3-47)$$

由式(3-47)可知,燃料芯块中心与外表面的温差由线功率密度决定,与燃料芯块的半径无关。因此,在棒状燃料元件的设计中线功率密度直接决定燃料芯块的最高温度。

特别地,若燃料热导率 k_f 为常数,则由式(3-45)可得芯块内温度分布为

$$T_r = T_{fs} + \frac{q'''}{4k_f}(r_{fs}^2 - r^2) = T_{fs} + \frac{q'}{4\pi k_f}\left[1 - \left(\frac{r}{r_{fs}}\right)^2\right] \qquad (3-48)$$

燃料芯块的中心温度为

$$T_0 = T_{fs} + \frac{q'}{4\pi k_f} \qquad (3-49)$$

2) 间隙与包壳内的导热

间隙内的传热由式(3-27)描述,则包壳内壁面温度为

$$T_{ci} = T_{fs} - \frac{q''}{h_{gap}} \qquad (3-50)$$

包壳内的导热方程可以写为

$$\frac{1}{r}\frac{\mathrm{d}}{\mathrm{d}r}\left(k_c r \frac{\mathrm{d}T}{\mathrm{d}r}\right) = 0 \qquad (3-51)$$

将式(3-51)进行积分后可得

$$k_c r \frac{\mathrm{d}T}{\mathrm{d}r} = C_3 \qquad (3-52)$$

式中,C_3 为积分常数。

结合傅里叶导热定律,可以得到

$$C_3 = -\frac{q''}{r} \qquad (3-53)$$

因为,

$$q'' = \frac{q'}{2\pi r} \qquad (3-54)$$

所以，

$$C_3 = -\frac{q'}{2\pi} \tag{3-55}$$

将式(3-55)代入式(3-52)中，并在$[r_{ci}, r]$上进行积分可得

$$\int_{T_{ci}}^{T_r} k_c \mathrm{d}T = -\frac{q'}{2\pi}\ln\frac{r}{r_{ci}} \tag{3-56}$$

当包壳热导率k_c为常数时，可得

$$T_r = T_{ci} - \frac{q'}{2\pi k_c}\ln\frac{r}{r_{ci}} \tag{3-57}$$

因此包壳外壁面温度为

$$T_{co} = T_{ci} - \frac{q'}{2\pi k_c}\ln\frac{r_{co}}{r_{ci}} \tag{3-58}$$

结合式(3-49)、式(3-50)、式(3-54)和式(3-57)可得燃料中心至包壳外壁面温差为

$$T_0 - T_{co} = q'\left(\frac{1}{4\pi k_f} + \frac{1}{\pi(r_{fs}+r_{ci})h_{gap}} + \frac{1}{2\pi k_c}\ln\frac{r_{co}}{r_{ci}}\right) \tag{3-59}$$

图3-14给出了假设各部分热
导率不变，稳态工况下的棒状燃料元
件内温度分布情况，最高温度位于燃
料芯块中心处，间隙处存在较大
温差。

例1：

某压水堆使用的棒状燃料元件
直径为9.50 mm，锆-4合金包壳厚
度为0.57 mm，UO_2燃料芯块直径
为8.19 mm，燃料棒线功率密度
为42 000 W/m，间隙等效热导率为
6 000 W/($m^2 \cdot K$)，包壳的外表面温

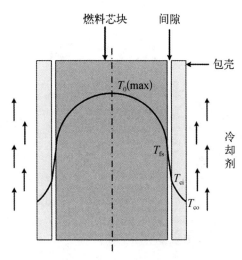

图3-14　棒状燃料元件温度分布

度为 328℃,包壳的热导率为 17 W/(m·K),试在不同条件下计算燃料芯块中心、燃料芯块外壁面和燃料包壳内壁面的温度。

(1) 燃料热导率为常数 2.5 W/(m·K)。

(2) 考虑燃料热导率随温度的变化,通过表 3-1 计算。

解答:

$r_{co}=4.75$ mm, $r_{ci}=4.18$ mm, $r_{fs}=4.095$ mm,则由式(3-58)可知燃料包壳内壁面温度为

$$T_{ci}=T_{co}+\frac{q'}{2\pi k_c}\ln\frac{r_{co}}{r_{ci}}=328+\frac{42\,000}{2\pi\times17}\ln\frac{4.75}{4.18}=378.3℃$$

由式(3-50)可知燃料芯块外壁面温度为

$$T_{fs}=T_{ci}+\frac{q''}{h_{gap}}=T_{ci}+\frac{q'}{\pi(r_{fs}+r_{ci})h_{gap}}$$

$$=378.3+\frac{42\,000}{[\pi\times(4.095+4.18)/1\,000]\times6\,000}=647.6(℃)$$

(1) 由式(3-49)可知燃料芯块中心温度为

$$T_0=T_{fs}+\frac{q'}{4\pi k_f}=647.6+\frac{42\,000}{4\pi\times2.5}=1\,984.5(℃)$$

(2) 由式(3-47)可知

$$\int_{T_{fs}}^{T_0}k_f\mathrm{d}T=\frac{q'}{4\pi}=\frac{42\,000}{4\pi}=3\,342.3(\mathrm{W/m})$$

由表 3-1 可知

$$\int_{0℃}^{T_{fs}}k_f\mathrm{d}T=\int_{0℃}^{647.6℃}k_f\mathrm{d}T\approx3\,672.2\ \mathrm{W/m}$$

则

$$\int_{0℃}^{T_0}k_f\mathrm{d}T=\int_{0℃}^{T_{fs}}k_f\mathrm{d}T+\int_{T_{fs}}^{T_0}k_f\mathrm{d}T=7\,014.5\ \mathrm{W/m}$$

又由表 3-1 可知

$$T_0\approx1\,935.8(℃)$$

3.4.2　环形燃料元件

环形燃料是一种由两层包壳和环形芯块构成的内、外两面冷却的新型、高效和安全的燃料元件,能够在保持或增进现有反应堆安全性能的前提下,大幅提高核电厂功率密度 $20\%\sim50\%$,是高性能轻水堆核燃料的主要发展趋势之一。

如图 3 - 15 所示,环形燃料元件同样由芯块、间隙与包壳组成,其特征在于冷却剂在内、外两个通道同时冷却燃料元件。

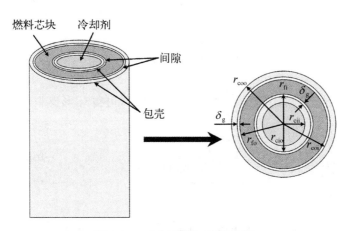

图 3 - 15　环形燃料元件示意图

1) 燃料芯块的导热

对于环形燃料芯块,在体积释热率均匀分布的假设下,其稳态导热方程同样可表示为

$$\frac{1}{r}\frac{\mathrm{d}}{\mathrm{d}r}\left(k_{\mathrm{f}}r\frac{\mathrm{d}T}{\mathrm{d}r}\right)+q'''=0 \tag{3-60}$$

将式(3 - 60)积分后,可得

$$k_{\mathrm{f}}\frac{\mathrm{d}T}{\mathrm{d}r}+\frac{q'''r}{2}+\frac{C_1}{r}=0 \tag{3-61}$$

以 r_{fi} 处温度 T_{fi} 作为参考温度,将式(3 - 61)再次积分后可得

$$\int_{T_{\mathrm{fi}}}^{T}k_{\mathrm{f}}\mathrm{d}T+\frac{q'''r^2}{4}+C_1\ln r+C_2=0 \tag{3-62}$$

施加边界条件 $r=r_{fi}$, $T=T_{fi}$ 和 $r=r_{fo}$, $T=T_{fo}$, 有

$$\frac{q''' r_{fi}^2}{4} + C_1 \ln r_{fi} + C_2 = 0 \qquad (3-63)$$

$$\int_{T_{fi}}^{T_{fo}} k_f dT + \frac{q''' r_{fo}^2}{4} + C_1 \ln r_{fo} + C_2 = 0 \qquad (3-64)$$

联立式(3-63)和式(3-64),可得

$$C_1 = -\left[\int_{T_{fi}}^{T_{fo}} k_f dT + \frac{q'''}{4}(r_{fo}^2 - r_{fi}^2) \right] \left[\frac{1}{\ln(r_{fo}/r_{fi})} \right] \qquad (3-65)$$

$$C_2 = -\frac{q''' r_{fi}^2}{4} + \left[\int_{T_{fi}}^{T_{fo}} k_f dT + \frac{q'''}{4}(r_{fo}^2 - r_{fi}^2) \right] \left[\frac{\ln r_{fi}}{\ln(r_{fo}/r_{fi})} \right] \qquad (3-66)$$

将式(3-65)和式(3-66)代入式(3-62),可得环形燃料芯块内温度分布为

$$\int_{T_{fi}}^{T} k_f dT = \frac{q'''(r_{fi}^2 - r^2)}{4} + \left[\int_{T_{fi}}^{T_{fo}} k_f dT + \frac{q'''}{4}(r_{fo}^2 - r_{fi}^2) \right] \left[\frac{\ln(r/r_{fi})}{\ln(r_{fo}/r_{fi})} \right]$$
$$(3-67)$$

在 $r=r_0$ 处,燃料芯块温度为最大值 T_0,此时温度梯度为 0,则由式(3-61)式(3-65)可得

$$r_0 = \sqrt{\frac{2\left[\int_{T_{fi}}^{T_{fo}} k_f dT + \frac{q'''}{4}(r_{fo}^2 - r_{fi}^2) \right]}{q''' \ln(r_{fo}/r_{fi})}} \qquad (3-68)$$

由式(3-67)可知芯块内最大温度的表达式为

$$\int_{T_{fi}}^{T_0} k_f dT = \frac{q'''(r_{fi}^2 - r_0^2)}{4} + \left[\int_{T_{fi}}^{T_{fo}} k_f dT + \frac{q'''}{4}(r_{fo}^2 - r_{fi}^2) \right] \left[\frac{\ln(r_0/r_{fi})}{\ln(r_{fo}/r_{fi})} \right]$$
$$(3-69)$$

对于环形燃料芯块,其线功率密度可定义为

$$q' = q''' \pi (r_{fo}^2 - r_{fi}^2) \qquad (3-70)$$

因此,

$$\int_{T_{fi}}^{T_0} k_f \mathrm{d}T = \frac{q'}{4\pi} \frac{(r_{fi}^2 - r_0^2)}{(r_{fo}^2 - r_{fi}^2)} + \left[\int_{T_{fi}}^{T_{fo}} k_f \mathrm{d}T + \frac{q'}{4\pi} \right] \left[\frac{\ln(r_0/r_{fi})}{\ln(r_{fo}/r_{fi})} \right] \quad (3-71)$$

若热导率 k_f 为常数,则

$$r_0 = \sqrt{\frac{2\left[k_f(T_{fo} - T_{fi}) + \dfrac{q'''}{4}(r_{fo}^2 - r_{fi}^2) \right]}{q''' \ln(r_{fo}/r_{fi})}} \quad (3-72)$$

$$T_0 = \frac{q'}{4\pi k_f} \left[\frac{(r_{fi}^2 - r_0^2)}{(r_{fo}^2 - r_{fi}^2)} + \frac{\ln(r_0/r_{fi})}{\ln(r_{fo}/r_{fi})} \right] + (T_{fo} - T_{fi}) \frac{\ln(r_0/r_{fi})}{\ln(r_{fo}/r_{fi})} + T_{fi} \quad (3-73)$$

特别地,若 $T_{fo} = T_{fi}$,则

$$r_0 = \sqrt{\frac{(r_{fo}^2 - r_{fi}^2)}{2\ln(r_{fo}/r_{fi})}} \quad (3-74)$$

$$T_0 = \frac{q'}{4\pi k_f} \left[\frac{(r_{fi}^2 - r_0^2)}{(r_{fo}^2 - r_{fi}^2)} + \frac{\ln(r_0/r_{fi})}{\ln(r_{fo}/r_{fi})} \right] + T_{fi} \quad (3-75)$$

2) 间隙与包壳内的导热

与棒状燃料元件类似,环形燃料间隙内的传热由式(3-27)描述,则包壳壁面温度 T_{cio} 和 T_{coi} 分别表示为

$$T_{cio} = T_{fi} - \frac{q_i''}{h_{gapi}} \quad (3-76)$$

$$T_{coi} = T_{fo} - \frac{q_o''}{h_{gapo}} \quad (3-77)$$

式中,q_i'' 和 q_o'' 分别表示燃料元件内间隙和外间隙的热流密度;h_{gapi} 和 h_{gapo} 分别表示内外间隙的等效换热系数。

同样地,参考棒状燃料元件包壳导热可知

$$\int_{T_r}^{T_{cio}} k_c \mathrm{d}T = -\frac{q_i'}{2\pi} \ln \frac{r}{r_{cio}} \quad (3-78)$$

$$\int_{T_{coi}}^{T_r} k_c \mathrm{d}T = -\frac{q_o'}{2\pi} \ln \frac{r}{r_{coi}} \quad (3-79)$$

式中，q_i' 和 q_o' 分别为通过内、外包壳导出热量的线功率密度。

当包壳热导率 k_c 为常数时，可得内、外包壳冷却面的壁温分别为

$$T_{cii} = T_{cio} + \frac{q_i'}{2\pi k_c} \ln \frac{r_{cii}}{r_{cio}} \qquad (3-80)$$

$$T_{coo} = T_{coi} - \frac{q_o'}{2\pi k_c} \ln \frac{r_{coo}}{r_{coi}} \qquad (3-81)$$

图 3-16 给出环形燃料元件温度分布示意图，可以看出最高温度位于燃料芯块径向某一位置处。需要注意的是，在环形燃料的热工水力设计中，传热计算必须与水力计算同时进行，因为在传热计算中需要通过水力计算确定内外冷却剂通道的流量分配。

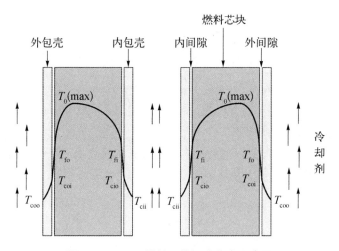

图 3-16　环形燃料元件温度分布示意图

例 2:

在某压水堆燃料元件设计中，燃料芯块采用棒状和环形两种设计，其中棒状燃料芯块的外径为 8.19 mm，环形燃料芯块的内径和外径分别为 9.9 mm 和 14.1 mm。假设燃料芯块表面温度均为 500℃，燃料芯块内部设计最高温度为 1 405℃，分别计算两种设计下燃料芯块的线功率密度（燃料积分热导率参照表 3-1）。

解答:

对棒状燃料芯块，由式(3-47)可知

$$q' = 4\pi \int_{T_{\mathrm{fs}}}^{T_0} k_{\mathrm{f}} \mathrm{d}T = 4\pi \left(\int_{0\,℃}^{1\,405\,℃} k_{\mathrm{f}} \mathrm{d}T - \int_{0\,℃}^{500\,℃} k_{\mathrm{f}} \mathrm{d}T \right) = 4\pi \times (5\,840 - 3\,093)$$

$$= 34\,519.8(\mathrm{W/m})$$

对环形燃料芯块,由式(3-68),有

$$r_0 = \sqrt{\frac{r_{\mathrm{fo}}^2 - r_{\mathrm{fi}}^2}{2\ln(r_{\mathrm{fo}}/r_{\mathrm{fi}})}} = 5.97 \text{ mm}$$

由式(3-71)可知

$$\int_{T_{\mathrm{fi}}}^{T_0} k_{\mathrm{f}} \mathrm{d}T = \frac{q'}{4\pi} \left[\frac{(r_{\mathrm{fi}}^2 - r_0^2)}{(r_{\mathrm{fo}}^2 - r_{\mathrm{fi}}^2)} + \frac{\ln(r_0/r_{\mathrm{fi}})}{\ln(r_{\mathrm{fo}}/r_{\mathrm{fi}})} \right] = \frac{q'}{4\pi} \times 0.088$$

则

$$q' = \frac{4\pi}{0.088} \int_{T_{\mathrm{fi}}}^{T_0} k_{\mathrm{f}} \mathrm{d}T = \frac{4\pi}{0.088} \left(\int_{0\,℃}^{1\,405\,℃} k_{\mathrm{f}} \mathrm{d}T - \int_{0\,℃}^{500\,℃} k_{\mathrm{f}} \mathrm{d}T \right) = 392\,270.5(\mathrm{W/m})$$

可见在相同的温度限值设计下,环形燃料可达到的线功率密度是棒状燃料的 10 倍以上。

3.4.3　板状燃料元件

板状燃料元件构成的组件因具有结构紧凑、燃料芯体温度低、较高的换热效率和较深的燃耗等特点,被广泛应用在一体化反应堆和实验用研究堆中。板状燃料元件由燃料与包壳构成,燃料与包壳之间无间隙。

如图 3-17 所示,设板状燃料的厚度为 $2a$,包壳的厚度为 δ_{c},燃料与包壳

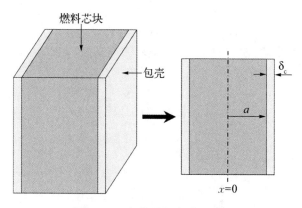

图 3-17　板状燃料元件示意图

之间接触良好，没有气隙。

1) 燃料芯块的导热

燃料沿 x 方向厚度为 $2a$，由于另外两个方向的尺寸通常要比 x 方向的尺寸大得多，所以这两个方向上的导热可以忽略不计。假设内热源均匀分布，稳态工况下燃料芯块的导热方程可以简化成一维方程

$$\frac{\mathrm{d}}{\mathrm{d}x}\left(k_{\mathrm{f}}\frac{\mathrm{d}T}{\mathrm{d}x}\right)+q'''=0 \qquad (3-82)$$

对式(3-82)进行积分可得

$$k_{\mathrm{f}}\frac{\mathrm{d}T}{\mathrm{d}x}+q'''x=C_1 \qquad (3-83)$$

式中，C_1 为积分常数。

燃料内的温度分布关于中心平面对称，在位置 $x=0$ 处，热流密度为 0。因此，

$$k_{\mathrm{f}}\frac{\mathrm{d}T}{\mathrm{d}x}\bigg|_{x=0}=0 \qquad (3-84)$$

将式(3-84)代入式(3-83)可得 $C_1=0$，则

$$k_{\mathrm{f}}\frac{\mathrm{d}T}{\mathrm{d}x}+q'''x=0 \qquad (3-85)$$

将式(3-85)再次积分后可得

$$\int_{T_0}^{T_x}k_{\mathrm{f}}\mathrm{d}T+\frac{q'''}{2}x^2=C_2 \qquad (3-86)$$

式中，C_2 为积分常数；T_x 为任一位置 x 处的温度值；T_0 为 $x=0$ 处的温度值。

设燃料外表面温度已知，在 $x=a$ 处，$T=T_{\mathrm{fs}}$，则

$$C_2=\int_{T_0}^{T_{\mathrm{fs}}}k_{\mathrm{f}}\mathrm{d}T+\frac{q'''}{2}a^2 \qquad (3-87)$$

将式(3-87)代入式(3-86)，可得

$$\int_{T_{\mathrm{fs}}}^{T_x}k_{\mathrm{f}}\mathrm{d}T=\frac{q'''}{2}(a^2-x^2) \qquad (3-88)$$

式(3-88)可描述板状燃料芯块内的温度分布。特别地,若 k_f 为常数,则

$$T_x = T_{fs} + \frac{q'''}{2k_f}(a^2 - x^2) \tag{3-89}$$

2) 包壳内的导热

包壳内的导热也可以认为是一维问题,所以式(3-82)也适用于包壳中的导热。包壳在吸收各种射线后会产生一定的热量,但是与燃料中所产生的热量相比,这部分热量可以忽略不计,因此认为包壳无内热源。综上所述,包壳中的导热方程可以写为

$$\frac{\mathrm{d}}{\mathrm{d}x}\left(k_c \frac{\mathrm{d}T}{\mathrm{d}x}\right) = 0 \tag{3-90}$$

将式(3-90)进行积分后可得

$$k_c \frac{\mathrm{d}T}{\mathrm{d}x} = C_3 \tag{3-91}$$

通过式(3-91)可以看出,在包壳内任一位置处的热流密度相同。结合傅里叶导热定律,可以得到

$$C_3 = -q'' \tag{3-92}$$

将式(3-92)代入式(3-91)中,并在 $[a, x]$ 上进行积分后可得

$$\int_{T_{ci}}^{T_x} k_c \mathrm{d}T = -q''(x-a) \tag{3-93}$$

注意由于没有间隙,式(3-93)中的 T_{ci} 与 T_{fs} 相等,T_x 为任一正 x 位置处的温度值。

同样地,若包壳热导率 k_c 为常数,则

$$T_x = T_{ci} - \frac{q''}{k_c}(x-a) \tag{3-94}$$

当 $x = a + \delta_c$ 时,可以得到右边包壳外表面的温度为

$$T_{co} = T_{ci} - \frac{q''}{k_c}\delta_c \tag{3-95}$$

根据能量守恒定律,q'' 等于二分之一燃料平板中所产生的热量,那么

$$q'' = q'''a \tag{3-96}$$

将式(3-96)代入式(3-89),当 $x=0$ 时,有

$$T_0 = T_{fs} + \frac{q''a}{2k_f} = T_{ci} + \frac{q''a}{2k_f} \tag{3-97}$$

于是,

$$T_0 - T_{co} = q''\left(\frac{a}{2k_f} + \frac{\delta_c}{k_c}\right) \tag{3-98}$$

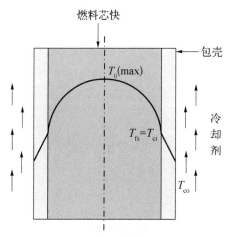

图 3-18 板状燃料元件温度分布示意图

图 3-18 给出了常数热导率假设下稳态工况的板状燃料元件内温度分布示意图,最高温度位于燃料芯块中心处,芯块内温度分布为二次曲线,包壳内温度分布为线性。

例 3:

以中国先进研究堆 CARR 为例,其使用的板状燃料元件芯块材料为 U_3Si_2,包壳材料为 6 061 铝合金。燃料板厚度为 0.6 mm,包壳厚度为 0.38 mm,燃料热导率 $k_f = 10.5$ W/(m·K),包壳热导率 $k_c = 201$ W/(m·K)。燃料包壳设计最大壁温为 138.3℃,燃料元件设计最大热流密度为 3.71 MW/m²。试计算最大热流密度下的包壳内壁温及燃料芯块中心温度。

解答:

由式(3-95)可得包壳内壁温为

$$T_{ci} = T_{co} + \frac{q''}{k_c}\delta_c = 138.3 + \frac{3.71 \times 10^6}{2 \times 201} \times 0.38 \times 10^{-3} = 141.8(℃)$$

由式(3-97)可得燃料芯块中心温度为

$$T_0 = T_{ci} + \frac{q''a}{2k_f} = 141.8 + \frac{3.71 \times 10^6}{2 \times 2 \times 10.5} \times 0.3 \times 10^{-3} = 168.3(℃)$$

3.4.4　球形燃料元件

球形燃料元件是在球床高温气冷堆上使用的燃料元件,其主要特点就是利用球的流动性,实现不必停堆就能完成装卸料。我国在建的华能山东石岛湾核电厂采用 HTR - PM 高温气冷堆技术,其使用的燃料呈球状,如图 3 - 19 所示。每个燃料球直径为 60 mm,球的最外层为 5 mm 石墨包壳层。石墨层内为包覆燃料颗粒弥散在石墨基体里的球体(TRISO 颗粒),每个球形燃料内含有约 8 000 个 TRISO 颗粒。TRISO 颗粒为多层球状,颗粒中心为 UO₂ 燃料(直径 0.5 mm),其外为疏松热解碳层 Buffer(直径 0.09 mm),再往外依次为内致密热解碳层 IPyC(直径 0.04 mm)、碳化硅层 SiC(直径 0.035 mm)、外致密热解碳层 OPyC(直径 0.04 mm)。石墨球的设计使反应堆拥有很高的热稳定性,且裂变材料始终保持在燃料球中,具有固有安全性。

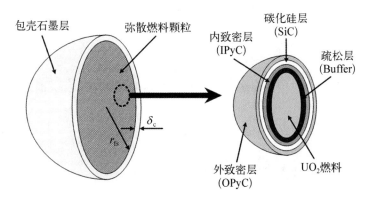

图 3 - 19　球形燃料元件示意图

注:r_{fs} 为燃料芯块的半径,δ_c 为包壳的厚度

现以单个燃料球为对象分析,假设球内 TRISO 颗粒材料可简化为各向同性的均匀材质,则燃料球可简化为双层球形结构,其内层为燃料芯块,外层包壳为石墨,无间隙,如图 3 - 19 所示。

1) 燃料芯块的导热

基于各向同性假设,在球坐标系下,一维稳态工况带有内热源的导热方程可由式(3 - 10)简化如下:

$$\frac{1}{r^2}\frac{d}{dr}\left(k_f r^2 \frac{dT}{dr}\right) + q''' = 0 \tag{3 - 99}$$

将式(3-99)积分可得

$$k_f r^2 \frac{dT}{dr} + \frac{q''' r^3}{3} + C_1 = 0 \qquad (3-100)$$

式中，C_1 为积分常数。

由于芯块各向同性，中心对称，所以当 $r=0$ 时，有

$$\frac{dT}{dr} = 0 \qquad (3-101)$$

因此，可以求得常数 $C_1 = 0$。则式(3-100)变为

$$k_f r^2 \frac{dT}{dr} + \frac{q''' r^3}{3} = 0 \qquad (3-102)$$

将式(3-102)再次积分，整理后可得

$$\int_{T_0}^{T_r} k_f dT + \frac{q''' r^2}{6} = C_2 \qquad (3-103)$$

式中，C_2 为积分常数；T_r 为任一位置 r 处的温度值。当 $r=r_{fs}$ 时，有

$$C_2 = \int_{T_0}^{T_{fs}} k_f dT + \frac{q''' r_{fs}^2}{6} \qquad (3-104)$$

将式(3-104)代入式(3-103)可得

$$\int_{T_{fs}}^{T_r} k_f dT = \frac{q'''}{6}(r_{fs}^2 - r^2) \qquad (3-105)$$

式(3-105)即为球形燃料芯块内的温度分布。若燃料热导率 k_f 为常数，则

$$T_r = T_{fs} + \frac{q'''}{6k_f}(r_{fs}^2 - r^2) \qquad (3-106)$$

2) 包壳内的导热

假设包壳各向同性，包壳内部可认为无内热源，其稳态导热方程可以写为

$$\frac{1}{r^2} \frac{d}{dr}\left(k_c r^2 \frac{dT}{dr}\right) = 0 \qquad (3-107)$$

式中, r 的取值范围为 $[r_{fs}, r_{fs}+\delta_c]$, 将式(3-107)积分后可得

$$k_c r^2 \frac{\mathrm{d}T}{\mathrm{d}r} = C_3 \qquad (3-108)$$

结合傅里叶导热定律, 可得

$$C_3 = k_c r^2 \frac{\mathrm{d}T}{\mathrm{d}r} = -q'' r^2 \qquad (3-109)$$

将式(3-109)代入式(3-108), 并在 $[r_{fs}, r]$ 上积分, 有

$$\int_{T_{fs}}^{T_r} k_c \mathrm{d}T = -q''(r - r_{fs}) \qquad (3-110)$$

对于包壳, 其热流密度可表示为

$$q'' = \frac{q''' r_{fs}^3}{3r^2} \qquad (3-111)$$

则

$$\int_{T_{fs}}^{T_r} k_c \mathrm{d}T = -\frac{q''' r_{fs}^3}{3r^2}(r - r_{fs}) \qquad (3-112)$$

式(3-112)即为球形燃料包壳内的温度分布。若包壳热导率 k_c 为常数, 则

$$T_r = T_{fs} - \frac{q''' r_{fs}^3}{3k_c r^2}(r - r_{fs})$$

$$(3-113)$$

此时包壳外表面温度为

$$T_{co} = T_{fs} - \frac{q''' r_{fs}^3 \delta_c}{3k_c (r_{fs} + \delta_c)^2}$$

$$(3-114)$$

图 3-20 给出了球形燃料元件的温度分布示意图。

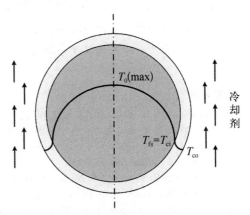

图 3-20　球形燃料元件温度分布示意图

思考题

1. 理想的核燃料材料具有哪些特点？包壳的作用是什么？包壳材料具有什么特点？

2. 某燃料芯块在燃耗深度为 32 000 MW·d/t 时，芯块平均温度为 1 200℃，燃料为 UO_2，含有质量分数为 5% 的氧化钆，计算在上述条件下密度分别为 95% 和 88% 理论密度的燃料有效热导率。

3. 某压水堆燃料元件的芯块外径为 8.19 mm，包壳内径和外径分别为 8.36 mm 和 9.5 mm。芯块和包壳间的间隙内充满氦气，仅考虑气体导热。燃料芯块的热导率为 2.43 W/(m·K)，氦气热导率为 0.5 W/(m·K)，包壳热导率为 17.2 W/(m·K)。燃料芯块的最高温度限值为 1 420℃，包壳外表面温度为 324℃，此时对应的燃料元件线功率密度和燃料芯块的体积释热率分别是多少？

4. 某环形燃料芯块的内径和外径分别为 9.9 mm 和 14.1 mm，燃料元件内外间隙均为 0.06 mm，内外包壳厚度均为 0.58 mm。燃料芯块的热导率为 2.57 W/(m·K)，间隙处的等效换热系数为 6 132 W/(m^2·K)，包壳热导率为 17.5 W/(m·K)。假设燃料芯块表面温度均为 480℃，燃料芯块的体积释热率为 1 750 MW/m^3，此时燃料芯块的最高温度和所处位置分别是多少？燃料元件内外包壳表面温度分别是多少？内外包壳与冷却剂接触表面的热流密度分别有多大？

5. 有一板状燃料元件，燃料厚度为 0.8 mm，包壳厚度为 0.4 mm，燃料和包壳的热导率分别为 11.3 W/(m·K) 和 188 W/(m·K)，燃料的体积释热率为 1 145 MW/m^3。分别计算以下两种情况时燃料的最高温度：

(1) 包壳的两个外表面温度均等于 115℃。

(2) 包壳的两个外表面温度分别为 115℃和 121℃。

参考文献

［1］ 俞冀阳，贾宝山. 反应堆热工水力学[M]. 北京：清华大学出版社，2003.

［2］ 周明胜，田民波，戴兴建. 核材料与应用[M]. 北京：清华大学出版社，2017.

［3］ Tong L S, Weisman J. Thermal analysis of pressurized water reactors[M]. 3rd ed. Illinois：American Nuclear Society，1996.

［4］ Todreas N E, Kazimi M S. Nuclear systems, Volume I, thermal hydraulic fundamentals[M]. 3rd ed. Boca Raton：CRC Press，2021.

［5］ Geelhood K J, Luscher W G. FRAPCON - 3.5：a computer code for the calculation of steady-state, thermal-mechanical behavior of oxide fuel rods for high burnup[R]. Washington：United States Nuclear Regulatory Commission，2014.

［6］ 郝老迷. 核反应堆热工水力学[M]. 北京：中国原子能出版社，2010.

第 4 章　单相流动与传热

　　燃料组件阻力系数是核反应堆热工水力设计的关键参数,其压降特性的研究对燃料组件和堆芯性能分析至关重要。本章详细探究了反应堆内部单相流体的压力损失机制,旨在为研究复杂气液两相流动压降现象奠定坚实的理论基础。在单相流动分析中,首先需要构建描述流体流动的基本方程,主要包括质量守恒方程(即连续性方程)、动量守恒方程、能量守恒方程。这些方程构成了单相流动分析的理论基础,允许将复杂的三维流动问题简化为一维或二维问题,以适应特定的工程应用场景,从而简化数值模拟与解析计算过程。

4.1　单相流动控制方程

　　在单相流体力学中,流场特性主要由流体密度、速度、压力和温度等参数描述。应用守恒定律,可以分别建立描述质量、动量和能量守恒的基本方程。结合状态方程和恰当边界条件,可以解析单相流动和传热过程。考虑到实际流动的三维特性数学模型的复杂性,工程实践中常简化为一维流动,如图 4-1 所示,假设流体沿管道轴向的性质一致,以便于分析和计算。

　　对于管内的一维单相流动,控制方程可以写为

$$\frac{\partial \rho}{\partial t} + \frac{\partial w}{\partial z} = 0 \tag{4-1}$$

$$\frac{\partial (\rho w)}{\partial t} + \frac{\partial (\rho w^2)}{\partial z} = -\frac{\partial p}{\partial z} + \rho g \sin \theta - \tau \tag{4-2}$$

$$\frac{\partial}{\partial t}\left[\rho\left(U + \frac{w^2}{2}\right)\right] + \frac{\partial}{\partial z}\left[\rho w\left(U + \frac{w^2}{2}\right)\right] = -\frac{\partial p}{\partial z}w + \rho w g \sin \theta - \tau w - \frac{\partial q}{\partial z} \tag{4-3}$$

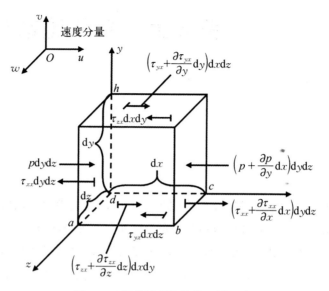

图 4 - 1 沿管流所取的微元控制体

注：六面体的各棱分别平行于直角坐标系的坐标轴，边长分别为 $\mathrm{d}x$、$\mathrm{d}y$ 和 $\mathrm{d}z$；a、d、c、h 分别指矩形微元体的一个顶点；p 为压力；τ 为每个面上的剪应力，其中，τ 的第一个下标代表所在平面所垂直的坐标轴，第二个下标代表该剪应力所平行的坐标轴，如 τ_{yx} 表示作用于垂直 y 轴平面上并平行 x 轴的剪应力。

式中，t 为时间（s）；z 为沿着管道的轴向坐标（m）；ρ 为密度（kg/m³）；w 为流速（m/s）；θ 为管道与水平方向的夹角（°）；g 为重力加速度（m/s²）；p 为压力（Pa）；U 为比热力学能（kJ/mol）；q 为管道壁面单位时间、单位面积传递的热量[J/(m² · s)]。

在式（4-2）中，对质量控制体而言，动量的变化率等于流体受到的合外力，合外力由以下 3 部分构成：右边第 1 项表示压力梯度对流体的驱动作用；右边第 2 项表示重力分量在流动方向上的分量；右边第 3 项表示单位长度管壁的壁面剪切力。在式（4-3）中，对质量控制体而言，系统内能量的变化等于系统与外界的能量交换。系统的能量指系统所有的内能和动能，系统与外界的能量交换包括系统与外界通过热传导、对流或辐射产生的热量的传递，以及系统对外界或外界对系统做的功。右边第 1 项表示压力做的功；右边第 2 项表示重力做的功；右边第 3 项表示黏性力做的功，如摩擦力做的功；右边第 4 项表示热量沿管道的传导损失。

在管内一维单相流动的动量控制方程中，单位长度管壁的壁面剪切力是

由于流体与管壁表面剧烈摩擦和发生相对运动后,产生的一种剪切力,该过程中的摩擦压降可以表达为

$$\Delta p = f_{d} \frac{\rho w^{2}}{2D} L \tag{4-4}$$

式中,L 为管道的长度;Δp 为流体在管道中流动所经历的摩擦压力损失;f_{d} 为摩擦因子。

对于层流来说,摩擦因子 f_{d} 可以通过层流流动的理论分析获得,通常与雷诺数(Reynolds number, Re)有关,层流情况下雷诺数低于临界雷诺数(约为 2 300)。对于管内层流,摩擦因子 f_{d} 可以通过以下关系式得出。

$$f_{d} = \frac{64}{Re} \tag{4-5}$$

雷诺数 Re 为无量纲数,用来判断流体流动的状态(层流或湍流),可以通过下式计算。

$$Re = \frac{\rho w D}{\mu} \tag{4-6}$$

其中,μ 为流体动力黏度($\text{N} \cdot \text{s/m}^{2}$)。

对于湍流来说,摩擦因子 f_{d} 与雷诺数 Re 和管道的相对粗糙度 ε 有关,计算更为复杂。通常使用经验关系式,如 Colebrook - White 公式,来求解,该公式是隐式的,通常需要迭代求解:

$$\frac{1}{\sqrt{f_{d}}} = 2 \lg \left(\frac{\varepsilon / D}{3.7} + \frac{2.51}{Re \sqrt{f_{d}}} \right) \tag{4-7}$$

式中,ε 为管道壁面的粗糙度。

圆管内的一维单相流动对流传热主要涉及流体在圆形截面管道内流动时,热量通过对流方式在流体和管道壁面之间传递的现象。这种传热模式对于各种工程应用,如热交换器设计、化工过程和能源系统,都非常重要。对流传热过程可以通过对流传热方程来描述,该方程考虑了流体的物理性质、流动状态、温度差异等因素,可通过下式进行描述。

$$q = h(T_{f} - T_{w}) \tag{4-8}$$

式中,h 为对流传热系数[$\text{W/(m}^{2} \cdot \text{K})$],依赖于流体的性质、流速以及管道的

几何特性；T_f 是流体平均温度(K)；T_w 是管壁温度(K)。

对流传热可以分为自然对流和强制对流两种传热方式，前者是由于温度差异导致的流体密度差异而产生的流动；后者是通过外力(如泵或风扇)引起的流体流动。对流传热系数 h 是影响传热量的关键参数，它取决于流体的物理性质、流动状态(层流或湍流)和流体与管壁的相对温度。对于圆管内流动，h 可以通过下列方程进一步估算。

$$Nu = \frac{hD}{k} \qquad (4-9)$$

其中，Nu 为努塞特数，是无量纲数；k 为流体的热导率[W/(m·K)]。

4.2 单相流动压降

我们可以通过求解单相流动控制方程，得到速度、压力和温度场，在工程上，我们通常先把一些不重要的因素忽略掉，再利用一些工程上的经验关系式得到一些所关心的宏观量，比如流体流过管道与棒束通道的压力损失。

4.2.1 单通道管内单相流动压降

流体在管内流动的代价是流体压力沿流动方向下降，为了维持流体压降，流体输送机械必须不断做功，因此，流动过程就是能量损失过程。在流体流动过程中，流道内两个流通截面间流体静压的变化一般分为 4 部分计算：

$$\Delta p = p_1 - p_2 = \Delta p_{acc} + \Delta p_{grav} + \Delta p_{fric} + \Delta p_{form} \qquad (4-10)$$

式中，Δp 为总压降(Pa)；Δp_{acc} 为加速压降(Pa)；Δp_{grav} 为重位压降(Pa)；Δp_{fric} 为摩擦压降(Pa)；Δp_{form} 为局部阻力压降(Pa)。

加速压降 Δp_{acc} 表示流体自截面 z_1 至截面 z_2 时因流体速度变化而引起的压力变化，在等截面直通道情况下只考虑流体密度变化所引起的加速压降。且因为流体质量流速 $G = \rho v$ 为常数，则加速压降计算式为

$$\Delta p_{acc} = \int_{v_1}^{v_2} \rho v \mathrm{d}v = G(v_2 - v_1) = G^2 \left(\frac{1}{\rho_2} - \frac{1}{\rho_1} \right) \qquad (4-11)$$

式中，ρ 为流体密度(kg/m³)；v 为流体速度(m/s)；G 为流体质量流速[kg/(m²·s)]。液体冷却剂在只有温度改变而不发生沸腾时其密度变化较小，因此

在计算沿等截面直通道流动的液体冷却剂产生的压降时，往往忽略其加速压降。

重位压降 Δp_{grav} 表示流体自截面 z_1 至截面 z_2 时由流体位能改变而引起的压力变化，又称提升压降，其计算式如下：

$$\Delta p_{\text{grav}} = \int_{z_1}^{z_2} \rho g \sin \theta \, \mathrm{d}z \tag{4-12}$$

式中，θ 为通道轴向与水平面间的夹角（°）。对于等温流动，只有两个截面之间存在垂直高度差时才会有提升压降，对于气体来说，由于密度较小，一般可以忽略提升压降。

摩擦压降 Δp_{fric} 表示流体沿流道流动时由于沿程摩擦阻力的作用而产生的压力损失，为流动压降的总要组成部分。普遍采用 Darcy 公式进行计算：

$$\Delta p_{\text{fric}} = f \frac{L}{D_{\text{h}}} \frac{\rho v^2}{2} \tag{4-13}$$

式中，L 为流动长度（m）；D_{h} 为水力直径（m）；f 为摩擦阻力系数，取决于流体的流动状态（层流或湍流）。

局部阻力压降 Δp_{form} 表示由于流体流动方向突然改变、流动面积突然扩大或缩小而产生的压力损失，其计算式如下：

$$\Delta p_{\text{form}} = K \frac{\rho v^2}{2} \tag{4-14}$$

式中，K 为局部阻力系数。

值得注意的是，在单相循环流动中加速度项和高度项压降变化的积分几乎为零（在等温条件下等于零），此时总压降由摩擦压降决定。下面将重点介绍摩擦压降和局部压降。

1）单通道管内单相摩擦压降

对于直管内单相流动，摩擦压降计算式为

$$\Delta p_{\text{fric}} \equiv f \frac{L}{D_{\text{h}}} \frac{G^2}{2\rho} \tag{4-15}$$

通常，管内层流向湍流的过渡发生在 $Re = 2\,100 \sim 2\,500$。对于充分发展的层流，摩擦阻力系数 f 通过 Darcy 公式计算，即

$$f = \frac{64}{Re} \tag{4-16}$$

对于湍流，摩擦阻力系数 f 计算公式为

$$f = CRe^{-n} \qquad (4-17)$$

式中，系数 C 和 n 的取值如表 4-1 所示。

表 4-1　摩擦阻力计算式中系数 C 和 n 的取值

作　者	C	n	应 用 范 围
McAdams	0.184	0.2	工业用光滑管、环形通道
Blausius	0.316	0.25	普通无缝钢管、黄铜管、玻璃管
Bishop	0.084	0.245	超临界水

对于单通道螺旋管，其管内单相流动比直管内单相流动复杂，这是因为螺旋形状导致了流体的二次流动和离心效应，从而增加了流动阻力，螺旋管的阻力系数通常高于直管。螺旋管的阻力系数不仅取决于雷诺数（Re），还取决于 Dean 数（De），其考虑了管道曲率的无量纲数，可以表征曲率对流动影响的大小。Dean 数定义为

$$De = Re \sqrt{\frac{D}{2R_c}} \qquad (4-18)$$

式中，D 为管道的直径（m）；R_c 为螺旋管的曲率半径（m）。

螺旋管内单相流动必须考虑由于螺旋形状带来的附加压力损失，对于层流状态下的阻力系数 f 通常由以下关系式计算。

$$\frac{f}{f_s} = \frac{21.5De}{[1.56 + \lg(De)]^{5.78}} \qquad (4-19)$$

$$f_s = \frac{64}{Re} \qquad (4-20)$$

螺旋管内湍流状态下的阻力系数通常由以下关系式计算。

$$\frac{f}{f_s} = \frac{21.5De}{[1.56 + \lg(De)]^{5.78}} \qquad (4-21)$$

螺旋管中层流与湍流转变的临界雷诺数 Re_{cr} 会受到管道曲率的影响，使

得 Re_{cr} 与直管相比发生变化。螺旋管的 Re_{cr} 可能会因管道的曲率半径与管径的比例、流体性质以及管道表面状况等因素的不同而有所变化。螺旋管内层流与湍流分界的 Re_{cr} 可由下式计算。

$$Re_{cr} = 2\,000(1 + 8.6 \times 10^{-6} De^{0.52}) \qquad (4-22)$$

2）弯头、阀门和配件等流道局部限制处的压降

在工程应用中，一个完整的输送流体管道系统除了等截面的直管外，还要配合必要的接头、弯头、阀门和流量计等管道附件，这就是所谓的局部装置。局部装置的几何形状各不相同，局部阻力的表现形式也不同。但是引起局部压力损失的原因不外有以下两种：流道截面的突扩或突缩导致流体容易形成漩涡区，这些漩涡造成能量损失。此外，由于过流断面形状的改变，断面处的流速分布发生相应的变化，造成流体质点相互碰撞，使动量交换加剧，导致能量损失。

单相流体局部形阻压降一般通过以下公式计算。

$$\Delta P_{form} \equiv K\left(\frac{\rho v_{ref}^2}{2}\right) \qquad (4-23)$$

式中，K 为局部形阻系数；v_{ref} 为局部装置流体的相对速度（m/s）。

表 4-2 给出了各种典型几何形状的局部形阻系数 K 的值。

表 4-2　各种典型几何形状的局部形阻系数 K

类　　型	K	特征速度
管道入口（充分圆角处理）	0.04	管内流速
管道入口（稍微圆角处理）	0.23	管内流速
管道入口（无处理）	0.50	管内流速
管道出口	1.0	管内流速
截面突然缩小，$\beta = A_2/A_1$	$0.5(1-\beta^2)$	下游流速
截面突然扩大，$\beta = A_1/A_2$	$(1-\beta)^2$	上游流速
阀门全开	0.15～15.0	—
阀门半闭	13～450	—
90°弯头 $R/D = 0.5,\ 1.0,\ 1.5,\ 2.0,\ 3.0,$ $4.0,\ 5.0$（R/D 为弯头半径与管子直径比）	1.20, 0.80, 0.60, 0.48, 0.36, 0.30, 0.29	—

4.2.2 棒束通道内单相流动压降

在压水堆堆芯中,燃料组件数量众多,主要由整齐排列的燃料棒组成。相较于常规通道,棒束通道的流场分布和流动压降的计算显得更加复杂。Cheng和 Todreas 将棒束通道的流动分为 3 个区域:层流区、过渡区和湍流区,并指出流态转变雷诺数与棒栅距 p 和棒径 D 的比值 p/D 有关。在棒束通道内,由层流向湍流的过渡通常比单管流动提前,层流到过渡流的雷诺数范围是 $400\sim$ $1\,000$,而过渡流到湍流的雷诺数范围是 $12\,000\sim20\,000$。

Cheng 和 Todreas 提出了棒束通道内层流向过渡流转变的判断准则为

$$Re_{bL} = 300 \times 10^{1.7(p/D-1)} \quad\quad (4-24)$$

过渡流向湍流转变的判断准则为

$$Re_{bT} = 10\,000 \times 10^{1.7(p/D-1)} \quad\quad (4-25)$$

4.2.2.1 光棒束通道内压降计算

为了更详细地分析堆芯内不同通道内的参数,从事核反应堆工程设计的科学家们在多孔介质法的理论基础上,发展出了子通道分析方法,比较好地解决了反应堆堆芯热工水力设计问题。子通道方法的核心是简化了横向流动计算,堆芯内燃料通道的子通道划分方案有以冷却剂为中心和以燃料元件为中心两种,然而绝大部分实验关系式都是采用以冷却剂为中心的子通道得到的,该方案将燃料组件截面示意图划分为 4 种典型类型的子通道:角子通道、边子通道和两种中心通道,如图 4 - 2 所示。

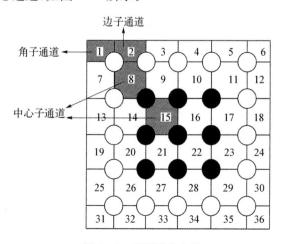

图 4 - 2　子通道分布图

棒束通道内部流场极为复杂,其摩阻系数大小与棒束结构参数有很大关系,因此通常无法像圆管流道那样从理论上推导出摩擦阻力计算关系式。目前,常用的光棒束通道内单相摩擦系数计算模型包括 Rehme 的 G^* 模型以及 Cheng - Todreas 模型。

1) Rehme 的 G^* 模型

对于非圆形截面流道(含棒束通道)内流体的摩擦系数,Rehme 认为受管道结构的影响,层流区摩阻系数几何因子 C_{fL} 与湍流区摩阻系数几何因子 C_{fT} 之间存在一定的对应关系。基于层流区摩阻系数 f_L 计算方法,提出了适用于非圆形截面流道湍流区摩阻系数 f_T 的计算模型:

$$\sqrt{\frac{8}{f}} = A\left(2.5\ln\sqrt{\frac{f}{8}} + 5.5\right) - G^* \qquad (4-26)$$

式中,A 和 G^* 为湍流几何因子,均是层流区摩阻系数几何因子 C_{fL} 的函数。根据 C_{fL} 的大小,分别通过下式计算。

当 $C_{fL} \leqslant 64$ 时,有

$$A = 1.9 - 0.5\lg(C_{fL}) \qquad (4-27)$$

$$G^* = -0.154\,8 + 5.126(\lg C_{fL}) - 1.042(\lg C_{fL})^2 \qquad (4-28)$$

当 $64 \leqslant C_{fL} \leqslant 125$ 时,有

$$A = 1.0 \qquad (4-29)$$

$$G^* = 9.430 - 5.976(\lg C_{fL}) + 2.159(\lg C_{fL})^2 \qquad (4-30)$$

当 $C_{fL} \geqslant 125$ 时,有

$$A = 1.0 \qquad (4-31)$$

$$G^* = -0.234\,4 + 3.151(\lg C_{fL}) \qquad (4-32)$$

2) Cheng - Todreas 模型

在 Cheng - Todreas 模型中,将棒束通道划分为中心子通道、边子通道和角子通道,分别计算 3 类子通道在层流区和湍流区的摩擦系数,然后获得棒束通道的全局摩擦系数。

各类子通道摩擦系数 f_i 计算公式为

$$f_i = \frac{C_{fi}}{Re_i^m} \qquad (4-33)$$

其中,C_{fi} 为各子通道摩阻系数几何因子,与 P/D 相关;角标 $i=1$、2、3 分别对应中心子通道、边子通道和角子通道;在层流时,$m=1$;在湍流时,$m=0.18$。

子通道的摩阻系数几何因子 C_{fi} 与 p/D 有关,即

$$C_{fi} = a_1 + a_2(p/D - 1) + a_3(p/D - 1)^2 \qquad (4-34)$$

式中,a_1、a_2 和 a_3 为常数,取决于流动状态和子通道类型,通过实验数据拟合得到,如表 4-3 和表 4-4 所示。

表 4-3　六角形排布光棒束子通道 C_{fi} 计算公式系数

流型	子通道	$1.0 \leqslant p/D \leqslant 1.1$			$1.1 \leqslant p/D \leqslant 1.5$		
		a_1	a_2	a_3	a_1	a_2	a_3
层流	中心子通道	26.00	888.2	−3 334	62.97	216.9	−190.2
	边子通道	26.18	554.5	−1 480	44.40	256.7	−267.6
	角子通道	26.98	1 636.0	−10 050	87.26	38.59	−55.12
湍流	中心子通道	0.093 78	1.398	−8.664	0.145 8	0.036 32	−0.033 33
	边子通道	0.093 77	0.873 2	−3.341	0.143 0	0.041 99	−0.044 28
	角子通道	0.100 4	1.625	−11.85	0.149 9	0.006 706	−0.009 567

表 4-4　正方形排布光棒束子通道 C_{fi} 计算公式系数

流型	子通道	$1.0 \leqslant p/D \leqslant 1.1$			$1.1 \leqslant p/D \leqslant 1.5$		
		a_1	a_2	a_3	a_1	a_2	a_3
层流	中心子通道	26.37	374.2	−493.9	35.55	263.7	−190.2
	边子通道	26.18	554.5	−1 480	44.40	356.7	−267.6
	角子通道	28.62	715.9	−2 807	58.83	160.7	−203.5
湍流	中心子通道	0.094 23	0.580 6	−1.239	0.133 9	0.090 59	−0.099 26
	边子通道	0.093 77	0.873 2	−3.341	0.143 0	0.041 99	−0.044 28
	角子通道	0.097 55	1.127	−6.304	0.145 2	0.026 81	−0.034 11

基于各子通道的摩阻系数几何因子 C_{fi},再根据子通道与整个棒束流道几

何尺寸的关系，得到棒束通道全局的平均系数因子 C_{fb} 为

$$C_{fb} = De_b \left[\sum_{i=1}^{3} S_i \left(\frac{De_i}{De_b} \right)^{m/(2-m)} \left(\frac{C_{fi}}{De_i} \right)^{1/(m-2)} \right]^{m-2} \qquad (4-35)$$

式中，无量纲几何学参数 S_i 定义为

$$S_i = \frac{N_i A_i}{A_b} \qquad (4-36)$$

式中，De_b 和 De_i 分别为棒束通道和子通道的水力直径（m）；A_b 为棒束通道总流通面积（m^2）；N_i 为第 i 类子通道数目；A_i 为第 i 类子通道面积。

过渡区摩擦系数 f_{tr} 通过层流区摩擦系数 f_L 和湍流区摩擦系数 f_T 进行线性插值计算得到，即

$$f_{tr} = f_L (1-\psi)^{1/3} + f_T \psi^{1/3} \qquad (4-37)$$

其中，ψ 为间歇因子，有

$$\psi = \frac{\lg Re_b - \lg Re_{bL}}{\lg Re_{bT} - \lg Re_{bL}} \qquad (4-38)$$

式中，Re_{bL} 和 Re_{bT} 分别为棒束全流道层流区和湍流区的流体雷诺数。

4.2.2.2　定位格架的形阻压降计算

定位格架作为支撑燃料棒束的关键部件，能够保证棒束不发生振动、弯曲和横向移动。典型定位格架如图 4-3 所示，主要包含条带、刚凸、弹簧、搅混翼片和导向翼片。定位格架的隔片沿横向将棒束通道分成若干个子通道，在减小了通道流通面积的同时增加了流体与固体壁面的接触面积，因此加大了定位格架区域的局部摩擦阻力。此外，由于流通截面的改变、局部位置形成涡流，将增加流体的动能损失。

定位格架的形阻压降是燃料组件轴向总压降的重要组成部分。由于格架结构极为复杂，很难直接通

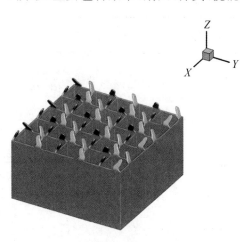

图 4-3　压水堆燃料组件典型定位格架

过机理分析的方法获得其压降特性,补充说明实际实验测量。因此,对定位格架局部压降的研究,旨在确定格架的形阻系数 K。

$$\Delta p_{\text{grid}} = K \frac{\rho u^2}{2} \qquad (4-39)$$

式中,u 为棒束通道内流体的平均速度(m/s)。

目前,虽然学者 Rehem 和 Kim 提出了针对简易定位格架(不带搅浑翼)的局部压降计算模型,但对带有搅混翼片定位格架的形阻压降的计算模型仅有张玉相模型和 Chun 模型。

1) Rehem 模型

对于单相流体,Rehem 认为阻塞率(即格架栅格投影面积与棒束通道流通面积的比值)是决定简易定位格架局部阻力的关键因素,将局部阻力系数 K 表示为阻塞率 ε 的函数,即

$$K = C_v \varepsilon^2 \qquad (4-40)$$

$$\varepsilon = \frac{A_v}{A} \qquad (4-41)$$

式中,A_v 为定位格架在轴向的投影面积(m^2);A 为光棒束通道的流通面积(m^2);C_v 为修正的损失系数。

阻塞率 ε 是棒束全流道流体雷诺数 Re_b 的函数,不同计算模型如表 4-5 所示。

表 4-5　定位格架局部阻力系数 K 计算模型

作　者	计　算　模　型
Vog	$K = \varepsilon^2 C_v = 9.9 + \dfrac{2.2}{10^{-4} Re_b}$
Savatteri	$K = \varepsilon^2 C_v = \varepsilon^2 \left[9 + \dfrac{3.8}{(10^{-4} Re_b)^{0.25}} + \dfrac{0.82}{(10^{-4} Re_b)^2} \right]$
Cigarini	$K = \varepsilon^2 C_v = \min\left[\varepsilon^2 \left(3.5 + \dfrac{73.14}{Re_b^{0.264}} + \dfrac{2.79 \times 10^{10}}{Re_b^{2.79}} \right), 2 \right]$
Cevolani	$K = \varepsilon^2 C_v = \min\{ \varepsilon^2 \exp[7.69 - 0.9421(\ln Re_b) + 0.0379(\ln Re_b)^2], 2 \}$
Epiney	$K = \varepsilon^{0.2} C_v = \varepsilon^{0.2} \left(1.104 + \dfrac{791.8}{Re_b^{0.748}} + \dfrac{3.348 \times 10^9}{Re_b^{5.652}} \right)$

2) Kim 模型

Kim 模型认为定位格架呈晶格状分布，将刚凸和弹簧视为流通面积上的矩形元素，如图 4 - 4 所示。

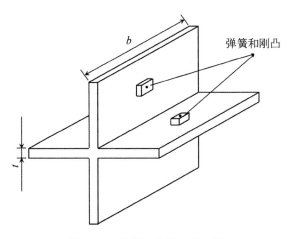

图 4 - 4　简易定位格架示意图

因此，格架区的流动阻力 F_{grid}（N）包括拖曳力 F_{drag}（N）和摩擦力 F_{fric}（N）两部分，即

$$F_{grid} = F_{drag} + F_{fric} \tag{4-42}$$

拖曳力和摩擦力分别通过下式计算。

$$F_{drag} = \Delta p_{drag} A_c = C_d A_c \frac{\rho u_{grid}^2}{2} \tag{4-43}$$

$$F_{firc} = \Delta p_{fric} A_s = C_f A_s \frac{\rho u_{grid}^2}{2} = C_f \left(2 \frac{h}{t}\right) A_c \frac{\rho u_{grid}^2}{2} \tag{4-44}$$

式中，C_d 为曳力系数；C_f 为摩擦阻力系数；u_{grid} 为格架区流体速度（m/s）；A 为光棒区流通面积（m^2）；A_c 为格架栅格投影面积（m^2）；A_s 为条带表面积（m^2）；t 为条带厚度（m）；h 为格架高度（m）。

格架区流体速度 u_{grid}（m/s）与光棒区流体速度 u（m/s）之间的关系为

$$u_{grid} = u \frac{A}{A - A_c} = u \frac{1}{1 - \varepsilon} \tag{4-45}$$

式中，流道阻塞率定义为 $\varepsilon = A_c / A$。

因此,格架区总压降 Δp_{grid} 为

$$\Delta p_{grid} = \Delta p_{drag} + \Delta p_{fric} = \left(C_d + C_f \frac{2h}{t}\right) \frac{\varepsilon}{(1-\varepsilon)^2} \frac{\rho u^2}{2} \qquad (4-46)$$

联立式(4-39)和式(4-46),可以得到格架区压损系数 K 的计算式为

$$K = \left(C_d + C_f \frac{2h}{t}\right) \frac{\varepsilon}{(1-\varepsilon)^2} \qquad (4-47)$$

式中,对于不同纵横比的二维薄矩形板,曳力系数 $C_d = 0.8 \sim 1.0$。

根据条带壁面边界层内流体流态,摩擦阻力系数 C_f 分别通过下式计算。

对于层流边界层,有

$$C_f = 1.328 \sqrt{\frac{D_h}{h}} Re^{-0.5} \qquad (4-48)$$

对于湍流边界层,有

$$C_f = 0.074 \left(Re \frac{h}{D_h}\right)^{-0.2} - 1\,740 \left(Re \frac{h}{D_h}\right)^{-1} \qquad (4-49)$$

3) Chun 模型

不同于张玉相压降计算模型,Chun 模型将定位格架压降损失分为格架形状阻力损失、格架摩擦阻力损失、棒束摩擦阻力损失和搅混翼片形状阻力损失4个部分,定位格架总压损系数 K 表示为

$$K = K_{form}^{grid} + K_{fric}^{grid} + K_{fric}^{rod} + K_{form}^{mixing} \qquad (4-50)$$

式中,K_{form}^{grid}、K_{fric}^{grid}、K_{fric}^{rod} 和 K_{form}^{mixing} 分别为格架形阻系数、格架摩擦阻力系数、棒束摩擦阻力系数和搅混翼片形阻系数。

格架形状阻力损失包括条带、刚凸、弹簧和焊接点等特征结构造成的阻力损失,将这些设计特征近似为简单几何结构,得到流体流经时的阻力系数,从而获得格架形阻系数:

$$K_{form}^{grid} = \sum_i C_{D,i} \left(\frac{A_{S,i}}{A_o}\right) \frac{1}{(1-\varepsilon)^2} \qquad (4-51)$$

式中,$C_{D,i}$ 为各特征结构的阻力系数;$A_{S,i}$ 为各特征结构在轴向的投影面积(m^2);A_o 为光棒区流通面积(m^2);ε 为定位格架栅格投影面积与棒束流通面

积的比值。

格架摩擦阻力损失是流体流经格架条带造成的,将条带视为平板,则可以通过分析流体纵掠平板估算条带的摩擦阻力损失。由于平板的流动边界层存在层流和湍流边界层两部分,高雷诺数下摩擦损失系数可以通过下式计算。

$$K_{\text{fric}}^{\text{grid}} = \left(C_{\text{fL}} \frac{L_{\text{t}}}{L} + C_{\text{fT}} \frac{L - L_{\text{t}}}{L} \right) \left(\frac{A_{\text{f}}}{A_{\text{o}}} \right) \frac{1}{(1 - \varepsilon)^2} \qquad (4-52)$$

式中,L 为格架高度(m);L_{t} 为格架前缘到流动转变位置的距离(m);A_{f} 为格架条带润湿区域面积(m);C_{f} 为边界层不同流型区平均摩擦阻力系数。

对于层流边界层,平均摩擦阻力系数计算式为

$$C_{\text{fL}} = \frac{1.328}{\sqrt{Re}} \qquad (4-53)$$

对于湍流边界层,平均摩擦阻力系数计算式为

$$C_{\text{fT}} = \frac{0.455}{(\lg Re)^{2.58}} \qquad (4-54)$$

实际上,考虑到层流边界层长度一般大于定位格架高度,因此,只考虑平板表明层流边界层的摩擦损失系数,即

$$K_{\text{fric}}^{\text{grid}} = C_{\text{fL}} \left(\frac{A_{\text{f}}}{A_{\text{o}}} \right) \frac{1}{(1 - \varepsilon)^2} \qquad (4-55)$$

棒束区摩擦阻力损失是定位格架区内棒束流道造成的阻力损失,摩擦损失系数通过下式计算。

$$K_{\text{fric}}^{\text{rod}} = f \frac{L}{D_{\text{h}}} \frac{1}{(1 - \varepsilon)^2} \qquad (4-56)$$

其中,f 为棒的摩擦系数,可以通过 Cheng 和 Todreas 压降模型计算获得[见式(4-33)至式(4-38)];D_{h} 为棒束通道等效水力学直径(m)。

定位格架的搅混翼片通过产生旋流改变流体流动方向而增强换热,其造成的压力损失通过下式计算。

$$K_{\text{form}}^{\text{mixing}} = C_{\text{D}} \frac{A_{\nu}}{A_{\text{o}}} \qquad (4-57)$$

式中，C_D 是搅混翼片形阻系数；A_v 是搅混翼片在轴向的投影面积（m^2）。

在上述 Chun 模型中，定位格架和搅混翼片在不同几何结构近似条件下的形状阻力系数 C_D 取值如表 4-6 所示。

表 4-6　定位格架不同结构特征的形状阻力系数 C_D 取值

阻力系数	特征结构	简单几何结构	C_D
K_{form}^{grid}	条带	钝型	0.9
		流线型	0.45
	弹簧	水平	0.45
		垂直	1.2
	刚凸	水平	0.45
		垂直	0.76
	焊接点	上游	1.17
		下游	0.42
K_{form}^{mixing}	搅混翼	—	1.17

4.2.2.3　带绕丝燃料组件压降计算

在以液态金属为冷却剂的反应堆燃料组件中，燃料棒通过绕丝进行径向和轴向约束。如图 4-5 所示，绕丝按照相同的螺距缠绕在燃料棒上，使燃料

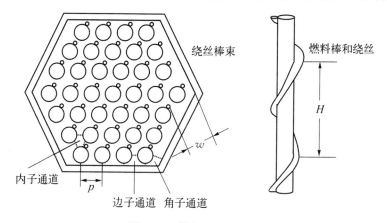

图 4-5　带绕丝燃料组件

棒之间保持合适的间隔并形成冷却剂通道。绕丝的存在不仅起到固定和支撑的作用,同时对流场也会产生一定影响,使得燃料组件的阻力增大。

为此,不同学者利用大量实验数据总结了带绕丝棒束通道内流体摩擦阻力系数 f 的计算模型,包括 Rehme 模型、Engel 模型、Cheng 和 Todreas 模型、Baxi 模型、Sobolev 模型以及 Novendstern 模型等。其中,前 5 个模型将燃料组件视为一个整体,未涉及子通道分析。

1) Rehme 模型

考虑到绕丝将引起旋流作用,Rehme 模型使用"有效流速"的概念,通过对常规通道内流体的雷诺数、摩擦系数按照燃料组件的几何参数进行修正,得到适用于带绕丝棒束通道的摩擦阻力系数计算式,即

$$f = \left(\frac{64}{Re} F^{0.5} + \frac{0.081\,6}{Re^{0.133}} F^{0.933\,5} \right) \frac{P_{\text{bundle}}}{P_{\text{bundle}} + P_{\text{wall}}} \tag{4-58}$$

式中,F 表征了考虑绕丝影响的有效流速与棒束轴向平均流速的比值,即

$$F = \left(\frac{p}{D_{\text{rod}}} \right)^{0.5} + \left[7.6 \left(\frac{D_{\text{rod}} + D_{\text{wire}}}{H} \right) \left(\frac{p}{D_{\text{rod}}} \right)^2 \right]^{2.16} \tag{4-59}$$

式中,P_{bundle} 为棒束的润湿周长(包括棒、绕丝和组件套管内壁)(m);P_{wall} 为棒束的润湿周长(不包括组件套管内壁)(m);N_{rod} 为棒数(个);D_{rod} 为棒径(m);D_{wire} 为绕丝直径(m);p 为棒栅距(m);H 为绕丝螺距(m)。Rehem 模型的适用范围:$p/D_{\text{rod}} = 1.125 \sim 1.147$,$H/D_{\text{wire}} = 6 \sim 45$,$n_{\text{rod}} = 7 \sim 61$。

2) Engel 模型

对于层流($Re < 400$),有

$$f_{\text{L}} = \frac{99}{Re} \tag{4-60}$$

对于湍流($Re > 5\,000$),有

$$f_{\text{T}} = \frac{0.48}{Re^{0.25}} \tag{4-61}$$

过渡区($400 \leqslant Re \leqslant 5\,000$),有

$$f_{\text{tr}} = f_{\text{T}} \sqrt{\psi} + f_{\text{L}} \sqrt{1 - \psi} \tag{4-62}$$

式中，ψ 为间歇因子，有

$$\psi = \frac{Re - 400}{4\ 600} \qquad (4-63)$$

Engel 模型的适用范围：61 棒束燃料组件，$50 \leqslant Re \leqslant 40\ 000$，$1.079 \leqslant p/D_{\text{rod}} \leqslant 1.082$，$7.707\ 9 \leqslant H/D_{\text{rod}} \leqslant 7.782$。

3）Cheng 和 Todreas 模型

对于层流 $(Re \leqslant Re_{\text{L}})$，有

$$f_{\text{L}} = \frac{C_{\text{fL}}}{Re} \qquad (4-64)$$

对于湍流 $(Re \geqslant Re_{\text{T}})$，有

$$f_{\text{T}} = \frac{C_{\text{fT}}}{Re^{0.18}} \qquad (4-65)$$

过渡区 $(Re_{\text{L}} \leqslant Re \leqslant Re_{\text{T}})$，有

$$f_{\text{tr}} = f_{\text{T}}(1-\psi)^{1/3} + f_{\text{L}}\psi^{1/3} \qquad (4-66)$$

式中，层流临界雷诺数 Re_{L} 和湍流临界雷诺数 Re_{T} 分别为

$$\lg \frac{Re_{\text{L}}}{300} = 1.7\left(\frac{P_{\text{t}}}{D_{\text{rod}}} - 1\right) \qquad (4-67)$$

$$\lg \frac{Re_{\text{T}}}{10\ 000} = 0.7\left(\frac{P_{\text{t}}}{D_{\text{rod}}} - 1\right) \qquad (4-68)$$

间歇因子 ψ 计算式为

$$\psi = \frac{\lg Re - (1.7 P_{\text{t}}/D_{\text{rod}} + 0.78)}{2.52 - P_{\text{t}}/D_{\text{rod}}} \qquad (4-69)$$

层流区和湍流区摩阻系数几何因子 C_{fL} 和 C_{fT} 分别为

$$C_{\text{fL}} = \left[-974.6 + 1\ 612.0\frac{P_{\text{t}}}{D_{\text{rod}}} - 598.5\left(\frac{P_{\text{t}}}{D_{\text{rod}}}\right)^2\right]\left(\frac{H}{D_{\text{rod}} + D_{\text{wire}}}\right)^{0.06 - 0.085(P_{\text{t}}/D_{\text{rod}})}$$

$$(4-70)$$

$$C_{fT} = \left[0.806\,3 - 0.902\,2\left(\lg \frac{H}{D_{rod} + D_{wire}}\right) + 0.352\,6\left(\lg \frac{H}{D_{rod} + D_{wire}}\right)^2\right] \times$$

$$\left(\frac{P_t}{D_{rod}}\right)^{9.7}\left(\frac{H}{D_{rod} + D_{wire}}\right)^{1.78 - 2(P_t/D_{rod})} \tag{4-71}$$

式中，P_t 为相邻燃料棒中心间距(m)；H 为绕丝螺距(m)。

4.3　单相流动传热

对流传热是指分子运动导致的热传导和流体宏观运动导致的能量传递相结合的传热方式，其中宏观运动是对流传热的典型特征。在工程问题中，对流传热通常发生在固体壁面和与其接触的流体之间。单相对流传热分析的目的通常有 2 个：① 确定与流体接触的固体内部的温度分布，进而保证固体的温度不超过限值；② 确定壁面与流体间的对流传热强度以及流体温度。流体与壁面之间的对流传热量通过牛顿定律计算，即

$$q = h(T_w - T_f) \tag{4-72}$$

式中，T_w 为壁面温度(K)；T_f 为流体温度(K)；h 为对流换热系数[W/(m²·K)]，是计算传热量或者壁面与流体温差的关键。流体的流动和传热相互耦合，且 N-S 方程具有很强的非线性特性，很难通过解析方法求解对流换热系数。在工程应用中，通常采用包含流体物性、速度和通道几何参数的半经验公式来计算无量纲对流传热系数，即努塞特数(Nu)，其通用表达式如下：

$$Nu = f(Re,\ Pr,\ Gr,\ \mu_w/\mu_b,\ c_i) \tag{4-73}$$

$$Nu = \frac{hD_{ref}}{k} \tag{4-74}$$

$$Gr = \frac{\beta\Delta T g D_{ref}^3}{v^2} \tag{4-75}$$

式中，Gr 为格拉晓夫数；Pr 为普朗特数；μ_w/μ_b 为近壁处流体动力黏度与主流区流体动力黏度之比；c_i 为经验系数；D_{ref} 为特征长度(m)；k 为导热系数[W/(m·K)]；β 为体积热膨胀系数(K^{-1})；ΔT 为过余温度(K)；g 为重力加

速度(m/s^2);ν为运动黏度(m^2/s)。式(4-73)中的经验系数c_i通常需要通过实验获得,且依赖于流动状态(层流/湍流、外流/内流、强迫对流/自然对流)和工质类型(金属/非金属流体)。

根据对流的驱动力不同,对流传热可分为强迫对流传热和自然对流传热。当流体的运动由泵、风机等外部设备产生的压差驱动时,称为强迫对流;当流体运动主要由温度梯度导致的密度梯度驱动时,称为自然对流。工程问题中常见介质的对流传热系数如表4-7所示。

表4-7　常见传热过程的传热系数

传 热 过 程	传热系数/[$W/(m^2 \cdot K)$]
自然对流	—
低压气体	6~28
单相液体	60~600
水沸腾	60~12 000
管内强迫对流	—
低压气体	6~600
单相液体	—
水	250~12 000
钠	2 500~25 000
油	60~1 800
水沸腾	2 500~50 000
蒸汽冷凝	5 000~100 000

4.3.1　强迫层流传热

1) 充分发展层流强迫对流传热

雷诺数较低的流体进入管内后,受壁面影响,流动边界层和热边界层沿流动方向发展并汇聚于管道中心位置,达到充分发展,该过程如图4-6所示。对于充分发展区域,可通过求解N-S方程和能量方程获得速度和温度分布的解析解,从而获得对流传热系数。对于圆管内充分发展的层流,其径向速度分布服从抛物线分布,当热流密度为常数时,可以推导获得其Nu为4.36,与流体速度和Pr无关。

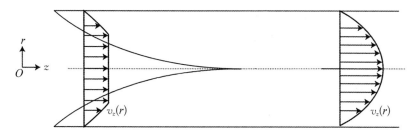

图 4 - 6　层流发展段和充分发展区域的速度分布

事实上，层流的对流传热系数仅取决于通道几何形状和壁面加热方式，表 4 - 8 给出了不同几何的通道分别在恒定热流密度和恒定壁面温度条件下的 Nu。对于横截面不是圆管的通道，Nu 通过水力直径定义。

表 4 - 8　不同横截面直通道充分发展层流传热 Nu

横 截 面 形 状	b/a	Nu（热流密度为常数）	Nu（壁温为常数）
圆形	—	4.364	3.66
方形	1.0	3.61	2.98
矩形	1.43	3.73	3.08
	2.0	4.12	3.39
	3.0	4.79	3.96
	4.0	5.33	4.44
	8.0	6.49	5.60
无限大平板	∞	8.235	7.54
一侧绝热的无限大平板	∞	5.385	4.86
等边三角形	—	3.00	2.35

当流体在棒束通道或管束通道内顺流流动时，层流对流传热系数受栅径比（P/D）的影响，对于恒定壁面热流密度或恒定壁面温度两种加热方式，当栅径比大于 1.8 时，棒束通道的 Nu 与具有相同水力直径的圆管的基本一致。

2）入口效应

由于速度和温度的径向分布沿流动方向逐渐改变，管道进口区域的传热特性较为复杂。当 Pr 大于 5 时，速度分布的发展速率大于温度分布；反之，当 Pr 较小时，温度分布充分发展时速度分布可能仍处于发展段。管内层流流动的速度发展段长度约为 $0.05Re \cdot D$，温度发展段长度可近似用 $0.05Re \cdot Pr \cdot D$ 估计，也可以用下式较为精确地计算温度发展段长度 ξ_T。

$$\frac{\xi_T}{D_e} = 0.1Re \cdot Pr, \quad 0.7 < Pr < 1$$

$$\simeq 0.004Re, \quad Pr = 0.01$$

$$\simeq 0.15Re \cdot Pr, \quad Pr > 5 \qquad (4-76)$$

对于进口速度充分发展但温度均匀分布的圆管，进口区域内沿流动方向的 Nu 可用下式估计。

$$Nu = \frac{hD}{k} = 5.364\left[1 + \left(\frac{220z^+}{\pi}\right)^{-10/9}\right]^{3/10} - 1.0 \qquad (4-77)$$

式中，$z^+ = \left(\frac{z}{D}\right)\frac{1}{Re \cdot Pr}$，当 z^+ 为 0.06 时，该式的偏差约为 5%。

对于进口的速度和温度都是均匀分布时，速度和温度在进口区域同时逐渐发展，此时进口段的对流换热系数可用下式估计。

$$Nu = \frac{hD}{k} = 5.364\left[1 + \left(\frac{220z^+}{\pi}\right)^{-10/9}\right]^{3/10} \times$$

$$\left[1 + \left\{\frac{\dfrac{\pi}{115.2z^+}}{\sqrt{1 + \left(\dfrac{Pr}{0.0207}\right)^{2/3}\left[1 + \left(\dfrac{200z^+}{\pi}\right)^{-10/9}\right]^{3/5}}}\right\}^{5/3}\right]^{3/10}$$

$$(4-78)$$

4.3.2 强迫湍流传热

4.3.2.1 管内强迫湍流传热

由于湍流的瞬时脉动特性，难以采用层流的充分发展简化方法对湍流流动和传热的控制方程进行降维度简化。常用的湍流传热计算方法包括理论方法和经验关系式方法，其中理论方法又包括混合长度理论和差分方法，可以参考教材 Nuclear System，在此不进行深入探讨。工程问题中常用的管内强迫湍流传热模型为通过实验数据拟合的经验关系式。考虑到当 $Pr > 0.7$ 时采用恒定热流密度和恒定壁面温度两种加热方式获得的湍流传热系数较为接近

（偏差小于 3%），下文介绍的经验关系式同时适用于恒定热流密度或恒定壁面温度边界条件。

1）Dittus‐Boelter 公式

最常用的充分发展的管内强迫湍流传热公式为 Dittus‐Boelter 公式，即

$$Nu = 0.023 Re^{0.8} Pr^n \tag{4-79}$$

式中，Re 和 Pr 均采用主流温度计算，当加热流体时 n 取 0.4，当冷却流体时 n 取 0.3，公式的适用范围：$0.7 < Pr < 100$，$Re > 10\,000$，$L/D > 60$。该公式通常推荐用于 $Re > 10\,000$ 的情况，但是当没有更为准确的公式时，可以将该公式用于较低雷诺数的湍流传热甚至是层流‐湍流过渡流问题，如在 RELAP5 程序中，当 $Re > 3\,000$ 时，采用 Dittus‐Boelter 公式。

2）Gnielinski 公式

Gnielinski 公式的精度略高于 Dittus‐Boelter 公式的，且适用范围更广，该公式形式如下：

$$Nu_{\mathrm{D}} = \frac{(f/8)(Re_{\mathrm{D}} - 1\,000) Pr}{1 + 12.7\sqrt{f/8}\,(Pr^{2/3} - 1)} \tag{4-80}$$

式中，

$$f = \frac{1}{(1.82 \lg Re_{\mathrm{D}} - 1.64)^2} \tag{4-81}$$

式（4‐81）的适用范围为 $2\,300 \leqslant Re \leqslant 5 \times 10^6$。当 $0.5 < Pr < 200$ 时，具有较高的精度（约 6%）；当 $200 \leqslant Pr < 2\,000$ 时，仍能保持 10% 的精度。上述 Gnielinski 公式形式较为复杂，在多数情况下，可以使用如下简化形式的公式来替代，即

$$Nu = 0.021\,4(Re^{0.80} - 100) Pr^{0.4}, \quad 0.5 < Pr < 1.5 \text{（气体）} \tag{4-82}$$

$$Nu = 0.012\,0(Re^{0.87} - 280) Pr^{0.4}, \quad 1.5 < Pr < 500 \text{（液体）} \tag{4-83}$$

为了考虑管长及流体物性变化对对流传热的影响，在 Gnielinski 公式中添加物性和几何修正因子，对于液体（$0.05 < Pr/Pr_{\mathrm{w}} < 20$），有

$$Nu = \left[\frac{(f/8)(Re_{\mathrm{D}} - 1\,000) Pr}{1 + 12.7\sqrt{f/8}\,(Pr^{2/3} - 1)} \right] \left[1 + \left(\frac{D}{L}\right)^{2/3} \right] \left(\frac{Pr_{\mathrm{b}}}{Pr_{\mathrm{w}}}\right)^{0.11} \tag{4-84}$$

对于气体$(0.5 < T_b/T_w < 1.5)$，有

$$Nu = \left[\frac{(f/8)(Re_D - 1\,000)Pr}{1 + 12.7\sqrt{f/8}\,(Pr^{2/3} - 1)}\right]\left[1 + \left(\frac{D}{L}\right)^{2/3}\right]\left(\frac{T_b}{T_w}\right)^{0.45} \quad (4-85)$$

式中，D/L 为直径与长度之比；Pr_b/Pr_w 为主流区与近壁处普朗特数之比；T_b/T_w 为主流区与近壁处温度之比。

3）横截面流体物性剧烈变化对传热的影响

常用的湍流对流传热公式采用主流温度作为定性温度计算所需的流体物性，当壁面温度和流体温度差别较大时，近壁面的流体物性与主流流体物性差别较大，物性变化对传热的影响不可忽略，此时需要对基于主流温度获得的传热系数进行修正。

Sieder 和 Tate 推荐采用下式计算：

$$Nu = 0.027 Re^{0.8} Pr^{1/3} \left(\frac{\mu_b}{\mu_w}\right)^{0.14} \quad (4-86)$$

式中，μ_w 的定性温度为壁面温度，其余参数以主流温度为定性温度。式（4-86）的适用范围：$0.7 < Pr < 160$，$Re > 10^4$，$L/D > 10$。误差为 $\pm 25\%$。

Petukhov 提出一个较为复杂，但精度远高于 Sieder-Tate 公式的充分发展湍流传热系数模型，可以分别考虑气体和液体的横截面流体物性非均匀性的影响，即

$$Nu = \frac{(f/8)RePr}{1.07 + 12.7(f/8)^{1/2}(Pr^{2/3} - 1)}\left(\frac{\mu_b}{\mu_w}\right)^n \quad (4-87)$$

对于液体，当流体被加热时 n 取值 0.11，当流体被冷却时 n 为 0.25；对于气体 n 取值为 0。μ_b 采用主流温度计算，μ_w 采用壁面温度计算，计算其余参数的定性温度为 $(T_w + T_b)/2$，摩擦阻力系数 f 与 Gnielinski 公式相同。该公式的适用范围为 $10^4 < Re < 5 \times 10^6$ 和 $0.8 < \mu_b/\mu_w < 40$，其精度为

$$\pm 6\%, \quad 0.5 < Pr < 200$$
$$\pm 10\%, \quad 0.5 < Pr < 2\,000$$

4）流通截面形状修正

对于环形通道或者其他流通截面不是圆形的通道，可以利用水力直径的概念将圆管的传热系数模型用于这些非圆形通道，水力直径的定义为

$$D_e \equiv \frac{4A_f}{P_w} \qquad (4-88)$$

式中,A_f 为流通截面积(m^2);P_w 为润湿周长(m)。采用水力直径替换传热系数公式中的直径即可获得 Nu,并由此计算传热系数。采用水力直径的等效方法仅适用于几何形状较为接近圆形的通道,如椭圆形横截面通道、正方形横截面通道或宽高比较小的长方形横截面通道,对于大宽高比的窄矩形通道,不可直接应用圆管的传热公式,必须单独考虑几何形状对传热的影响。

5) 进口效应

在实际物理问题中,传热系数 h 通常随流体流动发生改变,主要有两方面原因:① 进口区域的速度和温度分布处于发展阶段;② 流体物性随温度变化而变化,使充分发展段的换热系数仍发生轻微改变。流体物性改变导致的传热系数变化可通过在模型中使用当地温度或对数平均温度等措施来考虑,但是进口效应的影响较为复杂,进口段长度受到 Re、Pr、热流密度分布和流体进口条件的影响。进口区域的传热系数通常高于充分发展区域,沿流动方向迅速降低,因此可从保守性的角度出发,采用充分发展的传热系数来近似估计通道的整体传热系数,但是我们仍需了解进口段受到的实际影响。

进口段长度受到流体物性的影响,对于圆管,进口段长度通常采用下式估计:

$$\frac{L}{D_c} \geqslant 60, \ Nu_z \approx Nu_\infty (Pr \ll 1.0) \qquad (4-89)$$

$$\frac{L}{D_e} \geqslant 40, \ Nu_z = Nu_\infty (Pr \geqslant 1.0) \qquad (4-90)$$

进口速度和温度均匀分布的通道内 Nu 的计算公式为

$$Nu_z = 1.5 \left(\frac{z}{D_e}\right)^{-0.16} Nu_\infty \quad \left(1 < \frac{z}{D_e} < 12\right) \qquad (4-91)$$

$$Nu(z) = Nu_\infty \left(\frac{z}{D_e} > 12\right) \qquad (4-92)$$

进口突缩的通道内 Nu 的计算公式为

$$Nu_z = \left(1 + \frac{1.2}{z/D_e}\right) Nu_\infty \quad \left(1 < \frac{z}{D_e} < 40\right) \qquad (4-93)$$

$$Nu_z = Nu_\infty \quad \left(\frac{z}{D_e} > 40\right) \tag{4-94}$$

式中,L 为管长(m);z 为以入口处为 0 做参考的轴向坐标(m);D_e 为等效水力直径(m);Nu_z 为坐标为 z 处的当地 Nu;Nu_∞ 为充分发展段处的 Nu。Gnielinski 公式包含了进口修正,因此无须额外的修正。

例题 1:

单相水在直径为 8 mm 的竖直长圆管内向上流动并被加热,流速为 5 m/s,壁面热流密度为 100 kW/m²,在充分发展的某高度截面上主流温度为 50℃,当地压力为 15.5 MPa,试分别采用 Dittus-Boelter 和 Sieder-Tate 公式计算此处的加热面温度。

解答:

对于 $P=15.5$ MPa,$T=50℃$ 的单相水,查表得 $\rho=994.64$ kg/m³;$\mu_b = 5.4969\times10^{-4}$ Pa·s;$\lambda=0.64853$ W/(m·K);$Pr=3.51$。

(1) 采用 Dittus-Boelter 公式计算:

已知速度 $v=5$ m/s,直径 $d=0.008$ m,则雷诺数 Re 为

$$Re = \frac{\rho v d}{\mu_b} = 72\,378$$

管内流体被加热,因此有

$$Nu = 0.023Re^{0.8}Pr^{0.4} = 293.45$$

对流换热系数为

$$h = Nu \cdot \lambda/d = 23\,789.06 \text{ W/m}^2\text{K}$$

壁面温度为

$$t_w = q/h + t_b = 58.41℃$$

(2) 采用 Sieder-Tate 公式计算:

假设 $t_w=58.41℃$,查表得 $\mu_w=4.8681\times10^{-4}$ Pa·s,则

$$Nu = 0.027Re^{0.8}Pr^{1/3}\left(\frac{\mu_b}{\mu_w}\right)^{0.14} = 322.79$$

对流换热系数 $h=26\,167.21$ W/(m²·K),壁面温度为 57.64℃。

更新 $t_w = 57.64℃$，重复查表、计算 Nu、h，可得壁面温度为 $57.66℃$，迭代基本收敛，因此最终获得的壁面温度为 $57.66℃$。

4.3.2.2　螺旋管内湍流传热

螺旋管蒸汽发生器采用螺旋传热管，其示意图如图 4-7 所示，流体在流动横截面上出现较强的不均匀性和二次环流，使螺旋管内的传热高于直管。螺旋管内的层流-湍流过渡 Re 高于直管的，临界 Re 为

$$Re_c = 20\,000 \left(\frac{r}{R}\right)^{0.32} = 20\,000 \left(\frac{d}{D}\right)^{0.32} \quad (4-95)$$

式中，R 为螺旋半径（m）；D 为螺旋直径（m）；r 为螺旋管内半径（m）；d 为螺旋管内直径（m）。

Nu 为

$$Nu = \begin{cases} (2.153 + 0.318De^{0.643})Pr^{0.177}, & 层流, De \leqslant 200 \\ (0.76 + 0.65De^{0.5})Pr^{0.175}, & 层流, De > 200 \\ 0.023Re^{0.85}Pr^{0.4}\delta^{0.1}, & 湍流, Re \leqslant 5 \times 10^4 \\ 0.023Re^{0.8}Pr^{0.4}, & 湍流, Re > 5 \times 10^4 \end{cases}$$

$$(4-96)$$

图 4-7　蒸汽发生器螺旋管

式中，$De = Re\sqrt{\delta}$，δ 为螺旋曲率，$\delta = \dfrac{d}{D}$。

4.3.2.3　棒束通道湍流传热

受棒束几何形状的影响，棒束间的流体通道具有较强的非均匀性，棒束通道内顺流流动的湍流传热系数与圆管存在较大差别，棒束表面不同位置的传热系数可能不同，需要考虑棒束结构的影响。通常在圆管湍流传热系数的基础上添加修正因子获得棒束顺流流动的传热系数，即

$$Nu_\infty = \psi(Nu_\infty)_{c.t.} \quad (4-97)$$

式中，$Nu_{c.t.}$ 为采用 Dittus-Boelter 公式或其他圆管湍流传热公式计算得到的 Nu；ψ 为棒束修正因子。

1）无限阵列棒束通道

当棒束中的加热棒较多，且不考虑边角通道的影响时，可将棒束简化为无限棒束，Weisman 给出了无限棒束通道内水介质的湍流对流传热修正因子。

对于 $1.1 < \dfrac{P}{D} < 1.5$ 的三角形阵列棒束,有

$$\psi = 1.130P/D - 0.2609 \tag{4-98}$$

对于 $1.1 \leqslant \dfrac{P}{D} \leqslant 1.3$ 的正方形阵列棒束,有

$$\psi = 1.826P/D - 1.0430 \tag{4-99}$$

式中,P/D 为棒节距与流道水力直径之比。该公式的适用范围为 $2.5 \times 10^4 < Re < 10^6$。圆管 Nu 采用修正的 D-B 公式计算,即

$$(Nu_\infty)_{\text{c.t.}} = 0.023Re^{0.8}Pr^{0.333} \tag{4-100}$$

TRACE 程序中使用 El-Genk 等开发的针对水或空气等 Pr 数约为 1.0 的流体的棒束通道湍流传热模型,即

$$Nu_{\text{FT}} = \left(0.028\frac{P}{D} - 0.006\right)Re^{0.8}Pr^{0.33} \tag{4-101}$$

式中,Nu_{FT} 为强迫循环湍流流动条件下的 Nu。式(4-101)的适用范围:$1.1 \leqslant P/D \leqslant 1.5$,$Re \geqslant 1.33 \times 10^4(P/D-1)$。

2) 有限阵列棒束通道

当棒束中加热棒的数量较少,且包围棒束的边界对棒束通道内的流动和传热具有明显影响时,需要按照有限棒束阵列模型来处理。此时,需要将加热棒划分为中间棒和边角棒两大类,并对每一类棒分别计算其对流传热系数,如图 4-8 所示。内部棒和边角棒的修正因子均采用下式进行计算,棒的类别通

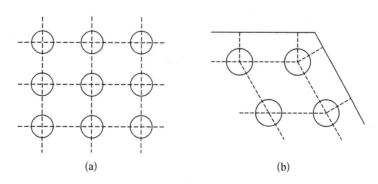

图 4-8　内部棒和边角棒示意图

(a) 内部棒;(b) 边角棒

过水力直径和几何系数来考虑。

$$\psi = 1 + 0.912\,0 Re^{-0.1} Pr^{0.4}(1 - 2.004\,3 e^{-B}) \qquad (4-102)$$

式中,水力直径的定义为 4 乘各个通道的流通面积之和(m^2),再除以各个通道的湿周之和(m),即

$$D_e = 4\,\frac{\sum\limits_{j=1}^{J} A_j}{\sum\limits_{j=1}^{J} P_{wj}} \qquad (4-103)$$

B 为水力直径与棒直径之比,即

$$B = \frac{D_e}{D} \qquad (4-104)$$

式(4-104)可同时适用于正方形和三角形栅格,在如下实验条件下的平均偏差小于 7%:$3 \times 10^3 \leqslant Re \leqslant 10^6$, $0.66 \leqslant Pr \leqslant 5.0$, $1.0 \leqslant P/D \leqslant 2.0$(三角形栅格)或 $1.0 \leqslant P/D \leqslant 1.8$(正方形栅格)。

需要指出的是,对于栅径比大于 1.12 的棒束通道,采用一根棒周围的影响面积单元将棒束简化为圆管,获得的 Nu 与采用棒束通道的计算公式相比,偏差小于 10%,在计算水力直径时,仅考虑棒表面的湿周长,不考虑面积单元外轮廓的周长。

3) 定位格架影响

燃料组件轴向不同高度位置布置的定位格架除了起到固定和支撑燃料棒的作用,还影响通道内的阻力和传热特性,定位格架可以影响组件的单相传热和再淹没、骤冷阶段的两相传热特性,其影响来源主要包括如下几个方面:① 减小局部流通面积,通常用流通堵塞率(flow blockage ratio,ε,定位格架在和流动方向垂直的横截面上的投影面积与无格架区域的流通面积之比,不考虑搅混翼的影响)来表征,常见的燃料组件的堵塞率取值为 0.15~0.50,在无格架的区域,ε 为 0;② 破坏充分发展的流动和湍流特性,如破坏格架下游的热边界层、产生边界层分离和再接触等现象;③ 增大湍流强度和搅混系数。定位格架影响传热的作用范围包括格架所在位置及其下游一段距离,Yao 等通过综合考虑通道堵塞和旋流影响,提出如下关系式:

$$\frac{Nu}{Nu_0} = [1 + A\varepsilon^2 e^{-B(x/d_h)}][1 + \alpha^2 \tan^2(\phi) e^{-0.034(x/d_h)}] \qquad (4-105)$$

式中，Nu_0 为无格架棒束通道的对流传热 Nu；x 为空间位置与定位格架的距离与水力直径之比；α 与堵塞率 ε 类似，但是在计算过程中使用格架与搅混翼的总投影面积；A 和 B 为常数，分别为 5.55 和 0.13；ϕ 为搅混翼偏折角，式（4-105）适用于偏折角小于 45°的情况。

美国核管会（USNRC）在 TRACE 程序中对式（4-105）添加增强因子 F，以考虑格架对层流传热的影响，式（4-105）修改为

$$\frac{Nu}{Nu_0} = F\left[1 + A\varepsilon^2 e^{-B \cdot (x/d_h)}\right]\left[1 + \alpha^2 \tan^2(\Phi) e^{-0.034(x/d_h)}\right] \quad (4-106)$$

式中，F 因子表达式为

$$F = \begin{cases} 1.75, & Re < 736 \\ 11.008Re^{-0.2788}, & 736 < Re \leqslant 5\,450 \\ 1.0, & Re > 5\,450 \end{cases} \quad (4-107)$$

在 TRACE 程序中，Nu_0 通过 El-Genk 公式计算。通过 El-Genk 公式计算 Nu 时采用主流平均温度作为定性温度。但通过 Nu 计算换热系数 h 时，采用主流与加热面的平均温度作为导热系数的定性温度。

例题 2：

对于水-水介质的蒸汽发生器，传热管为内径 2.22 cm、外径 2.54 cm 的 Iconel，传热管总数量为 3 800 根，管束为正三角形布置，下降段套筒内径为 1.8 m。每根管内的质量流量为 1.184 kg/s，一次侧流体的平均温度为 305℃。每个蒸汽发生器的二次侧流体总流量为 480 kg/s，假设二次侧单相区域为饱和水，温度为 280℃。求二次侧单相水传热系数。

解答：

对于 280℃下的饱和水，有 $\rho = 750.7$ kg/m³，$\mu = 9.75 \times 10^{-5}$ kg/(m·s)，$k = 0.574$ W/(m·℃)，$c_p = 5\,307$ J/(kg·℃)。

对于经验公式，还应计算等效尺寸。壳侧总流通面积和水力直径分别为

$$A = \frac{\pi}{4}(1.8)^2 - 3\,800\,\frac{\pi}{4}(0.025\,4)^2 = 0.619(\text{m}^2)$$

$$D_e = \frac{4A}{P_w} = \frac{4 \times 0.619}{1.8\pi + 3\,800\pi \times 0.025\,4} = 0.008(\text{m})$$

管束的栅径比（P/D）可以通过单个三角形单元与整个二次侧的流通面积占比相等获得，即

$$\frac{0.5(\pi D^2/4)}{0.5(\sqrt{3}\,P^2/2)} = \frac{3\,800(\pi/4)(0.025\,4)^2}{\pi(1.8)^2/4} \Rightarrow \frac{P}{D} = \sqrt{\frac{2\pi}{4\sqrt{3}}\frac{1}{3\,800}\left(\frac{1.8}{0.025\,4}\right)} = 1.1$$

壳侧的速度为

$$v = \frac{\dot{m}}{\rho A} = 1.033 \text{ m/s}$$

$$Re = \frac{\rho v D_e}{\mu} = 6.363 \times 10^4, \ Pr = \frac{\mu c_p}{k} = 0.901$$

$$v = \frac{\dot{m}}{\rho A} = 1.033 \text{ m/s}$$

$$Re = \frac{\rho v D_e}{\mu} = 6.363 \times 10^4, \ Pr = \frac{\mu c_p}{k} = 0.901$$

对三角形排列中水(介质)使用 Weisman 关系式,我们得到

$$(Nu_\infty)_{\text{c.t.}} = 0.023 Re^{0.8} Pr^{0.333} = 154.7$$

$$\psi = 1.130 P/D - 0.260\,9 = 0.982\,1$$

因此,

$$Nu_\infty = \psi(Nu_\infty)_{\text{c.t.}} = 1.09 \times 10^4 \text{ W/m}^2 \cdot \text{℃}$$

4)带绕丝的棒束湍流传热

对于带绕丝的棒束通道,目前尚无可以考虑几何参数影响的通用传热模型。Fenech 基于具有 8 根加热棒的棒束通道开展实验,该棒束通道的棒外径为 21.1 mm,绕丝外径为 1.067 mm,栅径比为 1.05,无量纲螺距为 14.4。通过实验获得如下关系式:

$$Nu = \begin{cases} 0.030\,1 Re^{0.79} Pr^{0.43}, & Re \geqslant 3\,500 \\ 0.013\,6 Re^{0.75} Pr^{1.08}, & Re \leqslant 1\,100 \end{cases} \qquad (4-108)$$

4.3.3 自然对流传热

自然对流是由温度梯度导致的密度差驱动流体流动而产生的对流传热,与强迫对流不同,自然循环无须泵、风机等外部驱动设备,仅需要重力、电场力等体积力即可自行驱动。通过模化分析,自然对流的 Nu 可表达为如下形式:

$$Nu_m = C(Gr \cdot Pr)^m = CRa^m \qquad (4-109)$$

式中,系数 C 与指数 m 根据相关实验测定,有

$$Gr = \frac{g\beta L^3 (T_w - T_f)}{v^2} \qquad (4-110)$$

式中,L 为加热面的特征长度(m);T_w 为壁面温度(K);T_f 为流体温度(K);β 为体积热膨胀系数$(k-1)$,β 表达式为

$$\beta = -\frac{1}{\rho}\left(\frac{\partial \rho}{\partial T}\right)_p \approx -\frac{1}{\rho}\frac{\rho_\infty - \rho}{T_\infty - T} = -\frac{1}{\rho}\frac{\Delta\rho}{\Delta T} \qquad (4-111)$$

式中,$\left(\dfrac{\partial \rho}{\partial T}\right)_p$ 为定压下密度变化与温度变化之比$[kg/(m^3 \cdot K)]$;约等号右边为左边物理量在工程上的估计方法。

计算物性所需的定性温度为流体膜温度(film temperature),即加热面和流体的平均温度。Gr 表征流体的浮力与黏性力之比,是描述自然对流传热的一个关键无量纲数。自然对流传热过程中浮力作为驱动力影响流体的流动和传热,因此在自然对流传热关系式中采用 Gr 代替 Re。在一些问题中,通常将 Gr 和 Pr 合并成一个新的无量纲数,即瑞利数 Ra,$Ra = Gr \cdot Pr$,用于表征流体的浮力、黏性力、动量扩散和热扩散之间的关系,Ra 的一个最典型应用场景是判断自然对流的层流、湍流状态,对于竖直平板加热的自然对流,其临界 Ra 为 10^9。

自然对流换热机理较为复杂,受加热面形状和几何形状的影响,难以获得通用的传热模型,一般只能根据实验获得在有限范围内适用的公式。

4.3.3.1 竖壁或竖直管外自然对流传热

1) 等温加热表面

对于等温加热面的自然对流传热问题,可采用式(4-109)计算对流传热系数,各系数取值如表4-9所示。

表 4-9 自然对流公式系数

几　　何	$Gr_f Pr_f$	C	m
竖直平板和圆柱体	$10^4 \sim 10^9$	0.59	0.25
	$10^9 \sim 10^{13}$	0.021	0.4
	$10^9 \sim 10^{13}$	0.10	1/3

（续表）

几　　何	$Gr_f Pr_f$	C	m
水平圆柱体	$10^4 \sim 10^9$	0.53	0.25
	$10^9 \sim 10^{12}$	0.13	1/3
	$10^{-10} \sim 10^{-2}$	0.675	0.058
	$10^{-2} \sim 10^2$	1.02	0.148
	$10^2 \sim 10^4$	0.850	0.188
	$10^4 \sim 10^7$	0.480	0.25
	$10^7 \sim 10^{12}$	0.125	1/3
向上的加热面或向下的冷却面	$2 \times 10^4 \sim 8 \times 10^6$	0.54	0.25
	$8 \times 10^6 \sim 10^{11}$	0.15	1/3
向下的加热面或向上的冷却面	$10^5 \sim 10^{11}$	0.15	1/3
竖直短圆柱（高度等于直径或特征长度等于直径）	$10^4 \sim 10^6$	0.775	0.21
非规则固体（特征长度等于流体质点在边界层内运动的距离）	$10^4 \sim 10^9$	0.52	0.25

Churchill-Chu 还总结了适用范围较为宽广的竖壁自然对流传热平均 Nu 计算公式，即

$$\overline{Nu} = 0.68 + \frac{0.670 Ra^{1/4}}{[1 + (0.492/Pr)^{9/16}]^{4/9}}, \, Ra < 10^9 \quad (4-112)$$

$$\overline{Nu}^{1/2} = 0.825 + \frac{0.387 Ra^{1/6}}{[1 + (0.492/Pr)^{9/16}]^{8/27}}, \, 0 < Ra, \, Pr < \infty$$
$$(4-113)$$

式中，$\overline{Nu}$ 为从入口到出口的平均努塞特数。式（4-113）对于恒定热流密度的问题也具有较好的精度，定性温度取流体膜温度。式（4-113）虽然对于等温垂直板的自然对流的平均传热计算描述准确，且适用范围广，但难以描述从层流到湍流中的离散过度流动过程。

2）等热流密度加热表面

对于等热流密度问题，自然对流传热系数通常采用改进的格拉晓夫数（Gr^*）表征：

$$Gr_x^* = Gr_x Nu_x = \frac{g\beta q_w x^4}{kv^2} \tag{4-114}$$

竖壁表面的局部自然对流传热系数如下。

对于层流（$10^5 < Gr_x^* Pr < 10^{11}$），有

$$Nu_x = \frac{hx}{k} = 0.60(Gr_x^* Pr)^{1/5} \tag{4-115}$$

对于湍流（$2 \times 10^{13} < Gr_x^* Pr < 10^{16}$），有

$$Nu_x = 0.17(Gr_x^* Pr)^{1/4} \tag{4-116}$$

竖壁自然对流的平均换热系数可采用下式计算：

$$\overline{Nu}_L^{1/4}(\overline{Nu}_L - 0.68) = \frac{0.67(Gr_L^* Pr)^{1/4}}{[1+(0.492/Pr)^{9/16}]^{4/9}} \tag{4-117}$$

式中，计算换热系数的温差取竖壁中心高度处的壁面与流体温差，即

$$\overline{Nu}_L = q_w L/(k\overline{\Delta T})$$

$$\overline{\Delta T} = T_w - T_\infty \tag{4-118}$$

4.3.3.2　水平管外自然对流传热

除了 4.3.3.1 节介绍的水平管外自然对流换热系数之外，还可以采用形式较为复杂但同时适用于层流和湍流区域的水平管自然对流传热平均 Nu 计算模型：

$$\overline{Nu}^{1/2} = 0.60 + 0.387\left\{\frac{GrPr}{[1+(0.559/Pr)^{9/16}]^{16/9}}\right\}^{1/6}, \quad 10^{-5} < GrPr < 10^{12} \tag{4-119}$$

对于层流区域，还可以采用以下模型：

$$Nu_d = 0.36 + \frac{0.518(Gr_d Pr)^{1/4}}{[1+(0.559/Pr)^{9/16}]^{4/9}}, \quad 10^{-6} < GrPr < 10^9 \tag{4-120}$$

上述两式的定性温度为流体膜温度。

4.3.4　混合对流

当流动传热同时受到强迫对流和自然对流影响时，称为混合对流。对于

竖直圆管内的混合对流传热，采用 Jackson 公式计算，即

$$\frac{Nu}{Nu_{\mathrm{F}}} = \left[\left|1 \pm 8 \times 10^{4} Bo^{*} \left(\frac{Nu}{Nu_{\mathrm{F}}}\right)^{-2}\right|\right]^{0.46} \tag{4-121}$$

其中，Buoyancy 参数 Bo^{*} 为

$$Bo^{*} = \frac{Gr^{*}}{Re^{3.425} Pr^{0.8}} \tag{4-122}$$

根据热流密度计算得到的格拉晓夫数 Gr^{*} 的定义为

$$Gr^{*} = \frac{\beta g D^{4} q}{\lambda v^{2}} \tag{4-123}$$

式(4-121)中正负号分别表示下降流和上升流，Nu_{F} 为由 Dittus-Boelter 公式计算所得强迫对流的 Nu。该公式为隐式形式，需要通过迭代求解。

对于棒束通道的混合对流传热，可采用如下公式计算：

$$\frac{Nu}{Nu_{\mathrm{FT}}} = \left\{\left[\frac{\left(\dfrac{4.57 \times 10^{-5}}{Bo_{\mathrm{b}}}\right)^{3.847}}{1 + \left(\dfrac{4.57 \times 10^{-5}}{Bo_{\mathrm{b}}}\right)^{3.847}}\right]^{0.693} + (1.841 \times 10^{4} Bo_{\mathrm{b}}^{1.159})^{0.693}\right\}^{0.38} \tag{4-124}$$

其中，Nu_{FT} 为根据 Dittus-Boelter 公式估算的 Nu；Buoyancy 参数 Bo_{b} 为

$$Bo_{\mathrm{b}} = \frac{Gr^{*}}{Re^{3.17} Pr^{0.8}} \tag{4-125}$$

思考题

1. 棒束通道与常规通道内单相流流态转变条件有什么区别？
2. 带定位格架棒束通道的压降主要包括哪几部分？
3. 带绕丝棒束通道的压降一般如何求解？
4. 棒束通道内气液两相流的典型流型包括哪些？
5. 运用 Lockhart-Martinelli 关系求解两相摩擦压降梯度的基本步骤包括哪些？

6. 由 $f_l^2 = 1 + \dfrac{C}{X} + \dfrac{1}{X^2}$ 推导 $f_g^2 = 1 + CX + X^2$。

7. 棒束通道内的气液两相摩擦压降如何求解?

8. 流通截面上的流体物性不均匀性是如何影响其对流传热系数的? 对于层流流动,是否需要考虑这一影响?

9. 在计算常见 17×17 组件的湍流对流传热系数时,应当如何考虑阵列的有限性对传热系数的影响?

10. 对于例题1,试分别采用 Gnielinski 公式和 Petukhov 公式计算其壁面温度,并与例题1的计算结果进行对比。

11. 什么是流体的膜温度?

参考文献

[1] 鲁钟琪. 两相流与沸腾传热[M]. 北京:清华大学出版社,2002.

[2] 俞冀阳,贾宝山. 反应堆热工水力学[M]. 北京:清华大学出版社,2003.

[3] Idelchik I E. Handbook of hydraulic resistance (2nd revised and enlarged edition)[M]. Washington DC:Hemisphere Publishing Corporation,1986.

[4] Cheng S K, Todreas N E. Hydrodynamic models and correlations for bare and wire-wrapped hexagonal rod bundles:bundle friction factors, subchannel friction factors and mixing parameters[J]. Nuclear Engineering and Design,1986,92(2):227-251.

[5] Rehme K. Pressure drop performance of rod bundles in hexagonal arrangements[J]. International Journal of Heat and Mass Transfer,1972,15(12):2499-2517.

[6] Rehme K. Simple method of predicting friction factors of turbulent flow in non-circular channels[J]. International Journal of Heat and Mass Transfer,1973,16(5):933-950.

[7] Rehme K, Trippe G. Pressure drop and velocity distribution in rod bundles with spacer grids[J]. Nuclear Engineering and Design,1980,62(1-3):349-359.

[8] 张玉相,席炎炎,彭颖等. 定位格架与子通道压力损失预测模型研究[J]. 原子能科学技术,2016,50(5):823-828.

[9] Chun T H, Oh D S, et al. A pressure drop model for spacer grids with and without flow mixing vanes[J]. Journal of Nuclear Science and Technology,1998,35(7):508-510.

[10] Rehme K. Pressure drop correlations for fuel element spacers[J]. Nuclear Technology,1973,17(1):15-23.

[11] Cigarini M, Donne M D. Thermohydraulic optimization of homogeneous and heterogeneous advanced pressurized water reactors[J]. Nuclear Technology,1988,80(1):107-132.

[12] Epiney A, Mikityuk K, Chawla R. TRACE qualification via analysis of the EIR gas-loop experiments with smooth rods[J]. Annals of Nuclear Energy,2010,37(6):875-877.

[13] Kim N H, Lee S K, Moon K S. Elementary model to predict the pressure loss across a spacer grid without a mixing vane[J]. Nuclear Technology,1992,98:349-353.

[14] Engel F C, Markley R A, Bishop A A. Laminar, transition, and turbulent parallel flow pressure drop across wire-wrap-spaced rod bundles[J]. Nuclear Science and Engineering,1979,69(2):290-296.

[15] Kays W M, Crawford M E. Convective heat and mass transfer[M]. 2nd ed. New York:

McGraw-Hill，1980.

[16] Akimoto H，Andoa Y，Takase K，et al. Nuclear thermal hydraulics[M]. Tokyo：Springer，2016.

[17] Todreas N E，Kazimi M S. Nuclear systems I：thermal hydraulic fundamentals[M]. New York：Taylor and Francis Group，2011.

[18] Dittus F W，Boelter L M K. Heat transfer in automobile radiators of the tubular type[J]. International Communications in Heat and Mass Transfer，1985，12(1)：3 – 22.

[19] Nuclear Safety Analysis Division. RELAP5/MOD3. 3 code manual Volume IV：models and correlations[M]. Maryland：US Nuclear Regulatory Commission，2001.

[20] Gnielinski V. New equations for heat and mass-transfer in turbulent pipe and channel[J]. International Chemical Engineering，1976，16(2)：359 – 367.

[21] Sieder E N，Tate G E. Heat transfer and pressure drop of liquids in tubes[J]. Industrial and Engineering Chemistry，1936，28(12)：1429 – 1435.

[22] Dewitt D P，Bergman T L，Lavine A S，et al. Fundamentals of heat and mass transfer sixth edition[M]. Hoboken：John Wiley and Sons，Incorporated，2007.

[23] Petukhov B S. Heat transfer and friction in turbulent pipe flow with variable physical properties [J]. Advances in Heat Transfer. Elsevier，1970，6：503 – 564.

[24] Rohsenow W M，Hartnett J P，Cho Y I. Handbook of heat transfer[M]. New York：McGraw-Hill，1998.

[25] Xu Z，Liu M，Xiao Y，et al. Development of a RELAP5 model for the thermo-hydraulic characteristics simulation of the helically coiled tubes[J]. Annals of Nuclear Energy，2021，153：108032.

[26] Weisman J. Heat transfer to water flowing parallel to tube bundles[J]. Nuclear Science and Engineering，1959，6(1)：78 – 79.

[27] Division of Safety Analysis. TRACE V5. 840 theory manual. field equations，solution methods and physical models[R]. Washington，DC：US Nuclear Regulatory Commission，2013.

[28] El – Genk M S，Su B，Guo Z. Experimental studies of forced，combined and natural convection of water in vertical nine-rod bundles with a square lattice[J]. International Journal of Heat and Mass Transfer，1993，36(9)：2359 – 2374.

[29] Yao S C，Hochreiter L E，Leech W J. Heat-transfer augmentation in rod bundles near grid spacers[J]. Journal of Heat Transfer，1982，104(1)：76 – 81.

[30] Holman J P. Heat transfer(10th ed.)[M]. Boston，US：Mc-Graw Hill Higher Education，2010.

[31] Churchill S W，Chu H H. Correlating equations for laminar and turbulent free convection from a vertical plate[J]. International Journal of Heat and Mass Transfer，1975，18(11)：1323 – 1329.

[32] Jackson J，Cotton M，Axcell B. Studies of mixed convection in vertical tubes[J]. International Journal of Heat and Fluid Flow，1989，10(1)：2 – 15.

[33] Li J，Xiao Y，Gu H，et al. Development of a correlation for mixed convection heat transfer in rod bundles[J]. Annals of Nuclear Energy，2021，155：108151.

[34] Rohsenow W M，Hartnett J P，Cho Y I. Handbook of heat transfer[M]. New York：Mcgraw-hill，1998.

[35] Xin R C，Ebadian M A. The effects of prandtl numbers on local and average convective heat transfer characteristics[J]. Journal of Heat Transfer，1997，119(8)：467 – 473.

[36] Dravid A N，Smith K，Merrill E，et al. Effect of secondary fluid motion on laminar flow heat transfer in helically coiled tubes[J]. AIChE Journal，1971，17(5)：1114 – 1122.

[37] Seban R A, Mclaughlin E F. Heat transfer in tube coils with laminar and turbulent flow[J]. International Journal of Heat and Mass Transfer, 1963, 6(5): 387 - 395.

[38] Kakac S, Pramuanjaroenkij A, Yener Y. Convective heat transfer[M]. America: Wiley-Interscience, 1983.

[39] Zohuri B. Thermal-hydraulic analysis of nuclear reactors[M]. 2nd ed. Cham, Switzerland: Springer, 2017.

第 5 章　两相流流动

　　气液两相流中两相介质各有其不同的流动参数,通常气相和液相的速度并不相等,并且在管道的流通截面上气液两相分布情况也是多种多样的,所以描述两相流体流动的基本方程要比单相控制方程复杂。目前,在反应堆热工水力分析中,处理气液两相流常用的方法有两种,即均相流模型和分相流模型。以下将结合气液两相流的特征,分别对均相流模型、漂移流模型与两流体模型的控制方程和压降模型进行介绍。

5.1　两相流的基本概念与性质

　　两相流场是由界限明显的两种相构成的,液相和气相以多种构形共存,每一相具有不同的速度,在相交界面上参数不连续,是一种不均一体系(见图 5 - 1)。两相流场中任一点、面或一个部分的平均流动特性是由这些相和相交界面特性所决定的,即使在定常流动下,某点的当地特性也是变动的,不同的相

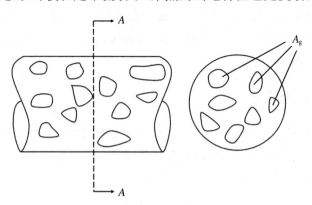

图 5 - 1　管内气液两相流示意图

注:A 为流道横截面积;A_g 为气相所占的流道截面积。

和交界面交替出现。

气液两相流遵循流体力学的基本定律,可以应用单相流体力学的一些经典方法去研究两相流动。但它又具有不同于单相流动的一些特性,必须考虑两相间的相互作用,还常常涉及传热和(或)传质问题(例如相变)。因此,气液两相流研究比单相流动复杂,通常称为热流体动力学,需要提出一些特殊的概念与研究方法。

5.1.1 两相流的分类

在介绍两相流的分类之前,先来明确几个概念,即物态、相、两相流。

物态是指在某一条件下,物质存在的一种状态。常见的物态是气态、液态和固态。有时物态也称为相,常见的物质三态也称为气相、液相、固相。

相通常指某一系统中具有相同成分且物理和化学性质完全均匀的部分,各相之间有明显的界面。

两相流是指任意两相组合在一起,且具有相间界面的流动体系。

两相流主要有以下几种分类。

(1)按化学成分:单组分两相流(同一种化学成分的物质的两种相态混合在一起的流动,如水-水蒸气、钠-钠蒸气及冰水混合物等);双组分两相流(不同化学成分的两种物质处于同一个系统内的流动,如空气-水、油-水、烟-气等)。

(2)按流道是否存在热交换:绝热两相流(无相变、无相间质量交换,如汽水分离);加热两相流(有相变、有相间质量交换,如沸腾、冷凝)。

(3)按两相物质所处的物态:气液两相流(如水和水蒸气、水和空气);气固两相流(如风沙、烟-气);液固两相流(如血液流动);液液两相流(两种不相容的液体,如油-水)。

5.1.2 气相介质含量

气相介质含量是指两相流中气相所占的比例,主要有以下几种表示方式。

(1)质量含气率 x:指单位时间内,流过某一截面的气相质量流量占两相总质量流量的比例。

$$x = \frac{M_g}{M} = \frac{M_g}{M_g + M_l} \tag{5-1}$$

式中,M_g、M_l 分别为气相和液相的质量流量(kg/s)。那么,质量含液率(湿度)可以表示为

$$1 - x = \frac{M_l}{M_g + M_l} \tag{5-2}$$

(2) 热力学含气率 x_e:又称干度、热平衡含气率、热平衡含气率,它是由热平衡方程定义的含气率。在有热量输入的两相流系统中,可以根据输入的热量得到气相的含量。

$$x_e = \frac{h_{TP} - h_l}{h_g - h_l} \tag{5-3}$$

式中,h_g,h_l 分别为饱和液体、饱和气体的焓(J);h_{TP} 为两相流体的比焓。

(3) 容积含气率 β:指单位时间内,流过某一截面的两相总容积中气相所占的比例。

$$\beta = \frac{V_g}{V_g + V_l} \tag{5-4}$$

式中,V_g、V_l 分别为气相和液相介质的容积流量(m^3/s)。因此,容积含液率 $(1-\beta)$ 为

$$1 - \beta = \frac{V_l}{V_g + V_l} \tag{5-5}$$

由定义,可以推出质量含气率 x 与 β 的关系:

$$\beta = \frac{x/\rho_g}{x/\rho_g + (1-x)/\rho_l} \tag{5-6}$$

式中,ρ_g、ρ_l 分别为气体密度和液体密度(kg/m^3)。

(4) 截面含气率 α:又称空泡份额,指某一流通截面上气相所占截面积与总流道截面积之比。

$$\alpha = \frac{A_g}{A_g + A_l} = \frac{A_g}{A} \tag{5-7}$$

式中,A_g、A_l 分别表示气相和液相所占的流道截面积(m^2);A 为总流道截面积(m^2)。同理,截面含液率 $(1-\alpha)$ 可以表示为

$$1 - \alpha = \frac{A_1}{A} \tag{5-8}$$

5.1.3 两相流的流量和流速

两相流流量和流速定义如下。

(1) 质量流量(mass flow rate)M：指单位时间内流过任一横截面的气液混合物的总质量(kg/s)。

$$M = M_g + M_1 \tag{5-9}$$

式中，M_g、M_1 分别为气相的质量流量和液相的质量流量。

(2) 质量流速(mass flux)G：又称质量流密度，指流体在单位时间内流过单位流通截面积的质量，也即单位流通截面积所承担的质量流量$[\mathrm{kg/(m^2 \cdot s)}]$。

$$G = \frac{M}{A} \tag{5-10}$$

每一相的质量流速与总质量流速的关系为

$$G = G_g + G_1 = \frac{M_g}{A} + \frac{M_1}{A} = (1 - x)G + xG \tag{5-11}$$

式中，G_g、G_1 分别表示气相、液相的质量流速。

(3) 总容积流量V：指单位时间内，流过通道任一流通截面的气液混合物的总的容积$[\mathrm{m^3/s}]$。

$$V = V_g + V_1 \tag{5-12}$$

$$V_g = \frac{M_g}{\rho_g} \tag{5-13}$$

$$V_1 = \frac{M_1}{\rho_1} \tag{5-14}$$

(4) 气相真实平均速度W_g、液相真实平均速度W_1：指各自在其所占截面上的平均速度。

$$W_g = \frac{V_g}{A_g} = \frac{M_g}{\rho_g A_g} = \frac{G_g}{\rho_g (1 - \alpha)} \tag{5-15}$$

$$W_1 = \frac{V_1}{A_1} = \frac{M_1}{\rho_1 A_1} = \frac{G_1}{\rho_1 \alpha} \tag{5-16}$$

（5）折算速度（superficial flow flux）j：又称容积流密度、表观质量、两相流的平均速度，指单位流道截面上的两相流容积流量（m/s）。

$$j = \frac{V}{A} = \frac{V_g}{A} + \frac{V_1}{A} = j_g + j_1 \tag{5-17}$$

$$j_g = \frac{V_g}{A} = \frac{V_g}{A_g/\alpha} = \alpha W_g \tag{5-18}$$

$$j_1 = \frac{V_1}{A} = \frac{V_1}{A_1/(1-\alpha)} = (1-\alpha)W_1 \tag{5-19}$$

式中，j_g 为气相折算速度（m/s），表示两相介质中气相单独流过同一通道时的速度；j_1 为液相折算速度（m/s），表示两相介质中液相单独流过同一通道时的速度；A_g、A_1 分别为气相和液相所占的流道截面积（m²）。

（6）漂移速度：指各相真实速度与两相流的平均速度 j 的差值。

气相漂移速度 W_{gm}：

$$W_{gm} = W_g - j \tag{5-20}$$

液相漂移速度 W_{lm}：

$$W_{lm} = W_1 - j \tag{5-21}$$

（7）漂移通量（drift flux）：指各相相对于两相流的平均速度 j 运动的截面所流过的体积通量（m/s）。

气相漂移速率 j_{gm}：

$$j_{gm} = \frac{(W_g - j)A_g}{A} = j_g - \alpha j \tag{5-22}$$

液相漂移速率 j_{lm}：

$$j_{lm} = \frac{(W_1 - j)A_1}{A} = (1-\alpha)(W_1 - j) = j_1 - (1-\alpha)j \tag{5-23}$$

（8）滑速比 s：在两相流动系统中，两相之间会因物性不同（如密度）存在不同程度的滑动。引入滑速比的概念，则两相之间滑动的大小可以表示为气相真实平均速度和液相真实平均速度之比：

$$s = \frac{W_g}{W_l} \tag{5-24}$$

显然，对于单组分的两相流，$P < P_{cr}$，则

$$W_g = W_l, \quad s = 1, \quad \alpha = \beta$$
$$W_g > W_l, \quad s > 1, \quad \alpha < \beta$$
$$W_g = W_l, \quad s < 1, \quad \alpha > \beta$$

式中，P 为压力；P_{cr} 为临界压力。

（9）循环速度 W_o：指两相混合物总质量流量 M 相等的液相介质流过通道同一截面时的速度。

$$W_o = \frac{M}{\rho_l A} = \frac{\rho_g}{\rho_l} j_g + j_l \tag{5-25}$$

$$j = j_g + j_l = W_o + \left(1 - \frac{\rho_g}{\rho_l}\right) j_g \tag{5-26}$$

（10）循环倍率 K：指单位时间内，流过某一截面的两相介质总质量与其气相总质量的比，也就是质量含气率的倒数。

$$K = \frac{M}{M_g} = \frac{1}{x} = \frac{W_o \rho_l}{j_g \rho_g} \tag{5-27}$$

5.1.4　两相介质密度及比容

两相流介质密度及比容定义如下。

（1）两相介质的真实密度 ρ_o：又称分相流密度，即单位体积内两相介质的质量，反映了存在于流道中的两相介质的实际密度。

$$\rho_o = \alpha \rho_g + (1 - \alpha) \rho_l \tag{5-28}$$

（2）两相混合物密度 ρ_m：指流过某一截面的两相混合物质量流量与体积流量之比。

$$\rho_m = \frac{M}{V} = \beta \rho_g + (1 - \beta) \rho_l \tag{5-29}$$

（3）两相介质的比容 ν_m：指单位时间内流过流道某一截面的两相介质体积和质量之比。

$$\nu_m = \frac{V}{M} = \frac{1}{\rho_m} = x\nu_g + (1-x)\nu_l \tag{5-30}$$

① 截面平均比容 ν_A：

$$\nu_A = \frac{(1-x)\nu_l + x\nu_g}{x + (1-x)s} \tag{5-31}$$

② 动量平均比容 ν_M：

$$\nu_M = \left[\nu_l(1-x) + \frac{x}{s}\nu_g\right]\left[1 + x(s-1)\right] \tag{5-32}$$

③ 动能平均比容 ν_E：

$$\nu_E = \left\{\left[\frac{x}{s}\nu_g + (1-x)\nu_l\right]^2 \left[1 + x(s^2-1)\right]\right\}^{0.5} \tag{5-33}$$

对比上面 4 种比容表达式，当 $s=1$ 时，则

$$\nu_A = \nu_M = \nu_E = v_m, \quad \rho_o = \rho_m \tag{5-34}$$

在气液两相流中，当液体和气体在通道内同时流动时，各相之间存在相界面。在大多数情况下，流场会有特定的结构或时空分布，构成不同的流型。不同流型具有不同的压力、流量特征，也具有不同的传热特性，流型是两相流研究的基础。流型的分类经历了一个由粗到细，又由细到粗的过程，但是流型划分并不是越细越好，应以满足工程实际应用和两相流计算的需要为目的，摒弃那些似是而非，没有显著特征的流型分类，将其归并到其他流型中去。由于流动形态具有多种多样，再加上界限也不是十分清晰，因此在处理两相流体力学问题时，可以人为地分为几种流动形态，并且认为，在每一种流动形态范围内，其流体力学特性是基本相同的。本节主要针对圆管通道内气液两相流流型及棒束通道内气液两相流流型展开分析。

5.1.5　圆管通道内气液两相流流型

圆管通道内气液两相流流型分为垂直上升管、水平管、倾斜上升管和螺旋管，具体内容如下。

1）垂直上升管

针对垂直上升圆管内流型的研究目前最多，因此相对来说最成熟，但管内工质主要是以低黏度流体为主。目前对垂直管上升流的流型通常分为以下 4 种，即泡状流、弹状流、搅拌流及环状流。

（1）泡状流：当气液两相流速较低时，不规则形状的气泡会分散在连续的液相中，并由于浮力的作用，以比液相快的速度向上运动。

（2）弹状流：随着气速的增大，大部分小气泡合并成弹状的、直径接近管子内径的 Taylor 气泡，在 Taylor 气泡之间是含有小气泡的液弹段（liquid slug）。

（3）搅拌流：继续增大气速，原来呈弹状的大气泡发生变形，其周围含有气泡的液膜上下波动，同时，液弹段也时常被剧烈扰动的气团破碎成液块。其总体特征是大小不一的气团在含有气泡的液流中混乱地向上运动。

（4）环状流：进一步增加气速，大气泡首尾相接，在管子中心形成夹带液滴的气流，管壁上的液膜连续地向上运动。

以上 4 种流型还可以进一步细分，比如环状流，根据气核中是否携带有液滴或液条，又可分为环雾流和带纤维的环状流等。流型间的转变并不是突然发生的。因而在这一转变过程中也可能观察到许多具有两个基本流型部分特征的中间流型，但流型的划分并不是越细越好，而应以满足工程计算和理论研究的需求为目的，图 5-2 和图 5-3 分别给出垂直上升单通道管内气液两相流的典型流型及 Hewitt-Roberts 流型图。

泡状流

弹状流

搅拌流

环状流

图 5-2　垂直上升管内气液两相流典型流型

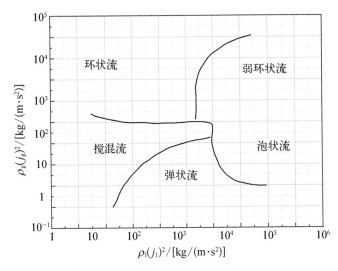

图 5-3　Hewitt-Roberts 流型图

2）水平管

在水平流动情况下,由于重力影响导致较显著的相分布不均匀性,其流型组合要比垂直流动时略为复杂。当含气率从低到高、流速由小到大时,目前较为公认的流型依次为泡状流、塞状流、分层流、波状流、弹状流以及环状流,图5-4 和图 5-5 分别为水平管内气液两相流典型流型及 Mandhane 流型图。

(1)泡状流:在泡状流中,液体主要以连续相存在,而气泡以分散相分布在液相中。这些气泡的尺寸可以从微小到较大不等,且在管道横截面上呈现均匀分布。泡状流常见于低质量流率条件下,其中气相的体积分数较低。

(2)塞状流:塞状流是一种介于泡状流和环状流之间的流动形式,其中气相和液相呈现间歇性的塞状结构。这种流型的特点是气液两相之间的相互混合,通常伴随着较大的涡旋运动和波动。

(3)分层流:在这种流动中,当两相流速较低时,气相和液相分开流动,两相之间存在一平滑的分界;而当在流量较高时,两相分界面上由于 Kelvin-Helmhoz 现象出现界面波。因此,根据相界面的形态可将其进一步划分为光滑分层流和波状分层流。

(4)波状流:在分层流中,气相速度继续增大,由于界面处两相之间的摩擦力(气、液相存在着速度差)影响,会在界面上掀起扰动的波浪,分界面因为受到沿流动方向运动的波浪作用而变得波动不止,从而形成波状流型。

(5)弹状流:在弹状流中,气相和液相以大气泡和间隔的液相脉冲交替排列。这些大气泡被液相脉冲所分隔,弹状流的形成通常是由于管道中的气液两相流动不稳定性引起的。

(6) 环状流:当气相流速很高时,长的气泡首尾相接,形成气芯流动。液相则沿管壁周向形成一层液膜。由于重力的作用,液膜在管底部较厚。气速较高时,在气芯中也常携带有一定量的细小的液滴。

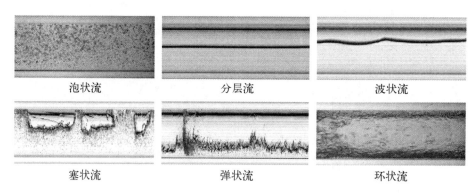

泡状流　　　　　　分层流　　　　　　波状流

塞状流　　　　　　弹状流　　　　　　环状流

图 5-4　水平管内气液两相流典型流型

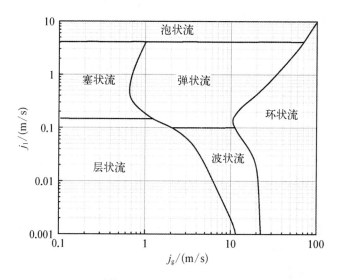

图 5-5　Mandhane 流型图

3) 倾斜上升管

关于流型转变的实验研究大多是针对水平管和竖直管的,而在实际的工业设备中,如空气冷却凝结器、锅炉或蒸汽发生器的进出口接管等,倾斜布置的管子也为数不少。倾角是影响流型的一个很重要的因素。分层流与间歇流的过渡对倾角特别敏感,管路向下倾斜时很容易产生分层流,上倾时则易产生间歇流。管路倾角对分散气泡流-间歇流、间歇流-环雾流过渡的影响不大。总的来说,向下倾斜时,由于重力的作用易发生分层流;向上倾斜时,由于液相的堆积易发生间歇流。在向上倾斜的管中,当倾角大于10°时,分层流几乎消失。下面是不同倾角对流型的影响。在目前研究的中大致将倾斜管内气液两相流流型分为泡状流、泡-弹流、弹状流、准弹状流、环状流5种。图5-6和图5-7分别为倾斜管内气液两相流典型流型及流型图。

(1)泡状流:这是两相流动中最常见的流型之一。在高液速、低气速条件下,气相以分散泡状形式分布在连续的液体中。当倾斜角度不大时,受重力的影响,液相在管道下侧流动,小气泡大都是分散在管子的上部。由于气泡无聚合,且均匀分布在管道上部,故此状态下的压差波动非常小。

(2)泡-弹流:当泡状流向弹状流过渡时,在管道上方均匀分布的小气泡中心会首先聚合形成小的不规则气弹,这些气弹或大或小,并且它们的周围包围着许多小气泡。随着气流量的增加,小的不规则气弹会逐渐合并其周围的小气泡,在管道径向和轴向方向尺寸增大,最终形成弹状气泡,完成泡状流向弹状流的转变。在此过渡过程中,压差波动介于理想泡状流和弹状流之间。

(3)弹状流:弹状流的形成对管道向上倾斜的角度变化非常敏感。一般在管道入口处,当气体流速不太高时,只要有足量的液体就会形成这种间歇式的流型。其特征为气相被阻断成不连续相,而液弹会在气流作用下连续向上移动。与水平管不同的是,倾斜使得液膜在重力分力的作用下产生向下的滑移,当下滑的液膜遇到上行的液弹后,会产生冲击。在试验中观察到,在液弹的前端会因冲击产生大量翻滚的小气泡,液弹也会因此而有所停顿,而后又在

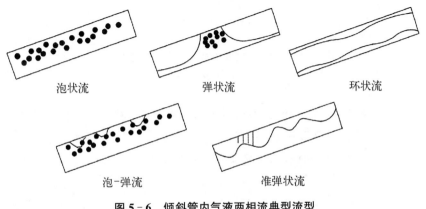

| 泡状流 | 弹状流 | 环状流 |

| 泡-弹流 | 准弹状流 |

图5-6　倾斜管内气液两相流典型流型

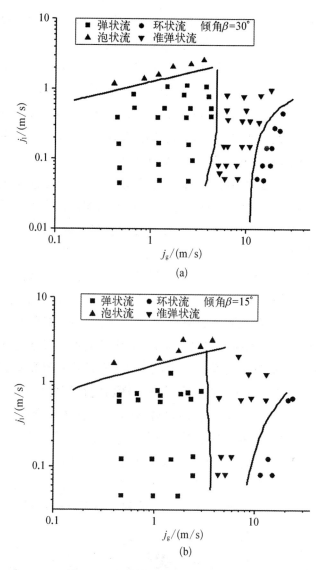

图 5-7　倾斜管内气液两相流流型图

(a) 倾角 30°；(b) 倾角 15°

气流的作用下继续上行。这种液膜的逆流,冲击和合并现象使倾斜管内压差波动较大。另外,在实验中也观察到,在相同的水流量下,液膜的下滑距离随着气体流量的增加而缩短,当达到某个气流量时,液膜运动方向翻转,开始向上滑移。

（4）准弹状流：在弹状流向环状流过渡过程中,随着气体流速的升高,当没有足量的液体时,液桥被冲垮,液柱衰减形成匍匐前进的翻滚波。通常浪头滑过时会触及上壁面间歇形成环状液膜。这种流型既具有弹状流的间歇性,又有环状流的特征,可以看作是一种过渡流型。由于其占有的流型区域相对较大,故在流型图中单独提出。它具有较强的冲击性,所以其引起的压差波动也非常剧烈。

（5）环状流:液相呈环形液膜状沿管壁面向前流动,中心为夹带着液体的高速气流。在向上倾斜的管道中,液膜沿径向和轴向的分布都不均匀。受重力的影响,在同一截面上,上壁面的液膜厚度小于下壁面的;受倾角的影响,靠近管道入口处管段的液膜厚度大于远离方向管段的液膜厚度。对于充分发展的稳定环状流,其压差波动也很小。

4）螺旋管

在螺旋管内部的气液两相流通常会展现出不同于直管的流型,因为螺旋形状对流体动力学有显著的影响。在螺旋管中,由于离心力和旋转流动的影响,两相流的分布、过渡和流动特性可能会有所不同。虽然不同学者对流型的命名略有不同,但都包含了泡状流、塞状流、弹状流、波状流和环状流,部分学者还提出类环状流这一新定义的流型。螺旋管内气液两相流典型流型及流型图如图 5-8 和图 5-9 所示。

（1）泡状流:气相呈现孤立、弥散的气泡分布于在连续液相中的流动,在螺旋管中,气相非对称地分布在管道内侧以及上部,即使在高液体流速下,气泡也很难弥散化。液相受到离心力的作用,将气泡挤压至管道内侧,呈现带状分布,并且离心力随着流速增大而增大,使得气泡分布反而更加密集,因此弥散泡状流无法形成。螺旋管中出现的泡状流皆为普通泡状流。

（2）塞状流:塞状流和弹状流统称为间歇流,液体被气相隔开,气体在管道上部周期性通过管道,具有很明显的周期性特征。塞状流的特征是气相以较长气塞(长度大于管径)的形式分布于流道上部,而液相则以长液弹或液桥的形式分布于气塞之间。对于螺旋管而言,塞状流显得更为复杂,在不同气液流量下呈现不同特征。在低气体、低液体流量条件下,气塞呈现椭球型,两相界面很光滑,而在液相中几乎没有气泡。在中等气体、较高液体流量条件下,气塞形状发生扭曲,呈现箭头形;在高液体流量时会呈现纺锤形。随着液体流量增加,气塞头部变尖,两相界面变得模糊,不断有小气泡被剪切至液体中。另外,气塞的后部形成一个尾涡,充斥大量小气泡,此特征与弹状流极为相似。不同点在于塞状流液相含有的气泡较少,而且流动主要受液相驱动。

（3）弹状流：随着气速的增加，小气塞尺寸逐渐变大，气液相界面的紊动加剧，流型开始转变为弹状流。塞状流和弹状流结构相似，其最大的区别在于气泡的形状和气泡底下液膜的厚度。在几何上，弹状流与塞状流非常相似，主要表现为流道上部气弹与液弹在时间与空间上的交替流动，流道下部则分布着较厚的液膜。不同的是，弹状流为气相主导的流动，相应地，气弹长度会更长，一般来说，气弹的长度明显长于液弹（桥）的长度。这样，气相就主要占据了管道的上部区域。由于气体流量的增大，相间的剪切力增强，在界面以及液相中产生大量气泡。同时，液膜的厚度变小，相应地，流速变低，造成液弹的流速明显高于液膜的流速。特别在低液体流量时，能够观察到液弹与液膜流动方向相反，即液膜向下流动，而液弹随气弹一起向上流动。

（4）波状流：在流动方向上，气液相间因速度差而在分界面上形成流动波，此时的流型称为波状流，螺旋管内分界面波动主要是受离心力和气液速度差的影响，波动沿水平方向。螺旋管内波状流发生在极低的液体流量下，所以受离心力的影响较小，物理特征与直管非常类似。如图 5-8 所示，波状流表现为液相在流道的底部流动，而气相与液相分离，在其上方流动。气液界面由于受到相间摩擦影响，形成一些脉动波，而波动的幅度与频率与具体的气体、液体流量有关，提高气液流量，波动愈加剧烈，波动幅度更大。

（5）环状流：环状流的典型特征是液相以液膜形式紧贴管壁流动，管道中间是夹带液滴高速流动的气芯，管壁处液膜会出现周期性波动。环状流出现在极高气体流量、较低液体流量工况下，此时，持续的液膜在整个管壁范围内形成，流道中部则以气芯为主并夹带大量液滴。在环状流工况下，螺旋管的内侧与外侧均可以观察到明显的液膜。

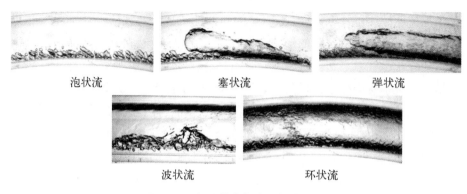

泡状流　　　　　　　　塞状流　　　　　　　　弹状流

波状流　　　　　　　　环状流

图 5-8　螺旋管内气液两相流流型

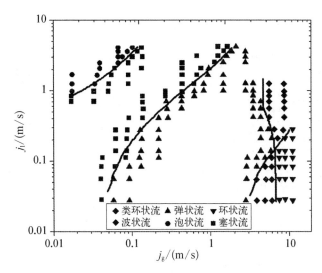

图 5-9　螺旋管内气液两相流流型图

5.1.6　棒束通道内气液两相流流型

棒束通道是由相互沟通的子通道组成,由于受热不同,会产生相互的交混流,于是出现不同的流型变化。因此,根据流型选用流阻计算公式是十分必要的。与常规流道相比,棒束通道内的流型更加复杂,受许多参数的影响,如气液流速、两相的物理性质、滑速比、通道尺寸、定位格架等。虽然不同学者对流型的命名略有不同,但都包含了泡状流、搅混流和环状流。区别主要在于泡状流向搅混流转变的区域,一部分学者将其定义为弹状流,另一部分学者定义为帽状流、帽状搅混。棒束通道内气液两相流典型流型及流型图如图 5-10和图 5-11 所示。

(1)泡状流:液相占据主体,连续的液相中弥散着球形气泡、变形气泡和气泡团等。

(2)帽状流:帽状气泡占据一个完整的子通道,变形的气泡和帽状气泡以相对稳定的方式在连续液相中流动。

(3)帽状搅混流:变形的帽状气泡尺寸更大且占据两个以上的子通道,气泡流动不稳定,较紊乱。

(4)搅混流:大气泡几乎占据整个流道,其周围会伴随夹杂着小气泡的液相向下流动,气泡呈现紊乱的状态及不规则的变化。

(5)环状流:明显的气泡较少,气相主要以连续气芯形式流动,而液相则以连续液膜及夹杂在气芯中的液滴存在。

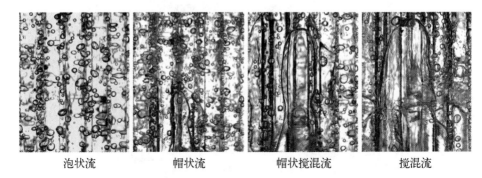

| 泡状流 | 帽状流 | 帽状搅混流 | 搅混流 |

图 5-10　5×5 棒束通道内气液两相流典型流型

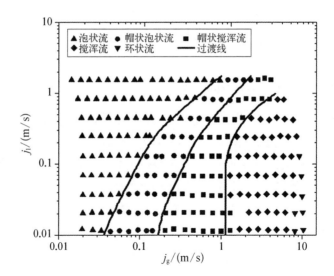

图 5-11　5×5 棒束通道内气液两相流流型图

5.2　两相流动控制方程

连续介质两相流模型的结构关系式有物性方程、状态方程、流体与面之间的动量和能量交换方程、相之间的各种交换方程、边界条件以及一些描述特定热工水力现象展开的关系式等。因此,两相流数学模型由场方程组和结构关系式组成。实际管内流动发展了不同的简化数学模型,描述具体问题的数学模型不同,结构关系式也不同。

5.2.1　两流体模型控制方程

一维流动假定流道任一截面上所有流体性质和流动特性都相同,假定气相和液相分别占有的流通截面积为 A_g 和 A_l。总流通截面积为 A。简化了两相间的几何界面变化不定的交界条件和方程求解。运用一维流动的基本宏观物理量阐述各种简化数学模型,并设流道流动方向为 z 轴,流道轴线与水平向成 θ 角,向上流动(见图 5 - 12)。

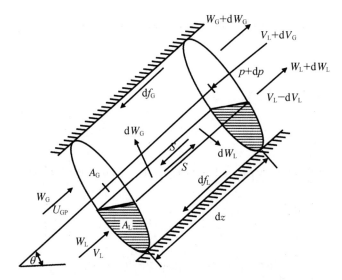

图 5 - 12　气液两相流体在倾斜上升管中流动时的流体微元段示意图

注:W_G 为气体流量;W_L 为液体流量;U_{GP} 为气体流速;V_L 为液体流速;A_G 为气相所占的流道截面积;A_L 为液气相所占的流道截面积;f_G 为气体摩擦力;f_L 为液体摩擦力;s 为滑速比;V_G 为气体体积;V_L 为液体体积;p 为压强。

两流体模型的基本假设如下。

(1)气液两相流体以不同流速沿各自的流动截面分开流动,两相流动截面之和等于管道总的流通面积。

(2)气液相间无相互作用,各相压降梯度相等,且沿管道径向无静压差。

一维两相流动两流体模型控制方程如下。

① 质量守恒方程:

$$\frac{\partial}{\partial t}\big[(1-\alpha)\rho_1\big]+\frac{\partial}{\partial z}\big[(1-\alpha)\rho_1 w_1\big]=-\Gamma \tag{5-35}$$

$$\frac{\partial}{\partial t}(\alpha\rho_g) + \frac{\partial}{\partial z}(\alpha\rho_g w_g) = \Gamma \tag{5-36}$$

② 动量守恒方程：

$$\frac{\partial}{\partial t}\left[(1-\alpha)\rho_l w_l\right] + \frac{\partial}{\partial z}\left[(1-\alpha)\rho_l w_l^2\right]$$

$$= -(1-\alpha)\frac{\partial p}{\partial z} - (1-\alpha)\rho_l g\sin\theta - \tau_{wl} + \tau_i - \Gamma w_i = 0 \tag{5-37}$$

$$\frac{\partial}{\partial t}(\alpha\rho_g w_g) + \frac{\partial}{\partial z}(\alpha\rho_g w_g^2) = -\alpha\frac{\partial p}{\partial z} - \alpha\rho_g g\sin\theta - \tau_{wg} - \tau_i + \Gamma w_i = 0$$

$$\tag{5-38}$$

③ 能量守恒方程：

$$\frac{\partial}{\partial t}\left[(1-\alpha)\rho_l\left(u_l + \frac{w_l^2}{2}\right)\right] + \frac{\partial}{\partial z}\left[(1-\alpha)\rho_l w_l\left(u_k + \frac{w_l^2}{2}\right)\right]$$

$$= -\frac{\partial}{\partial z}\left[(1-\alpha)pw_l\right] + \alpha_k\rho_l w_l g\sin\theta - q_{ki} - \varphi_l + E_i = 0 \tag{5-39}$$

$$\frac{\partial}{\partial t}\left[\alpha\rho_g\left(u_g + \frac{w_g^2}{2}\right)\right] + \frac{\partial}{\partial z}\left[\alpha\rho_g w_g\left(u_g + \frac{w_g^2}{2}\right)\right]$$

$$= -\frac{\partial}{\partial z}(\alpha pw_g) + \alpha\rho_g w_g g\sin\theta - q_{ki} - \varphi_g + E_i = 0 \tag{5-40}$$

上述公式中 t 为时间；α 为气相体积分数；ρ_l 为液体密度；ρ_g 为气体密度；u_k 为液相的内能；u_s 为气相的内能；w_l 为液相流速；w_g 为气相流速；θ 为倾斜角度；u_l 为液气相速度；u_g 为气相速度；τ_{wl}、τ_{wg} 为剪切力；α_k 为某一相所占份额；q_{ki} 为传递项；q_k 为热传递项；E_i 为外部输入的能量；Γ 是从液相到气相的相间质量传递率（如果为负值，则表示从气相到液相的传递）；τ_i 为相间作用力（如曳力、升力、表面张力等）；φ_l 和 φ_g 是摩擦力。

两流体模型在两相流动中的主要特征如下。

(1) 相独立性：两流体模型将每种流体视为独立的连续介质，为每种流体分别建立它们自己的动量守恒、能量守恒和质量守恒方程。这种处理方式允许模型详细捕捉到两种流体间的相互作用和影响，如相互之间的压力和温度差异。

(2) 相互作用：虽然两种流体被视为独立的连续介质，但它们之间的相互作用是通过特定的源项在方程中体现的。这包括了由于流体之间的摩擦、热交换和质量转移所产生的力和能量交换。

（3）界面处理：两流体模型需要特别处理流体之间的界面。这包括确定界面的位置、形状以及界面处的物理条件（如压力和温度的连续性）。正确处理界面是模拟两相流动的关键挑战之一，尤其是在界面处发生相变时。

（4）应用灵活性：两流体模型因其能够提供两相流动中流体间相互作用的详细信息而在多种工程中得到应用。模型的灵活性允许它被调整和优化，以适应特定的工程需求和流动条件。在两流体模型中，将两相分开考虑，将相交界面视作非物质的纯几何面。

两相流连续介质理论告诉我们：任何两相流数学模型是由场方程组和结构关系式组成的。分析具体两相流系统的难点是结构关系式的确定。简单模型分析法或工程方法的实质是根据经验和实验观察选择描述具体系统运动特性和热力平衡特性的假设或经验式。从数学观点来说，是对所采用的数学模型强加相容条件，或强加一些解，使问题简化。对于两相流数学模型来说，最主要、影响最大也是最复杂的方程是动量方程，或者说是相速度及其分布，是工程简化方法讨论的重点。基于混合物假定的常用简化模型，有一维一速度假定的均相流模型、二维一速度假定的滑移模型（如 Banko 模型）、一维二速度假定的扩散模型（如 Wallis 模型），以及二维二速度假定的漂移流模型（如 Zuber - Findlay 模型）等。以下将分别介绍在核反应堆热工水力分析中常用的均相流模型和漂移流模型。

5.2.2　均相流模型控制方程

均相流模型把两相流体看作一种均匀混合的介质，相间没有相对速度，流动参数为两相平均参数。因此，可将两相流看作具有平均流体特征的单相流。在流速大、压力高时，此模型适用性较好。在均相流模型中采用的两个基本假设：气相和液相的流动速度相等；两相间处于热力学平衡状态，压力、密度互为单值函数。

一维两相流动均相流模型的控制方程如下。

（1）质量守恒方程（见图 5 - 13）：

$$\frac{\partial \rho}{\partial t} + \frac{\partial (\rho w)_z}{\partial z} = 0 \tag{5-41}$$

式中，ρ 是密度；t 为时间；z 为流动距离；w 为沿流动方向速度。

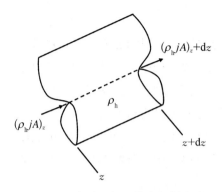

图 5-13 气液两相流体在倾斜上升管中流动时的流体微元段内质量变化

注：ρ_h 为均相流密度；j 为折算速度；A 为流道截面积；z 为流动位移。

（2）动量守恒方程：

$$\frac{\partial(\rho w)}{\partial t}+\frac{\partial(\rho w^2)}{\partial z}+\frac{\partial p}{\partial z}+\rho g\sin\theta+\tau=0$$

$$(5-42)$$

式中，ρ 是密度；w 是沿流动方向速度；τ 为摩擦力；t 时间；z 流动距离。

（3）能量守恒方程：

$$\frac{\partial}{\partial t}\left[\rho\left(u+\frac{w^2}{2}\right)\right]+\frac{\partial}{\partial z}\left[\rho w\left(u+\frac{w^2}{2}\right)\right]+$$
$$\frac{\partial}{\partial z}(pw)+\rho wg\sin\theta+q_w=0$$

$$(5-43)$$

式中，

$$\rho=\alpha\rho_g+(1-\alpha)\rho_1 \tag{5-44}$$

$$w=w_g=w_1 \tag{5-45}$$

由于假设滑速比 $s=1$，所以式(5-44)也可以写成

$$\rho=\left(\frac{x}{\rho_g}+\frac{1-x}{\rho_1}\right)^{-1} \tag{5-46}$$

气液混合物的平均比焓为

$$h=xh_g+(1-x)h_1 \tag{5-47}$$

气液混合物的总比能为

$$e=u+\frac{w^2}{2} \tag{5-48}$$

$$u=xu_g+(1-x)u_1 \tag{5-49}$$

计算两相混合物密度 ρ_m 和两相动力黏度 μ_m 的常见方法分别列于表 5-1 和表 5-2，表中符号定义见符号表。

表 5 - 1　两相混合物密度计算关系式

计 算 模 型	关 系 式
基于空隙率 α	$\rho_m = \alpha\rho_g + (1-\alpha)\rho_l$
基于体积含气率 β	$\rho_m = \beta\rho_g + (1-\beta)\rho_l$
基于干度 x	$\rho_m = \left(\dfrac{x}{\rho_g} + \dfrac{1-x}{\rho_l} \right)^{-1}$

表 5 - 2　两相动力黏度计算关系式

计 算 模 型	关 系 式
Cicchitti	$\mu_m = x\mu_g + (1-x)\mu_f$
Dukler	$\mu_m = \dfrac{x\rho_m\mu_g}{\rho_g} + \dfrac{(1-x)\rho_m\mu_f}{\rho_l}$
McAdams	$\dfrac{1}{\mu_m} = \dfrac{x}{\mu_g} + \dfrac{1-x}{\mu_f}$
Akers	$\mu_m = \dfrac{\mu_f}{(1-x) + x(\rho_l/\rho_g)^{0.5}}$
Beattie - Whalley	$\mu_m = \dfrac{\mu_g\mu_f}{\mu_g + x^{1.4}(\mu_f - \mu_g)}$
Lin	$\mu_m = \alpha\mu_g + (1-\alpha)\mu_f$
Owen	$\mu_m = \mu_f$

5.2.3　漂移流模型控制方程

漂移流模型是用于气液两相流的最广泛使用的扩散模型。它提供了一种半经验的方法来模拟一维流中的气液速度滑移,同时考虑到横向(横截面)非均匀性的影响。在其最广泛使用的形式中,漂移流模型用代表两相介质横向分布的量 C_0 和代表两相之间局部相对速度的量 V_{gj} 来描述两相流的特性。使用这两个参数,既可以使漂移流密度模型具有"相"的局部特性,同时又使结构关系式具有综合的表达形式,并可减少守恒方程的数目,求解简单。在许多场合,使用这种模型可以描述两相流的特性。需要注意的是,上述优点是以牺牲精度和计算过程细节为代价的。

上述两个漂移参数 C_0 和 V_{gj} 的物理意义可以从数学推导中获得。设 j_g 和 j_l 分别为流道中气相和液相的折算速度，j 为气液混合物的折算流速，则有

$$u_g = j + (u_g - j) \qquad (5-50)$$

式(5-50)右边的 $(u_g - j)$ 为气液混合物体积中心的气相等效速度。将式(5-50)两边同时乘以 α 可得

$$j_g = \alpha j + \alpha(u_g - j) \qquad (5-51)$$

将式(5-51)两边的所有变量均进行面积平均，即 $\overline{\xi} = 1/A \int_A \xi \mathrm{d}A$，可得

$$\overline{j_g} = \overline{\alpha j} + \overline{\alpha(u_g - j)} \qquad (5-52)$$

式(5-52)右边第二项 $\overline{\alpha(u_g - j)}$ 为气相漂移通量。式(5-52)右边两项均为两个变量乘积的面积平均值，在实际使用时很难获得，因此，定义两个新的变量：

$$C_0 = \overline{\alpha j_g} / \overline{j} \qquad (5-53)$$

$$V_{gj} = \overline{\alpha(u_g - j)} / \overline{\alpha} \qquad (5-54)$$

式中，C_0 为两相分布系数，该参数用于量化并表征气相在流道截面上的具体分布情况。C_0 的值反映了气相在流道截面中所占的比例和分布模式，在一定的气相流量下，气相分布越集中，值越大；反之，气相分布越分散，值越小。所以可以把 C_0 看作是一个流型参数。

值得注意的是，不同的两相流流型会导致空泡份额（即气相体积占总体积的比例）产生显著差异。这些差异进一步影响了气相在流道截面上的分布格局。例如，在某些流型中，气相可能更倾向于聚集在流道的特定区域，而在其他流型中则可能更加均匀地分布。为了更直观地理解这些差异，可以参考表 5-3 中的数据。该表详细列出了不同流型下的两相分布系数 C_0 和平均漂移速度 $\overline{u_{gj}}$。可以发现，随着流型的变化，C_0 的值也随之改变，这直接反映了气相在流道截面上分布的变化。同时，平均漂移速度的数据也提供了关于气相流动特性的额外信息，有助于更全面地理解气相在流道中的行为，这对于两相流系统的设计和优化具有重要意义。

使用以上定义的新参数，式(5-52)可以写成

$$\overline{j_g} = C_0 \overline{\alpha} \overline{j} + \overline{\alpha} V_{gj} \qquad (5-55)$$

或者

$$\alpha = \frac{j_g}{C_0 j + V_{gj}} \tag{5-56}$$

由式(5-56)可知,当 C_0 和 V_{gj} 已知时,式(5-56)可用于求解 α。

$$j_g = G x / \rho_g \tag{5-57}$$

$$j_1 = G(1-x)/\rho_1 \tag{5-58}$$

将式(5-57)和式(5-58)代入式(5-56)可得

$$\alpha = \frac{x}{C_0 \left[x + \frac{\rho_g}{\rho_1}(1-x) \right] + \frac{\rho_g V_{gj}}{G}} \tag{5-59}$$

表 5-3　圆管内空泡份额的计算

流　型	空泡份额 α	分布参数 C_0	平均漂移速度 $\overline{u_{gj}}$
泡状流	0.0～0.25	1.25	$1.53 \left(\dfrac{\sigma g \Delta \rho}{\rho_1^2} \right)^{1/4}$
弹状/搅拌流	0.25～0.75	1.15	$0.35 \left(\dfrac{g d \Delta \rho}{\rho_1} \right)^{1/2}$
环状流	0.75～0.95	1.05	$1.18 \left(\dfrac{\sigma g \Delta \rho}{\rho_1^2} \right)^{1/4}$
雾状流	0.95～1.0	1.00	$1.53 \left(\dfrac{\sigma g \Delta \rho}{\rho_g^2} \right)^{1/4}$

尽管漂移流模型简单且方便,但它有重要的限制,并且对许多应用来说是不够的。漂移流模型的主要限制如下。

(1) 漂移流模型只适用于一维流动。一维流动可以在通道内部,也可以在垂直柱中,甚至可以在核反应堆芯的棒束内部。

(2) 对于出现大滑移速度的流动模式,不推荐使用漂移流模型。因此,它最适用于泡状流、塞状流和搅拌流。

5.3　两相流动压降

两相流动压降是核反应堆热工水力学研究中的关键问题之一,涉及液体与气体相互作用过程中流动阻力的变化。两相流动压降不仅影响核反应堆的冷却剂流动和热量传递,还直接关系到系统的压降分配、泵的功率需求以及反应堆运行的稳定性和安全性。这一现象广泛存在于核反应堆的冷却剂系统、燃料组件、蒸汽发生器等重要部件中,其对反应堆的整体性能具有深远的影响。由于两相流动的多样性和复杂性,准确预测和分析其压降变化成为核工程领域的一大挑战。深入理解两相流动压降的机理和规律,对于优化反应堆设计、提高系统效率、保障安全运行具有重要的理论意义和实际应用价值。本节将详细探讨单通道管内、燃料组件棒束通道内及特殊结构内气液两相流动的压降特性,旨在为核反应堆设计和优化提供理论支持和工程指导。

5.3.1　单通道管内两相流动压降

气液两相流动的规律较单相流复杂得多,通常采用简化的流动模型进行处理,以便探讨其流动规律。常用的流动压降计算模型有均相流模型和分相流模型。

5.3.1.1　均相流模型压降计算

对于沿等截面流动通道一维运动的情况,气液混合物的动量方程可以简化为

$$-\frac{\mathrm{d}p}{\mathrm{d}z}=\frac{\mathrm{d}}{\mathrm{d}z}\left(\frac{G^2}{\rho_\mathrm{m}}\right)+\frac{1}{A_z}\int_{P_z}\tau_\mathrm{w}\mathrm{d}P_z+\rho_\mathrm{m}g\cos\theta \qquad (5-60)$$

式中,p 为压强;z 为流体位置;θ 为流动方向与垂直方向之间的夹角(°);τ_w 为壁面剪切应力(N);P_z 为管道湿周长(m)。

此处假设任一截面上压力分布均匀,式(5-60)右边三项分别为加速压降梯度、摩擦压降梯度、重力压降梯度,故还可以写成

$$-\frac{\mathrm{d}p}{\mathrm{d}z}=\left(\frac{\mathrm{d}p}{\mathrm{d}z}\right)_\mathrm{acc}+\left(\frac{\mathrm{d}p}{\mathrm{d}z}\right)_\mathrm{fric}+\left(\frac{\mathrm{d}p}{\mathrm{d}z}\right)_\mathrm{grav} \qquad (5-61)$$

式中,

$$\left(\frac{\mathrm{d}p}{\mathrm{d}z}\right)_\mathrm{acc}=\frac{\mathrm{d}}{\mathrm{d}z}\left(\frac{G^2}{\rho_\mathrm{m}}\right) \qquad (5-62)$$

$$\left(\frac{\mathrm{d}p}{\mathrm{d}z}\right)_\mathrm{fric}=\frac{1}{A_z}\int_{P_z}\tau_\mathrm{w}\mathrm{d}P_z=\frac{\overline{\tau_\mathrm{w}P_z}}{A_z} \qquad (5-63)$$

$$\left(\frac{\mathrm{d}p}{\mathrm{d}z}\right)_\mathrm{grav}=\rho_\mathrm{m}g\cos\theta \qquad (5-64)$$

对于两相流的摩擦压降梯度,通常利用达西公式将其描述成与单相流一致的形式,即

$$\left(\frac{\mathrm{d}p}{\mathrm{d}z}\right)_{\mathrm{fric}}=\frac{\overline{\tau_{\mathrm{w}}}P_z}{A_z}\equiv\frac{f_{\mathrm{TP}}}{D_{\mathrm{h}}}\frac{G^2}{2\rho_{\mathrm{m}}} \tag{5-65}$$

式中,两相流动的范宁摩擦系数 f_{TP} 采用单相计算关系式计算:

$$f_{\mathrm{TP}}=\begin{cases}\dfrac{64}{Re_{\mathrm{m}}}, & Re_{\mathrm{m}}<2\,000\\[3mm]\dfrac{0.316}{Re_{\mathrm{m}}^{0.25}}, & Re_{\mathrm{m}}>2\,000\end{cases} \tag{5-66}$$

$$Re_{\mathrm{m}}=\frac{GD_{\mathrm{h}}}{\mu_{\mathrm{m}}} \tag{5-67}$$

式中, D_{h} 为水力学直径(m); ρ_{m} 为两相混合物密度(kg/m³); μ_{m} 为两相动力黏度(Pa·s); G 为两相混合物质量流速(kg/s)。

另外,按均相流动模型进行气液两相流动摩擦阻力计算时,也常把两相流动摩擦阻力的计算与单相流动摩擦阻力的计算关联起来,即使用全液相折算系数或全气相折算系数,具体分析如下。假设管道的几何结构不变,通过管道的流体为单一的液体,没有气相,但其质量流速仍为 G ,流体密度为 ρ_{l} 。根据达西公式,单相液体的摩擦压降梯度表示为

$$\left(\frac{\mathrm{d}p}{\mathrm{d}z}\right)_{\mathrm{fric}}^{\mathrm{LO}}=\frac{f_{\mathrm{LO}}}{D_{\mathrm{h}}}\frac{G^2}{2\rho_{\mathrm{l}}} \tag{5-68}$$

联立式(5-65)和式(5-68),定义全液相折算系数 ϕ_{LO}^2 :

$$\phi_{\mathrm{LO}}^2=\left(\frac{\mathrm{d}p}{\mathrm{d}z}\right)_{\mathrm{fric}}\Big/\left(\frac{\mathrm{d}p}{\mathrm{d}z}\right)_{\mathrm{fric}}^{\mathrm{LO}}=\frac{f_{\mathrm{TP}}}{f_{\mathrm{LO}}}\frac{\rho_{\mathrm{m}}}{\rho_{\mathrm{l}}} \tag{5-69}$$

同理,当管道的几何结构不变,通过管道的流体为质量流率相同的气体,则可以得到全气相折算系数 ϕ_{GO}^2 :

$$\phi_{\mathrm{GO}}^2=\left(\frac{\mathrm{d}p}{\mathrm{d}z}\right)_{\mathrm{fric}}\Big/\left(\frac{\mathrm{d}p}{\mathrm{d}z}\right)_{\mathrm{fric}}^{\mathrm{GO}}=\frac{f_{\mathrm{TP}}}{f_{\mathrm{GO}}}\frac{\rho_{\mathrm{m}}}{\rho_{\mathrm{g}}} \tag{5-70}$$

因此,计算气液两相流动摩擦压降梯度既可以用液相的摩擦系数 f_{LO} ,也可以用气相的摩擦系数 f_{GO} :

$$\left(\frac{\mathrm{d}p}{\mathrm{d}z}\right)_{\mathrm{fric}} \equiv \frac{f_{\mathrm{TP}}}{D_{\mathrm{h}}}\frac{G^2}{2\rho_{\mathrm{m}}} = \phi_{\mathrm{LO}}^2\left(\frac{\mathrm{d}p}{\mathrm{d}z}\right)_{\mathrm{fric}}^{\mathrm{LO}} = \phi_{\mathrm{GO}}^2\left(\frac{\mathrm{d}p}{\mathrm{d}z}\right)_{\mathrm{fric}}^{\mathrm{GO}} \qquad (5-71)$$

由于 f_{LO} 和 f_{GO} 都是单相流动的范宁摩擦系数,极易求得。因此,引入全液/全气相折算系数的实质是将求解两相流动的范宁摩擦系数 f_{TP} 与摩擦压降 $(\mathrm{d}p)_{\mathrm{fric}}$ 的问题转化为求折算系数的问题。只要通过实验方法获得任意一个折算系数,就可以求得两相流动的范宁摩擦系数 f_{TP} 和摩擦压降 $(\mathrm{d}p)_{\mathrm{fric}}$。

接下来继续分析气液两相流的加速压降梯度。在均匀流模型情况下,得到混合物流速 u_{m}:

$$u_{\mathrm{m}} = \frac{G}{\rho_{\mathrm{m}}} = \frac{\rho_{\mathrm{g}}\alpha u_{\mathrm{g}} + \rho_1(1-\alpha)u_1}{\rho_{\mathrm{g}}\alpha + \rho_1(1-\alpha)} \qquad (5-72)$$

式中,

$$u_{\mathrm{g}} = u_1 = u_{\mathrm{m}} \qquad (5-73)$$

可以得到

$$\frac{1}{\rho_{\mathrm{m}}} = \frac{u_{\mathrm{m}}}{G} = \frac{\alpha u_{\mathrm{m}} + (1-\alpha)u_{\mathrm{m}}}{G} = \frac{j_{\mathrm{g}} + j_1}{G} \qquad (5-74)$$

引入参数质量含气率 x:

$$\frac{1}{\rho_{\mathrm{m}}} = \frac{(xG)/\rho_{\mathrm{g}} + [(1-x)G]/\rho_1}{G} = x\left(\frac{1}{\rho_{\mathrm{g}}} - \frac{1}{\rho_1}\right) + \frac{1}{\rho_1} \qquad (5-75)$$

因此,两相流的加速压降梯度为

$$\left(\frac{\mathrm{d}p}{\mathrm{d}z}\right)_{\mathrm{acc}} = \frac{\mathrm{d}}{\mathrm{d}z}\left(\frac{G^2}{\rho_{\mathrm{m}}}\right) = G^2\frac{\mathrm{d}}{\mathrm{d}z}\left[\frac{1}{\rho_1} + \left(\frac{1}{\rho_{\mathrm{g}}} - \frac{1}{\rho_1}\right)x\right] \qquad (5-76)$$

5.3.1.2 两流体模型压降计算

分相流模型中两相总压降也由摩擦压降、加速压降和重力压降 3 部分组成,可以表示为

$$-\frac{\mathrm{d}p}{\mathrm{d}z} = \left(\frac{\mathrm{d}p_{\mathrm{f}}}{\mathrm{d}z}\right)_{\mathrm{TP}} + G^2\frac{\mathrm{d}}{\mathrm{d}z}\left[\frac{x^2}{\rho_{\mathrm{g}}\alpha} + \frac{(1-x)^2}{\rho_1(1-\alpha)}\right] + g\sin\theta[\alpha\rho_{\mathrm{g}} + (1-\alpha)\rho_1]$$

$$(5-77)$$

式中,右边三项分别表示摩擦压降梯度、加速压降梯度和重力压降梯度。

摩擦压降反映了两相之间以及两相混合物与流道截面之间的相互作用效应,是两相流动压降中最为重要的组成部分。分相流模型中的摩擦压降主要基于对单相摩擦压降的修正获得,即两相摩擦压降＝单相摩擦压降×两相摩擦乘子(两相倍增因子)。其中,两相摩擦乘子计算模型包括 Lockhart - Martinelli 模型、Chisholm C 模型、Chisholm B 模型、Friedel 模型、Chisholm - Sutherland 模型以及 Baroczy 模型等。

1) Lockhart - Martinell 模型

首先,按折算介质流速计算单相流体的摩擦压降,存在 4 种情况:全液相压降(全部介质均折算为液体)、全气相压降(全部介质均折算为气体)、分液相压降(只考虑液相部分)和分气相压降(只考虑气相部分)。若令流道内流动的总质量流速为 G,其中气相质量流速为 xG,液相为 $(1-x)G$,两相混合物在流道内流动时的摩擦压降梯度记为 $(\mathrm{d}p_\mathrm{f}/\mathrm{d}z)_\mathrm{tp}$。 当质量流速同样为 G 的气相(或液相)单独流过同一流道时的摩擦压降梯度记为 $(\mathrm{d}p_\mathrm{f}/\mathrm{d}z)_\mathrm{go}$ 和 $(\mathrm{d}p_\mathrm{f}/\mathrm{d}z)_\mathrm{lo}$,而气相(或液相)质量流速 $xG[$或$(1-x)G]$ 单独流过同一流道流动的摩擦压降梯度记为 $(\mathrm{d}p_\mathrm{f}/\mathrm{d}z)_\mathrm{g}$ 和 $(\mathrm{d}p_\mathrm{f}/\mathrm{d}z)_\mathrm{l}$。 根据单相流动理论,上述单相摩擦压降梯度可以通过下式计算:

$$\left(\frac{\mathrm{d}p_\mathrm{f}}{\mathrm{d}z}\right)_\mathrm{go} = \frac{f_\mathrm{go}}{D_\mathrm{h}}\frac{G^2}{2\rho_\mathrm{g}} \tag{5-78}$$

$$\left(\frac{\mathrm{d}p_\mathrm{f}}{\mathrm{d}z}\right)_\mathrm{lo} = \frac{f_\mathrm{lo}}{D_\mathrm{h}}\frac{G^2}{2\rho_\mathrm{l}} \tag{5-79}$$

$$\left(\frac{\mathrm{d}p_\mathrm{f}}{\mathrm{d}z}\right)_\mathrm{g} = \frac{f_\mathrm{g}}{D_\mathrm{h}}\frac{G^2 x^2}{2\rho_\mathrm{g}} \tag{5-80}$$

$$\left(\frac{\mathrm{d}p_\mathrm{f}}{\mathrm{d}z}\right)_\mathrm{l} = \frac{f_\mathrm{l}}{D_\mathrm{h}}\frac{G^2(1-x)^2}{2\rho_\mathrm{l}} \tag{5-81}$$

式中,f_go 和 f_lo 分别为全气相、全液相摩擦阻力系数;f_g 和 f_l 分别为分气相、分液相摩擦阻力系数。在计算单相摩擦压降时,摩擦阻力系数分别取决于相应的雷诺数:

$$f_i = CRe_i^{-n} \quad (i=\mathrm{l,\ g,\ lo,\ go}) \tag{5-82}$$

$$Re_\mathrm{lo} = \frac{GD_\mathrm{h}}{\mu_\mathrm{l}} \tag{5-83}$$

$$Re_{go} = \frac{GD_h}{\mu_g} \tag{5-84}$$

$$Re_l = \frac{G(1-x)D_h}{\mu_l} \tag{5-85}$$

$$Re_g = \frac{GxD_h}{\mu_g} \tag{5-86}$$

定义全气相和全液相摩擦乘子分别为

$$\phi_{go}^2 = \left(\frac{dp_f}{dz}\right)_{tp} \bigg/ \left(\frac{dp_f}{dz}\right)_{go} = \frac{f_{tp}}{f_{go}} \frac{\rho_g}{\rho_m} \tag{5-87}$$

$$\phi_{lo}^2 = \left(\frac{dp_f}{dz}\right)_{tp} \bigg/ \left(\frac{dp_f}{dz}\right)_{lo} = \frac{f_{tp}}{f_{lo}} \frac{\rho_l}{\rho_m} \tag{5-88}$$

同理,定义分气相和分液相摩擦乘子:

$$\phi_g^2 = \left(\frac{dp_f}{dz}\right)_{tp} \bigg/ \left(\frac{dp_f}{dz}\right)_g = \frac{f_{tp}}{f_g} \frac{\rho_g}{\rho_m} \frac{1}{x^2} \tag{5-89}$$

$$\phi_l^2 = \left(\frac{dp_f}{dz}\right)_{tp} \bigg/ \left(\frac{dp_f}{dz}\right)_l = \frac{f_{tp}}{f_l} \frac{\rho_l}{\rho_m} \frac{1}{(1-x)^2} \tag{5-90}$$

根据单相液体和单相气体的摩擦压降梯度,Lockhart 和 Martinelli 定义参数 X:

$$X^2 = \left(\frac{dp_f}{dz}\right)_l \bigg/ \left(\frac{dp_f}{dz}\right)_g = \frac{\phi_g^2}{\phi_l^2} = \frac{\rho_g}{\rho_l} \left(\frac{1-x}{x}\right)^{2-n} \left(\frac{\mu_l}{\mu_g}\right)^n \tag{5-91}$$

另外,Chishilm 数在两相摩擦压降中也经常被使用,定义为

$$Y^2 = \left(\frac{dp_f}{dz}\right)_{go} \bigg/ \left(\frac{dp_f}{dz}\right)_{lo} = \frac{\phi_{lo}^2}{\phi_{go}^2} = \frac{\rho_l}{\rho_g} \left(\frac{\mu_g}{\mu_l}\right)^n \tag{5-92}$$

图 5-14 是 Lockhart 和 Martinelli 得到的两相摩擦乘子 Φ 与参数 X 之间的关系曲线图。由图可知,X 计算之前需要对各相单独流过管道时的流动状态进行区分,包括 4 种流态组合:层流-层流(LL)、湍流-层流(TL),层流-湍流(LT)和湍流-湍流(TT)。在应用 Lockhart - Martinelli 模型计算两相摩擦压降 $(dp_f/dz)_{tp}$ 时,首先算出气相和液相单独流过管道时的摩擦压降,求出 X 值;然后根据曲线图查出 Φ_g(或 Φ_l)值;最后按 Φ_g(或 Φ_l)值算得 $(dp_f/dz)_{tp}$。

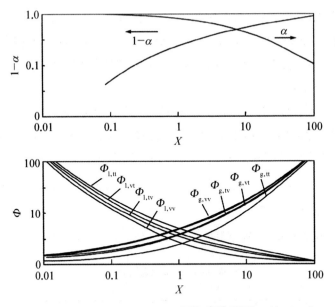

图 5 - 14　Lockhart - Martinelli 两相摩擦乘子 Φ_i ($i=$l, g)

2）Chisholm C 模型

由于通过 Lockhart - Martinelli 曲线图获得 Φ 与 X 之间的关系极不方便，为此，Chisholm 把两者用公式关联，给出了更为方便的两相摩擦乘子计算公式：

$$f_l^2 = 1 + \frac{C}{X} + \frac{1}{X^2} \tag{5-93}$$

$$f_g^2 = 1 + CX + X^2 \tag{5-94}$$

式中，系数 C 取决于两种流体的流动状态（层流或湍流），如表 5 - 4 所示。

表 5 - 4　Chisholm 公式中系数 C 的取值

Re_l	Re_g	流　态	系数 C
＞2 000	＞2 000	湍流-湍流	20
＜1 000	＞2 000	层流-湍流	12
＞2 000	＜1 000	湍流-层流	10
＜1 000	＜1 000	层流-层流	5

值得注意的是，上述 Lockhart - Martinelli 和 Chisholm 的摩擦压降计算方法

没有充分考虑面积质量流速 G 的影响。然而,面积质量流速对两相摩擦乘子 Φ 有直接影响,G 值较大时,按 Lockhart - Martinelli 模型计算的 Φ 偏高。因此,考虑 G 对两相摩擦乘子的影响,不同学者提出了以下几种计算方法。

3) Baroczy 模型

Baroczy 把水的摩擦压降计算模型扩展到液态金属(钠、钾、铷、汞)和制冷剂(氟利昂-22)等流体中,提出了考虑质量流速影响的两相摩擦压降关系图。图 5-15 所示为全液相摩擦乘子 f_{lo}^2 与流体物性参数 $(m_l/m_g)^{0.2}(r_g/r_l)$,即 Y^{-2} 的关系。其中,f_{lo}^2 是指用平衡态含气率作为参量,在 $G_{ref} = 1\,356\ \text{kg/(m}^2 \cdot \text{s})$ 条件下得到的基准值。当 G 不等于 $1\,356\ \text{kg/(m}^2 \cdot \text{s})$ 时,质量流速对 f_{lo}^2 的影响通过图 5-16 所示的 Ω 进行修正。因此,f_{lo}^2 的计算式如下:

$$\phi_{lo}^2(G) = \phi_{lo}^2(G_{ref})\Omega \tag{5-95}$$

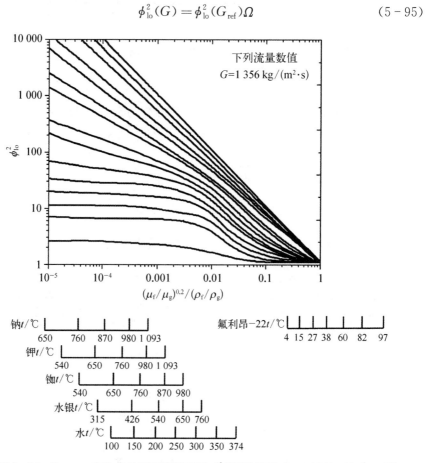

图 5-15 **Baroczy 方法中的两相摩擦乘子 f_{lo}^2[质量流速 $G = 1\,356\ \text{kg/(m}^2 \cdot \text{s})$]**

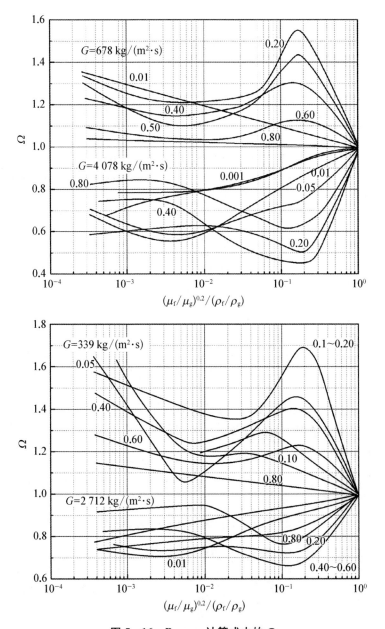

图 5 - 16 Baroczy 计算式中的 Ω

4）Chisholm B 模型

Chisholm 对 Baroczy 模型中的曲线进行公式拟合，提出了 Chisholm B 系数法，得到了相应的全液相摩擦乘子计算公式：

$$\phi_{\text{lo}}^2 = 1 + (Y^2 - 1)[Bx^{(2-n)/2}(1-x)^{(2-n)/2} + x^{(2-n)}] \tag{5-96}$$

$$Y^2 = \left(\frac{\mathrm{d}p_{\text{f}}}{\mathrm{d}z}\right)_{\text{go}} \bigg/ \left(\frac{\mathrm{d}p_{\text{f}}}{\mathrm{d}z}\right)_{\text{lo}} \tag{5-97}$$

式中,n 为 Blausius 摩擦阻力系数计算式中的指数,取值为 0.25。对于光滑管流,B 为经验系数,取值如表 5-5 所示。

表 5-5　Chisholm 计算公式中的 B 值

$Y = \sqrt{(m_{\text{g}}/m_{\text{l}})^{0.2}(r_{\text{l}}/r_{\text{g}})}$	$G/[\text{kg}/(\text{m}^2 \cdot \text{s})]$	B
$\leqslant 9.5$	$\leqslant 500$	4.8
	$500 \sim 1\,900$	$2\,400/G$
	$\geqslant 1\,900$	$55/G^{0.5}$
$9.5 \sim 28$	$\leqslant 600$	$520/(YG^{0.5})$
$9.5 \sim 28$	> 600	$20/Y$
$\geqslant 28$	—	$15\,000/(Y^2 G^{0.5})$

5) Friedel 模型

Friedel 基于大量实验数据,提出了适用于竖直管和水平管中用于计算单组分介质两相流摩擦阻力的计算式。

对于上升和水平管流动($\theta = 0° \sim 90°$):

$$f_{\text{lo}}^2 = A + \frac{3.43 x^{0.685}(1-x)^{0.24}(r_{\text{l}}/r_{\text{g}})^{0.8}(m_{\text{g}}/m_{\text{l}})^{0.22}(1-m_{\text{g}}/m_{\text{l}})^{0.89}}{Fr_{\text{lo}}^{0.047} We_{\text{lo}}^{0.033\,4}}$$

$$\tag{5-98}$$

对于下降管流动($\theta = -90°$):

$$f_{\text{lo}}^2 = A + \frac{3.85 x^{0.76}(1-x)^{0.314}(r_{\text{g}}/r_{\text{l}})^{0.85}(m_{\text{g}}/m_{\text{l}})^{0.73}(1-m_{\text{g}}/m_{\text{l}})^{0.84}}{Fr_{\text{l}}^{0.000\,1} We_{\text{l}}^{0.037}}$$

$$\tag{5-99}$$

$$A = (1-x)^2 + x^2 \left(\frac{\rho_{\text{l}}}{\rho_{\text{g}}} \frac{f_{\text{go}}}{f_{\text{lo}}}\right) \tag{5-100}$$

式中,Fr 为弗劳德数,We 为液体韦伯数,分别通过下式计算:

$$Fr = \frac{G^2}{gD_h\rho_1^2} \tag{5-101}$$

$$We = \frac{G^2 D_h}{\rho_1\sigma} \tag{5-102}$$

f 为各相的摩擦阻力系数,在不同流态下,分别通过下式计算。

对于层流($Re < 1\,055$),有

$$f = \frac{64}{Re} \tag{5-103}$$

对于层流($Re > 1\,055$),有

$$f = \left[0.868\,59\ln\left(\frac{Re}{1.964\ln Re - 3.821\,5}\right)\right]^{-2} \tag{5-104}$$

6) Chisholm - Sutherland 模型

Chisholm 和 Sutherland 建议在压力大于 3 MPa 时,基于临界质量流率 G^* 计算两相摩擦乘子。

当 $G \leqslant G^*$ 时,分液相摩擦乘子计算式为

$$f_1^2 = 1 + \frac{C}{X} + \frac{1}{X^2} \tag{5-105}$$

$$C = \left[\lambda + (C_2 - \lambda)\left(\frac{\nu_g - \nu_1}{\nu_g}\right)^{0.5}\right]\left[\left(\frac{\nu_g}{\nu_1}\right)^{0.5} + \left(\frac{n_1}{n_g}\right)^{0.5}\right] \tag{5-106}$$

$$\lambda = 0.5\left[2^{(2-n)} - 2\right] \tag{5-107}$$

$$C_2 = \frac{G^*}{G} \tag{5-108}$$

式中,n_g 和 n_1 分别为气体和液体的比热容(m^3/kg)。

当 $G > G^*$ 时,分液相摩擦乘子计算式为

$$f_1^2 = \left[1 + \frac{\bar{C}}{X} + \frac{1}{X^2}\right]y \tag{5-109}$$

$$\bar{C} = \left(\frac{n_1}{n_g}\right)^{0.5} + \left(\frac{n_g}{n_1}\right)^{0.5} \tag{5-110}$$

$$y = \left(1 + \frac{C}{T} + \frac{1}{T^2}\right) \bigg/ \left(1 + \frac{\bar{C}}{T} + \frac{1}{T^2}\right) \tag{5-111}$$

$$T = \left(\frac{x}{1-x}\right)^{\frac{2-n}{n}} \left(\frac{\mu_f}{\mu_g}\right)^{\frac{n}{2}} \left(\frac{\nu_l}{\nu_g}\right)^{0.5} \tag{5-112}$$

对于粗糙管，$G^* = 1\,500 \text{ kg}/(\text{m}^2 \cdot \text{s})$，$\lambda = 1$，$n = 0$；对于光滑管，$G^* = 2\,000 \text{ kg}/(\text{m}^2 \cdot \text{s})$，$\lambda = 0.75$，$n = 0.25$。

5.3.2　燃料组件棒束通道内气液两相流动压降

在燃料组件棒束通道内，气液两相流动的压降主要由两部分组成：摩擦压降和定位格架压降。这两部分压降在核反应堆的热工水力分析和设计中扮演着重要的角色，直接关系到反应堆的安全性和经济性。

1) 棒束流道内两相流动摩擦压降

对于棒束通道，一般采用单管内比较成熟的摩擦压降模型对两相摩擦压降进行拟合，如 Chisholm C 模型、Chisholm B 模型或 Friedel 模型。当采用 Chisholm C 模型对两相摩擦压降进行拟合时，通过对已有拟合式对比，得到拟合关系式的一般形式：

$$\phi_l^2 = 1 + \frac{C}{X^n} + \frac{1}{X^2} \tag{5-113}$$

$$\phi_g^2 = 1 + CX + X^2 \tag{5-114}$$

$$X^2 = \frac{\phi_l^2}{\phi_g^2} \tag{5-115}$$

式中，系数 C 和 n 的取值如表 5-6 所示。

表 5-6　棒束通道内两相摩擦压降系数 C 和 n 值

作　者	棒束类型	工质	p/D	C	n
叶停朴	5×5	空气-水	12.6/9.5	24.47	0.98
Zhang	7	空气-水	24.89/17.48	20	0.71
Yan	3×3	空气-水	10/8	32	1.3
Yang	8×8	空气-水	16.7/10.3	11.57	0.65

2）定位格架压降

参照两相摩擦压降的处理方法,通过引入一个两相乘子将定位格架两相形阻压损系数与单相形阻压损系数相关联,有

$$K_\varphi = \phi_1 K \tag{5-116}$$

式中,ϕ_1 为全液相折算系数,其求解的基本模型如表 5-7 所示。

表 5-7　定位格架两相乘子计算模型

作者	基本模型	基 本 假 设	两相乘子
Lahey	均相模型	将两相流视为具有平均特性并遵循单相流体基本方程的流体	$\phi_1 = \left(\dfrac{x}{\rho_g} + \dfrac{1-x}{\rho_1}\right)\rho_1$
—	滑移模型	基于混合物内相之间的滑移现象,假设气相与液相之间存在滑移速度	$\phi_1 = \dfrac{\rho_1}{\alpha\rho_g + (1-\alpha)\rho_1}$ $\alpha = \dfrac{1}{1 + \left(\dfrac{1-x}{x}\right)\dfrac{\rho_g}{\rho_1}S}$
阎昌琪	分相模型	考虑实际两相流体具有不同物性和速度,将液相和气相分开单独讨论	$\phi_1 = \dfrac{(1-x)^2}{1-\alpha} + \dfrac{x^2}{\alpha}\dfrac{\rho_1}{\rho_g}$

5.3.3　特殊结构内的气液两相流动压降

特殊结构内气液两相流动的压降主要包括突扩接头、突缩接头、三通、阀门、孔板和文丘里管等因素。这些特殊结构对气液两相流的流动特性有显著影响,导致压力降的产生。以下是各种特殊结构对压降影响的详细介绍。

5.3.3.1　突扩接头

两流体模型:

$$\Delta P_B = \frac{G_1^2(1-\sigma^2)\left[\dfrac{x^3}{\rho_g^2\alpha^2} + \dfrac{(1-x)^3}{\rho_1^2(1-\alpha)^2}\right]}{2\left[\dfrac{x}{\rho_g} + \dfrac{1-x}{\rho_1}\right]} - \frac{G_1^2\sigma(1-\sigma)}{\rho_1}\left[\dfrac{(1-x)^2}{1-\alpha} + \left(\dfrac{\rho_1}{\rho_g}\right)\dfrac{x^2}{\alpha}\right] \tag{5-117}$$

均相流模型:

$$\Delta P_{\rm B} = \frac{G_1^2}{2\rho_1}(1-\sigma)^2 \left[1 + x\left(\frac{\rho_1}{\rho_{\rm g}} - 1\right)\right] \qquad (5-118)$$

式中，$\Delta P_{\rm B}$ 为形阻压降；X 为质量含气率；G_1 为上游小截面上的质量流速，kg/$(\rm m^2 \cdot s)$；$\sigma = A_1/A_2$ 为上、下游截面积之比。

5.3.3.2 突缩接头

两流体模型：

$$\Delta P_{\rm B} = \frac{G_2^2(1-\sigma_c)}{\sigma_c^2}\left\{\frac{(1+\sigma_c)\left[\dfrac{x^3}{\rho_{\rm g}^2\alpha^2} + \dfrac{(1-x)^3}{\rho_1^2(1-\alpha)^2}\right]}{2\left[\dfrac{x}{\rho_{\rm g}} + \dfrac{(1-x)}{\rho_1}\right]} - \sigma_c\left[\dfrac{x^2}{\rho_{\rm g}\alpha} + \dfrac{(1-x)^2}{\rho_1(1-\alpha)}\right]\right\}$$

$$\qquad (5-119)$$

式中，$\sigma_c = A_c/A_2$，A_c 为流动到 c 处的喉截面，与 σ 有关；G_2 为下游截面上的质量流速。

均相流模型：

$$\Delta P_{\rm B} = \frac{G_2^2}{2\rho_1}\left(\frac{1}{\sigma_c} - 1\right)^2 \left[1 + \left(\frac{\rho_1}{\rho_{\rm g}} - 1\right)x\right] \qquad (5-120)$$

5.3.3.3 三通

$$\Delta P_{\rm B} = \xi \frac{\rho_1 u_{\rm o}^2}{2}\left[1 + x\left(\frac{\rho_1}{\rho_{\rm g}} - 1\right)\right] \qquad (5-121)$$

式中，ξ 是两相流体中的三通阻力系数；$u_{\rm o}$ 是气液两相平均流速，$C_{\rm M}$ 是常数；$\xi_{\rm s}$ 为单相流体中的三通阻力系数，$\xi_{\rm s}$ 可通过下式计算：

$$\xi = C_{\rm M}\xi_{\rm s} \qquad (5-122)$$

$$C_{\rm M} = 1 + C\left[\frac{x(1-x)\left(1+\dfrac{\rho_1}{\rho_{\rm g}}\right)\sqrt{1-\dfrac{\rho_{\rm g}}{\rho_1}}}{1 + x\left(\dfrac{\rho_1}{\rho_{\rm g}} - 1\right)}\right], \quad C = 0.75 \qquad (5-123)$$

式中，C 为常数，与通道截面几何形状有关。

5.3.3.4　阀门

$$\Delta P_{B} = \xi \frac{\rho_1 u_o^2}{2} \left[1 + x \left(\frac{\rho_1}{\rho_g} - 1 \right) \right] \qquad (5-124)$$

$$\xi = C_M \xi_s \qquad (5-125)$$

$$C_M = 1 + C \left[\frac{x(1-x)\left(1 + \frac{\rho_1}{\rho_g}\right)\sqrt{1 - \frac{\rho_g}{\rho_1}}}{1 + x\left(\frac{\rho_1}{\rho_g} - 1\right)} \right], \ C = \begin{cases} 0.5, & 闸阀 \\ 1.3, & 截止阀 \end{cases}$$

$$(5-126)$$

5.3.3.5　孔板

自 20 世纪 50 年代孔板用作测量气液两相流流量和干度的设备以来，发表了不少计算气液两相流流经孔板时的静压降计算式。基本的计算方法有假定流动为均匀混合的均相流动模型计算法和假定流动为两相分开流动的分相流动模型计算法。现将计算气液两相流流经孔板时的静压降的主要计算式分述如下。

1）基于均相流模型的压降计算公式

均相流动模型假定气液两相流体均匀混合并具有单一的密度，这样就可将两相流体作为单相流体处理。如将表明均匀混合的两相流体密度 ρ_m 代入计算单相流体流过孔板时的静压降的计算公式，即可导得均相流动模型计算式如下：

$$\Delta P_{TP} = \frac{M_{TP}^2 \left[1 + (\rho_1/\rho_g - 1)x \right] \left[1 - (d/D)^4 \right]}{2\rho_1 (Y\psi CA)^2} \qquad (5-127)$$

式中，ΔP_{TP} 为气液两相流流过孔板时的静压降；M_{TP} 为气液两相流流过孔板的质量流量；x 为气液两相流的干度；系数 C 取决于两种流体的流动状态（层流或湍流）；A 为孔板流道面积；$Y = \sqrt{(\mu_g/\mu_1)^{0.2}(\rho_1/\rho_g)}$；$\Psi$ 为全液相折算系数；d 为孔板的孔径；D 为管道的直径。

和实验值相比，式（5-127）所得的计算值往往偏高，特别是在低干度和低压时，式（5-127）也可用相对值表示。

设 ΔP_O 为气液两相流全部为液体时流过孔板时的静压降，则 ΔP_O 可用下

式计算:

$$\Delta P_O = \frac{M_{TP}^2 \left[1 - (d/D)^4\right]}{2\rho_1 (\psi CAY)^2} \tag{5-128}$$

将式(5-127)除以式(5-128)可得

$$\frac{\Delta P_{TP}}{\Delta P_O} = 1 + x \left(\frac{\rho_1}{\rho_g} - 1\right) \tag{5-129}$$

2) 基于分相流模型的压降计算公式

如假定气液两相完全分开地流过孔板,气液两相是不可压缩流体,两相的流量系数相同,各相流过孔板时的压力降等于两相流体流过孔板时的压力降和在流动过程中不发生相变和膨胀,则气相单独流过孔板时的质量流量计算式可写为

$$M_g = \frac{\psi CA}{\sqrt{1 - \beta^4}} \sqrt{2\Delta P_{GO}\rho_g} \tag{5-130}$$

$$\beta = \frac{d}{D} \tag{5-131}$$

式中,ΔP_{GO} 为两相流中气相单独流过孔板时的压降,Pa;M_g 为两相流中气相的质量流量,kg/s;d 为流道直径;D 为孔板直径。

两相流中液相单独流过孔板时的质量流量计算式可写为

$$M_1 = \frac{\psi CA}{\sqrt{1 - \beta^4}} \sqrt{2\Delta P_{LO}\rho_1} \tag{5-132}$$

$$\beta = \frac{d}{D} \tag{5-133}$$

式中,ΔP_{LO} 为两相流中气相单独流过孔板时的压降;M_1 为两相流中液相的质量流量。

气液两相一起流过孔板时,气相的质量流量计算式为

$$M_g = \frac{\psi CA_g}{\sqrt{1 - \beta^4}} \sqrt{2\Delta P_{TP}\rho_g} \tag{5-134}$$

式中,A_g 为气相所占孔板孔口的截面积;ΔP_G 为气液两相流体流过孔板时的

压降。

气液两相一起流过孔板时,液相的质量流量计算式为

$$M_1 = \frac{\psi C A_1}{\sqrt{1-\beta^4}} \sqrt{2\Delta P_{TP} \rho_1} \qquad (5-135)$$

$$A = A_g + A_1 \qquad (5-126)$$

式中,A_1 为液相所占孔板孔口的截面积;A 为孔板孔口的总面积。

应用式(5-132)至式(5-135)可得孔板的两相流动模型计算式:

$$\sqrt{\frac{\Delta P_{TP}}{\Delta P_{GO}}} = \sqrt{\frac{\Delta P_{TP}}{\Delta P_{GO}}} + 1 \qquad (5-137)$$

由于气液两相流体流经孔板时流型的复杂性,应用简单的两相流模型计算所得的计算结果往往是和实际值相差较多的。

3) 林宗虎计算公式

上述气液两相流流过孔板的压力降的各种计算公式建立时的试验参数都不高,如以气相和液相密度比 ρ_g/ρ_1 来表示,则上述各计算式的试验资料都是在 $\rho_g/\rho_1 < 0.062$ 的工况下得出的。因而各计算式的应用范围狭窄,只能在很小的 ρ_g/ρ_1 范围内应用,不能用于高的 ρ_g/ρ_1 工况及变压力工况。鉴于此,林宗虎以分相流动模型为基础,并利用相似理论得出一个通过性较广的气液两相流流过孔板的压力降计算公式:

$$\frac{\sqrt{\Delta P_{TP}}}{\Delta P_O} = \theta + x\left(\sqrt{\frac{\rho_1}{\rho_g}} - \theta\right) \qquad (5-138)$$

$$\Delta P_O = \frac{M_{TP}\sqrt{1-\beta^4}}{\psi C A \sqrt{1-\rho_1}} \qquad (5-139)$$

$$\theta = 1.486\,25 - 9.265\,41\left(\frac{\rho_g}{\rho_1}\right) + 44.695\,4\left(\frac{\rho_g}{\rho_1}\right)^2$$

$$- 60.615\,0\left(\frac{\rho_g}{\rho_1}\right)^3 - 5.129\,66\left(\frac{\rho_g}{\rho_1}\right)^4 - 26.574\,3\left(\frac{\rho_g}{\rho_1}\right)^5 \qquad (5-140)$$

在实际应用时,当测出工作压力和流过孔板的压力降 ΔP_{TP} 后,可根据工作压力算得气液密度比 ρ_g/ρ_1,然后应用式(5-140)算出校正系数 θ 值。这

样,如给定干度 x 就可按式(5-138)算出 ΔP_{O} 值,再由式(5-139)算出两相流体质量流量 M_{TP} 值。

5.3.3.6　文丘里管

文丘里管和喷嘴与孔板一样都是节流式测量元件,工作原理相同,因而计算公式也类同。文丘里管和喷管的流动压力降比孔板的流动压力降小,结构比孔板复杂一些,一般用于管道上容许压力降较小的系统中。文丘里管比喷嘴应用广泛,因而有关气液两相流流经文丘里管时的压力降研究文献比论述喷嘴的多。下面先介绍一些计算气液两相流流经文丘里管时的压力降的主要计算公式。

1) 基于均相流模型的压降计算公式

均相流动模型假定气液两相流体作均匀混合并具有单一的密度,因此可将两相流体作为单相流体处理,均相流动模型计算式如下:

$$\Delta P_{\mathrm{TP}} = \frac{M_{\mathrm{TP}}^2 \left[1 + (\rho_{\mathrm{L}}/\rho_{\mathrm{G}} - 1)x\right]\left[1 - (d/D)^4\right]}{2\rho_{\mathrm{L}}(Y\psi CA)^2} \tag{5-141}$$

式中, ΔP_{TP} 为气液两相流流过文丘里管时的静压降; M_{TP} 为气液两相流流过文丘里管的质量流量; x 为气液两相流的干度; d/D 值应为文丘里管的喉口直径和管道内直径之比;系数 C 取决于文丘里管中两种流体的流动状态(层流或湍流); A 为文丘里管的喉口截面积; $Y = \sqrt{(m_{\mathrm{g}}/m_{\mathrm{l}})^{0.2}(r_{\mathrm{l}}/r_{\mathrm{g}})}$; Ψ 为全液相折算系数。

设 ΔP_{O} 为气液两相流全部为液体时流过文丘里管时的静压降,则 ΔP_{O} 可用下式计算:

$$\Delta P_{\mathrm{O}} = \frac{M_{\mathrm{TP}}^2 \left[1 - (d/D)^4\right]}{2\rho_{\mathrm{L}}(\psi CAY)^2} \tag{5-142}$$

将式(5-141)除以式(5-142)可得

$$\frac{\Delta P_{\mathrm{TP}}}{\Delta P_{\mathrm{O}}} = 1 + x\left(\frac{\rho_{\mathrm{L}}}{\rho_{\mathrm{G}}} - 1\right) \tag{5-143}$$

2) 林宗虎计算公式

综合现有的汽-水混合物流过文丘里管时的压力降试验数据后,建议仍按式(5-138)计算两相流体流经文丘里管时的压力降。但此时校正系数 θ 值应根据气液密度比在图5-17中查出。

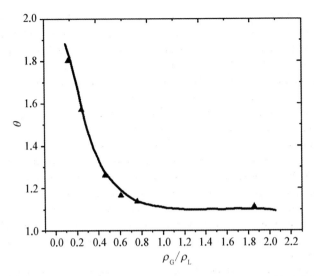

图 5 - 17　文丘里管校正系数 θ 值和气液密度比 ρ_g/ρ_l 关系曲线

思考题

1. 棒束通道内气液两相流的典型流型包括哪些？

2. 运用 Lockhart - Martinelli 关系求解两相摩擦压降梯度的基本步骤包括哪些？

3. 由 $f_l^2 = 1 + \dfrac{C}{X} + \dfrac{1}{X^2}$ 推导 $f_g^2 = 1 + CX + X^2$。

4. 棒束通道内的气液两相摩擦压降如何求解？

5. 流量漂移形成的机理是什么？判断发生流量漂移的准则是什么？如何防止其发生？

参考文献

［1］ 郭烈锦. 两相与多相流动力学［M］. 西安：西安交通大学出版社，2002.

［2］ Hewitt G F, Roberts D N. Studies of two-phase flow patterns by simultaneous X-ray and flast photography［R］. United Kingdom：Atomic Energy Research Establishment. 1969.

［3］ Mandhane J M, Gregory G A, Aziz K. A flow pattern map for gas-liquid flow in horizontal pipes ［J］. International Journal of Multiphase Flow，1974，1(4)：537 - 53.

［4］ ［1］ Liu S, Liu L, Gu H, et al. Experimental study of gas-liquid flow patterns and void fraction in prototype 5×5 rod bundle channel using wire-mesh sensor［J］. Annals of Nuclear Energy，2022，171(1)：109022.

［5］ 任全耀. 棒束通道内相态分布特性及影响机制研究［D］. 重庆：重庆大学，2018.

［6］ Cicchitti A, Lombardi C, Silvestri M, et al. Two-phase cooling experiments：Pressure drop, heat transfer and burnout measurements［R］. Milan：Centro Informazioni Studi Esperienze，1959.

[7] Dukler A E, Wicks M, Cleveland R G. Frictional pressure drop in two-phase flow: a comparison of existing correlations for pressure loss and holdup[J]. Aiche Journal, 1964, 10: 38 - 43.

[8] Mcadams W H, Wood W K, Heroman L C. Vaporization inside horizontal tubes: II benzene-oil mixture[J]. Journal of Fluids Engineering, 1942, 64(3): 193 - 199.

[9] Akers W W, Deans A, Crossee O K. Condensing heat transfer within horizontal tubes[J]. Chemical Engineering Progress, 1957, 59: 171 - 176.

[10] Beattie D R H, Whalley P B. A simple two-phase frictional pressure drop calculation method [J]. International Journal of Multiphase Flow, 1982, 8(1): 83 - 87.

[11] Lin S, Kwok C C K, Li R Y, et al. Local frictional pressure drop during vaporization of R - 12 through capillary tubes[J]. International Journal of Multiphase Flow, 1991, 17(1): 95 - 102.

[12] Lockhart R W, Martinelli R C. Proposed correlation of data for isothermal two-phase, two-component flow in pipes[J]. Chemengprog, 1949, 45(1): 39 - 48.

[13] Chisholm D A. A Theoretical basis for the Lockhart-Martinelli correlation for two-phase flow [J]. International Journal of Heat and Mass Transfer, 1967, 10(12): 1767 - 1778.

[14] Baroczy. A systematic correlation for two-phase pressure drop[J]. Chemical Engineering Progress Symposium Series, 1966, 62: 232 - 249.

[15] Chisholm D. Pressure gradients due to friction during the flow of evaporating two-phase mixtures in smooth tubes and channels[J]. International Journal of Heat and Mass Transfer, 1973, 16(2): 347 - 358.

[16] Friedel L. Improved friction pressure drop correlation for horizontal and vertical two-phase pipe flow[J]. Proc of European Two-Phase Flow Group Meet, Ispra, Italy, 1979, 18(2): 485 - 91.

[17] Chisholm D, Sutherland L A. Prediction of pressure gradients in pipeline systems during two-phase flow[J]. Proceedings of the Institution of Mechanical Engineers Conference Proceedings, 1969, 184(3): 24 - 32.

[18] 叶停朴. 带定位格架棒束通道气水两相空泡和压降特性实验研究[D]. 重庆: 重庆大学, 2018.

[19] Zhang K, Fan Y Q, Tian W X, et al. Pressure drop characteristics of two-phase flow in a vertical rod bundle with support plates[J]. Nuclear Engineering and Design, 2016, 300: 322 - 329.

[20] Yan C, Shen J, Yan C, et al. Resistance characteristics of air-water two-phase flow in a rolling 3×3 rod bundle[J]. Experimental Thermal and Fluid Science, 2015, 64: 175 - 185.

[21] Yang X, Schlegel J P, Liu Y, et al. Measurement and modeling of two-phase flow parameters in scaled 8×8 BWR rod bundle[J]. International Journal of Heat and Fluid Flow, 2012, 34: 85 - 97.

[22] Chenu A, Mikityuk K, Chawla R. Pressure drop modeling and comparisons with experiments for single-and two-phase sodium flow[J]. Nuclear Engineering and Design, 2011, 241(9): 3898 - 3909.

[23] Lahey R T J, Moody F J. The thermal-hydraulics of a boiling water nuclear reactor, second edition[R]. USA: American Nuclear Society, La Grange Park, Illinois, 1993.

[24] 阎昌琪. 反应堆核燃料组件定位格架的两相流动压降计算[J]. 核动力工程, 1990, 11(1): 6.

第 6 章　两相沸腾传热

沸腾是指液体发生相变转变为汽相的过程,沸腾传热广泛应用于反应堆领域,包括沸水堆的堆芯和压水堆的蒸汽发生器等设备。相对于单相对流传热,沸腾传热具有较高的换热系数和较低的换热温差,可以在较低的加热面温度条件下获得极大的热流密度。沸腾传热过程中涉及的传热机制包括热传导、对流传热、相变蒸发传热和辐射传热。根据主流流体的运动情况可以将沸腾分为两种,分别为池式沸腾和流动沸腾。其中,池式沸腾又称大容积沸腾,指由浸泡在原本静止的大空间液体中的加热面产生的沸腾,事故工况下非能动余排换热器导致 IRWST 水箱内的沸腾属于池式沸腾;流动沸腾通常指流体流经加热通道时发生的沸腾,反应堆正常运行工况下蒸汽发生器二次侧的沸腾以及非失流事故下压水堆堆芯的沸腾均属于流动沸腾。根据主流流体的过冷度又可将沸腾传热分为过冷沸腾和饱和沸腾。

6.1　池式沸腾

池式沸腾的特点是液体的流速很低,自然对流起主导作用。在研究池式沸腾时,通常首先根据其传热模式不同,绘制壁面热流密度与壁面过热度($T_w - T_s$)之间的双对数曲线,即沸腾曲线。之后再根据沸腾曲线特征,划分不同的池式沸腾模式,并分别建立沸腾传热系数计算公式。

6.1.1　池式沸腾曲线

池式沸腾的沸腾曲线最早由 Nukiyama 根据常压下水的大容积沸腾实验获得,典型的池式沸腾曲线如图 6-1 所示。

在控制并逐渐提高壁面热流密度的过程中,近壁面流体受热与主流流体产生密度差,发生单相自然对流传热($A - B$ 段)。随着热流密度的进一步提

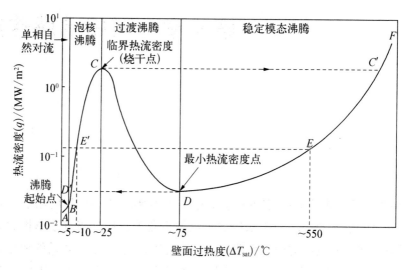

图 6-1　沸腾曲线

高,壁面温度超过饱和温度并达到一定的过热度,在加热面上产生汽泡,进入泡核沸腾区域(B-C 段),其中 B 点称为沸腾起始点或泡核沸腾起始点;由于汽泡的产生和脱离带走较多热量,泡核沸腾区域的传热系数通常比单相自然对流区域高 1~2 个量级。在 B-E' 段,虽然核化产生的汽泡的数量随壁面过热度的增大而增多,但此时汽泡较小且总量仍较小,加热面上的汽泡以离散的方式逐个从壁面脱离;随着热流密度的提高(E'-C 段),加热面上产生的汽泡增多且直径变大,相邻的汽泡可能发生合并,且汽泡的产生周期变短,在同一个核化点产生的汽泡可能连接在一起,形成连续的汽泡柱。然而,传热系数的增大不能随热流密度的提高无限增大,当壁面上产生的汽泡不能及时脱离壁面,而是在加热面上形成连续的汽膜时,发生传热恶化,传热系数急剧降低(C 点),这一现象称为偏离泡核沸腾或沸腾危机,对应的热流密度称为临界热流密度。在控制壁面热流密度的情况下,沸腾状态直接跳过 C-E 段,沿虚线到达 C' 点,到达稳定膜态沸腾区域,在加热面和主流液体之间出现一层稳定的汽膜,加热面上的热量以对流和导热的方式穿过汽膜,使液相在气液相界面处发生相变,此时汽膜的传热热阻较大,加热面的温度出现大幅骤升。随着热流密度的进一步增大,两相流体维持稳定膜态沸腾传热模式(C'-F 段),此时壁面被稳定的汽膜覆盖,传热系数较低。

在控制壁面过热度的条件下,稳定膜态沸腾可以发生在较低热流密度的情况下,当壁面过热度超过 D 点(最小稳定膜态沸腾温度,又称 Leidenfrost 温度),加热面上可以形成稳定的液膜。然而,在较低的壁面过热度下(C - D 段),加热面不能形成稳定的液膜,液膜在加热面上交替出现,沸腾传热模式随着加热面上液膜的交替出现在泡核沸腾和膜态沸腾之间转变,因此该区域称为过渡沸腾区域。

6.1.2　池式沸腾传热公式

本节根据沸腾曲线对传热模式的划分,逐段进行换热系数计算。

1) 过冷沸腾起始点(B 点)

根据汽泡核化理论,壁面需达到一定的过热度才能触发泡核沸腾,在此之前为单相对流阶段。Kirillov 和 Ninokata 给出具有较好润湿性的粗糙加热表面上沸腾起始所需的壁面过热度计算模型,即

$$T_{w} - T_{s} = \frac{2\sigma}{R_{m}} \frac{T_{s}(v_{g} - v_{f})}{h_{fg}} \qquad (6-1)$$

式中,σ 为表面张力(N/m);R_{m} 为加热面最大缺陷孔洞的半径(m),可取 $0.4\,\mu m$;T_{s} 为饱和温度(K);T_{w} 为壁面温度(K);v_{g} 为气相比热容(m^{3}/kg);v_{f} 为液相比热容(m^{3}/kg);h_{fg} 为汽化潜热(J/kg)。此时,触发过冷沸腾起始所需的最小热流密度为

$$q_{bb} = \alpha(T_{w} - T_{f}) = \alpha\left[(T_{s} - T_{f}) + \frac{2\sigma}{R_{m}} \frac{T_{s}(v_{g} - v_{f})}{h_{fg}}\right] \qquad (6-2)$$

式中,q_{bb} 为沸腾起始所需的最小热流密度(W/m^{2});α 为单相对流换热系数 [$W/(m^{2} \cdot K)$]。

2) 泡核沸腾传热(B - C 段)

泡核沸腾传热的核化点数量受加热面结构、表面润湿特性和壁面过热度的影响,由于泡核沸腾传热机理的复杂性,迄今仍没有一个完备的理论模型可以量化核化密度和泡核沸腾传热。目前常用 Rohsenow 提出的水介质泡核沸腾传热公式:

$$\frac{c_{pl}\Delta T_{s}}{h_{fg}} = C_{sf}\left\{\frac{q''}{\mu_{f}h_{fg}}\left[\frac{\sigma}{(\rho_{1} - \rho_{g})g}\right]^{1/2}\right\}^{1/3}\left(\frac{\mu_{1}c_{pl}}{k_{1}}\right) \qquad (6-3)$$

式中,q'' 为表面热流密度;ΔT_{s} 为壁面过热度;h_{fg} 为汽化潜热;μ_{1} 为液体动力黏度(Pa·s);g 为重力加速度(m/s^{2});ρ_{1} 为液体密度(kg/m^{3});ρ_{g} 为气体密度

(kg/m^3)；k_1 为导热系数[$W/(m \cdot K)$]；c_{pl} 为定压比热[$J/(kg \cdot K)$]；C_{sf} 为加热面材料、粗糙度和流体相关的常数，常见的取值范围为 0.002 5～0.015（对于研磨抛光的不锈钢表面水沸腾，取值为 0.008 0；对于化学蚀刻的不锈钢表面水沸腾，取值为 0.013 3；对于机械抛光的不锈钢表面水沸腾，取值为 0.013 2）。C_{sf} 的取值受到加热面材料和表面处理方式的影响，准确数值需通常通过实验针对特定加热面和流体进行专门测量，限制了公式的推广应用。

为了克服 Rohsenow 公式 C_{sf} 取值不准确引入的误差，Stephan 和 Abdelsalam 提出根据通用性的饱和池式沸腾公式，可用于任意形状的加热面几何和流体：

$$\frac{q''d_d}{\Delta T_s k_1} = 0.23 \left(\frac{q''d_d}{k_f T_{sat}}\right)^{0.674} \left(\frac{\rho_g}{\rho_1}\right)^{0.297} \left(\frac{h_{fg}d_d^2}{\alpha_1^2}\right)^{0.371} \left(\frac{\rho_1 - \rho_g}{\rho_1}\right)^{-1.73} \left(\frac{\alpha_1^2 \rho_1}{\sigma d_d}\right)^{0.35}$$

$$(6-4)$$

式中，p/p_c 为压力与临界压力比，使用范围为 $10^{-4} \leqslant p/p_c \leqslant 0.97$；$\alpha_1$ 为液体热扩散系数，即 $\alpha_1 = k_1/\rho_1 c_{pl}$；$d_d$ 为汽泡脱离直径（m），d_d 可由下式计算得。

$$d_d = 0.014 6\theta \left[\frac{2\sigma}{g(\rho_f - \rho_g)}\right]^{1/2}$$

$$(6-5)$$

式中，θ 为接触角（°）。

3）膜态沸腾传热（$D-F$ 段）

膜态沸腾阶段加热表面上覆盖一层稳定的汽膜，阻止液体和加热面直接接触。加热面的热量透过汽膜在汽液相界面上使液相蒸发。受重力影响，汽膜与液相之间发生相对运动，因此膜态沸腾传热特性与加热面形状密切相关。

（1）水平平板：对于向上的水平平板加热面，采用 Klimenko 公式计算换热系数 Nu_{λ_D}：

$$Nu_{\lambda_D} = C\sqrt{3} \left(\frac{Ra_m v_v^2}{2}\right)^n Pr_v^{\frac{(1-3n)}{3}} f(Ja)$$

$$(6-6)$$

式中，

$$Nu_{\lambda_D} = \frac{q''\lambda_D}{k_v(T_w - T_{sat})}$$

$$(6-7)$$

式中，T_w 为壁面温度；T_{sat} 为饱和温度；q'' 为表面热流密度（W/m^2）；k_v 为气

体导热系数[W/(m・K)]。最危险的瑞利-泰勒不稳定性波长 λ_D 为

$$\lambda_D = 2\pi \left(\frac{3\sigma}{g(\rho_1 - \rho_g)} \right)^{1/2} \tag{6-8}$$

式中, ρ_1 为液体密度(kg/m³); ρ_g 为气体密度(kg/m³); σ 为表面张力(N/m)。

修正后的瑞利数 Ra_m 为:

$$Ra_m = \frac{g\lambda_D^3}{(3)^{3/2}(\mu_g/\rho\mu_g)^2} Pr \left(\frac{\rho_1 - \rho_g}{\rho_g} \right) \tag{6-9}$$

式中, ρ_1 为液体密度(kg/m³); ρ_g 为气体密度(kg/m³); μ_g 为气体动力黏度(Pa・s); $\mu_g/\rho\mu_g$ 为气相黏度。

Jacob 数(Ja)为

$$Ja = \frac{c_{pv}(T_w - T_{sat})}{h_{fg}} \tag{6-10}$$

式中, c_{pv} 为气相定压比热[J/(kg・K)]; h_{fg} 为汽化潜热(J/kg)。

公式 6-6 中的系数 C、n 和 $f(Ja)$ 由表 6-1 计算获得。

表 6-1　公式系数

流　态	C	n	$f(Ja)$
层流	0.19	1/3	$Ja \geqslant 0.714$,则 $f(Ja) = 1$
			$Ja < 0.714$,则 $f(Ja) = 0.89 Ja^{-1/3}$
湍流	0.008 6	1/2	$Ja \geqslant 0.5$,则 $f(Ja) = 1$
			$Ja < 0.5$,则 $f(Ja) = 0.71 Ja^{-1/2}$

当 $\dfrac{Ra_m v_v^2}{2Pr} > 10^8$ 时,汽膜流动状态为湍流,反之为层流。

(2) 水平圆柱:直径为 D 的水平圆柱加热棒表面的膜态沸腾传热系数 h_c 可通过 Bromeley 公式计算,

$$h_c = 0.62 \left[\frac{g(\rho_1 - \rho_g)\rho_{gfm} k_{vfm}^3 h'_{fg}}{D\mu_g \Delta T_{sat}} \right]^{1/4} \tag{6-11}$$

式中, g 为重力加速度(m/s²); ρ_1 为液体密度(kg/m³); ρ_g 为气体密度(kg/

m^3);μ_g 为气体动力黏度(Pa·s);ρ_{vfm} 和 k_{vfm} 为采用加热面温度和饱和温度平均值计算的汽膜密度(kg/m^3)和导热系数[W/(m·K)],其余物性参数采用饱和温度计算。h'_{fg} 为修正的汽化潜热(J/kg):

$$h'_{fg} = h_{fg} + 0.68c_{pv}\Delta T_{sat} \tag{6-12}$$

(3) 竖直平板:被汽膜完全覆盖的高度为 L 的竖直平板的层流平均换热系数 $\bar{h}_{cL}$ 可采用 Hsu-Westwater 公式计算:

$$\bar{h}_{cL} = 0.943\left[\frac{g(\rho_1-\rho_g)\rho_{vfm}k^3_{vfm}h'_{fg}}{L\mu_g\Delta T}\right]^{1/4} \tag{6-13}$$

式中,g 为重力加速度(m/s^2);ρ_1 为液体密度(kg/m^3);ρ_g 为气体密度(kg/m^3);μ_g 为气体动力黏度(Pa·s)。

$$h'_{fg} = h_{fg} + 0.34c_{pv}\Delta T \tag{6-14}$$

式中,ΔT 为加热面和主流液体之间的温差(K);ρ_{vfm} 和 k_{vfm} 为采用加热面温度和饱和温度平均值计算的汽膜密度(kg/m^3)和导热系数[W/(m·K)],其余物性参数采用饱和温度计算。

当竖直加热面足够高时,层流汽膜逐渐发展为湍流。当临界雷诺数 Re^* 超过 100 时,汽膜进入湍流状态,此时的加热面高度为临界高度 L_0:

$$L_0 = \frac{\mu_g Re^* h'_{fg}y^*}{2k_v\Delta T} \tag{6-15}$$

式中,y^* 为临界汽膜厚度(m);μ_g 为气体动力黏度(Pa·s);Re^* 为临界雷诺数;k_v 为气相导热系数[W/(m·K)]。

$$y^* = \left[\frac{2\mu^2_g Re^*}{g\rho_g(\rho_1-\rho_g)}\right]^{1/2} \tag{6-16}$$

式中,ρ_1 为液体密度(kg/m^3);ρ_g 为气体密度(kg/m^3);μ_g 为气体动力黏度(Pa·s)。

$$h'_{fg} = h_{fg} + 0.34c_{pv}\Delta T \tag{6-17}$$

对于高度大于 L_0 的竖直加热面,下部长度为 L_0 的区域处于层流区域,上部 $L-L_0$ 的区域属于湍流传热区域,整个加热面的平均膜态沸腾传热系数由下式计算：

$$\frac{\bar{h}_{cT}L}{k_v} = \frac{2h'_{fg}\mu_g Re^*}{3k_v\Delta T} + \frac{B+\frac{1}{3}}{A}\left\{\left[\frac{2}{3}\left(\frac{A}{B+\frac{1}{3}}\right)(L-L_0)+\left(\frac{1}{y^*}\right)^2\right]^{3/2}-\left(\frac{1}{y^*}\right)^3\right\}$$

$$(6-18)$$

式中，$\bar{h}_{cT}$ 为平均膜态沸腾传热系数[W/(m²·K)]；L 为加热长度(m)；h'_{fg} 为修正的汽化潜热(J/kg)；y^* 为临界汽膜厚度(m)。

$$A = \left[\frac{g(\rho_1-\rho_g)}{\rho_g}\right]\left(\frac{\bar{\rho}_v}{\mu_g Re^*}\right)^2 \qquad (6-19)$$

式中，Re^* 为临界雷诺数。

$$B = \frac{\mu_g + (f'\rho_g\mu_g Re^*\bar{\rho}_v) + (k_v\Delta T/h_{fg})}{(k_v\Delta T/h_{fg})} \qquad (6-20)$$

式中，h_{fg} 为汽化潜热(J/kg)；ρ_g 为气体密度(kg/m³)；μ_g 为气体动力黏度(Pa·s)；$Re^*=100$；$\bar{\rho}_v$ 为层流区域汽膜平均密度(kg/m³)；f' 为范宁摩擦系数。

当加热面温度较高时需要考虑膜态沸腾过程中加热面的辐射传热，通常在对流传热的基础上引入辐射传热分量，即

$$h = h_c + 0.75h_r \qquad (6-21)$$

式中，h_c 为膜态沸腾传热系数[W/(m²·K)]；h_r 为辐射传热系数[W/(m²·K)]，可将通过汽膜的辐射传热简化为两个平行平面之间的辐射传热，即

$$h_r = \frac{\sigma}{(1/\varepsilon_s + 1/\varepsilon_1 - 1)}\left(\frac{T_w^4 - T_{sat}^4}{T_w - T_{sat}}\right) \qquad (6-22)$$

式中，σ 为 Stefam - Boltzman 常数[W/(m²·K⁴)]，取值为 5.67×10^{-8} W/(m²·K⁴)；ε_s 和 ε_1 分别为加热面和气液相界面的辐射系数[W/(m²·K)]；ε_s 的取值由加热面属性确定，ε_1 通常取 1。

4）过渡沸腾传热(C-D 段)

过渡沸腾仅出现在控制壁面温度的加热问题中。对于控制热流密度的问题，当热流密度上升时，沸腾曲线从 C 点直接沿虚线到达 C' 点，并继续向 F 点

移动;当热流密度下降时,从 F 点经 $C'-E-D$ 段之后直接沿虚线到达 D' 点,并继续向 B 点移动,因此在控制热流密度的条件下不出现过渡沸腾。过渡沸腾中加热面周期性的被液相和蒸发产生的非稳定汽膜覆盖,泡核沸腾和膜态沸腾两种换热模式交替性出现,通常在双对数坐标系中在 C 点和 D 点之间线性插值获得过渡沸腾区域的沸腾曲线,即

$$\ln q = \frac{\ln \dfrac{q_D}{q_c}}{\ln \dfrac{\Delta T_D}{\Delta T_c}} \ln \frac{\Delta T}{\Delta T_c} + \ln q_c \qquad (6-23)$$

式中,q 为热流密度($\mathrm{MW/m^2}$);ΔT 为过热度(K)。

5) 临界热流密度(C 点)

临界热流密度(critical heat flux,CHF)表征了泡核沸腾所能达到的最大热流密度,常用的池式沸腾临界热流密度模型有两类,一类是基于汽泡拥塞理论的模型,另一类是基于气液相界面水力学不稳定性的模型。

汽泡拥塞理论认为当加热面附近的汽泡大量聚集、体积份额超过一定限值时,会阻挡主流的液体及时补充冷凝加热面,从而触发沸腾临界。基于这一理论,Rohsenow 和 Griffith 提出如下 CHF 模型:

$$\frac{q_{max}}{h_{fg}\rho_g}\left(\frac{\rho_g}{\rho_1-\rho_g}\right)^{0.8} = 0.012 \ 1 \ \mathrm{m/s} \qquad (6-24)$$

式中,h_{fg} 为汽化潜热(J/kg);ρ_g 和 ρ_1 分别为气相和液相密度($\mathrm{kg/m^3}$);q_{max} 为最大热流密度($\mathrm{MW/m^2}$)。

气液相界面水力学不稳定性理论认为泡核沸腾过程中汽泡流从加热面向主流运动、主流液体沿反方向自核化点以蒸汽射流的方式向加热面运动,当这两者之间相对速度超过某一限值时,会发生流动不稳定性,此时主流的液体无法补充到加热面上,或者蒸汽射流被阻挡无法离开加热面,触发沸腾临界。饱和池式沸腾的临界热流密度 q''_c 的计算公式为

$$q''_c = h_{fg}\rho_g\left(\frac{1+\cos\theta}{16}\right)\left[\frac{2}{\pi}+\frac{\pi}{4}(1+\cos\theta)\cos\phi\right]^{1/2}\left[\frac{\sigma(\rho_1-\rho_g)g}{\rho_g^2}\right]^{1/4}$$

$$(6-25)$$

式中,h_{fg} 为汽化潜热(J/kg);σ 为表面张力(N/m);g 为重力加速度($\mathrm{m/s^2}$);

ρ_g 和 ρ_1 分别为气相和液相密度（kg/m^3）。

当流体过冷时，有

$$q''_{c, sub} = q''_{c, sat}\left(1 + \frac{\Delta T_{sub}}{\Delta T_{sat}}\right) \tag{6-26}$$

式中，$q''_{c, sub}$ 为过冷沸腾条件下的临界热流密度；$q''_{c, sat}$ 为饱和沸腾条件下的临界热流密度；ΔT_{sub} 为过冷条件下的温差；ΔT_{sat} 为饱和条件下的温差。

6）最小稳定膜态沸腾温度（D 点）

当处于膜态沸腾状态的加热面的温度或热流密度降低时，沸腾状态从 F 点经 C' 点、E 点向 D 点移动。当加热面温度低于 D 点时，壁面过热度不足以维持稳定的膜态沸腾，继续降低加热面温度将进入过渡沸腾区域，D 点称为最小稳定膜态沸腾点，对应的温度和热流密度分别为最小稳定膜态沸腾温度和最小稳定膜态沸腾热流密度。Berenson 基于水力学稳定性分析获得了最小稳定膜态沸腾温度和热流密度额表达式，分别如下：

$$T_B^M - T_{sat} = 0.127\frac{\rho_{vfm}h_{fg}}{k_{vfm}}\left[\frac{g(\rho_1 - \rho_g)}{\rho_1 + \rho_v}\right]^{2/3}\left[\frac{\sigma}{g(\rho_1 - \rho_g)}\right]^{1/2}\times\left[\frac{\mu_{fm}}{g(\rho_1 - \rho_g)}\right]^{1/3}$$

式中，h_{fg} 为汽化潜热（J/kg）；σ 为表面张力（N/m）；g 为重力加速度（m/s^2）；ρ_g 和 ρ_1 分别为气相和液相密度（kg/m^3）；μ_{fm} 为液膜动力黏度（$Pa \cdot s$）；k_{vfm} 为汽膜导热系数［$W/(m \cdot K)$］。

$$q''^M = 0.09\rho_{vfm}h_{fg}\left[\frac{g(\rho_1 - \rho_g)}{\rho_1 + \rho_g}\right]^{1/2}\left[\frac{\sigma}{g(\rho_1 - \rho_g)}\right]^{1/4} \tag{6-27}$$

需要指出的是，如果控制加热面的热流密度，当热流密度降低到低于 D 点时，膜态沸腾将经 D 点直接到达 D' 点，沸腾模式转变为泡核沸腾。

6.2　流动沸腾

与研究池式沸腾类似，在研究流动沸腾时，也根据其传热模式的转变，将其划分为不同传热模式区域，对每个区域分别建立沸腾传热系数计算模型。

6.2.1　流动沸腾传热区域

流动沸腾的传热模式受到质量流量、流体物性、壁面材料、通道几何和热流密度等参数的影响,对于同一加热通道,沸腾传热形式取决于当地含气率和热流密度,其依赖关系如图 6-2 所示。在低含气率过冷条件下,随着逐步提高热流密度,流体的传热形式从单相液体对流转变为过冷核态沸腾,直至发生偏离泡核沸腾(DNB),进入过冷膜态沸腾区域。提高平衡含气率到略大于 0 的区域,当热流密度较低时,壁面过热度不足以触发壁面核化,此时为两相对流传热;随着热流密度的提高,两相传热进入饱和核态沸腾传热和饱和膜态沸腾传热区域。当进一步提高平衡含气率到接近饱和干蒸汽时,两相传热由低热流密度时的两相对流传热直接进入缺液区传热模式。当平衡含气率大于 1 时,进入汽相对流传热区域。图中虚线位置表示物理烧毁位置,为加热过程中实际发生加热面烧毁的位置。当发生传热恶化时,即发生 DNB 或干涸(Dryout),此时壁面温度开始出现飞升,但是加热面不一定会立即烧毁,在低过冷度、高热流密度条件下,物理烧毁位置和 DNB 发生的位置非常接近,表示热流密度一旦超过 DNB 很小的数值即发生加热面烧毁;但是在 Dryout 条件下,仍需进一步提高热流密度才会导致加热面烧毁。

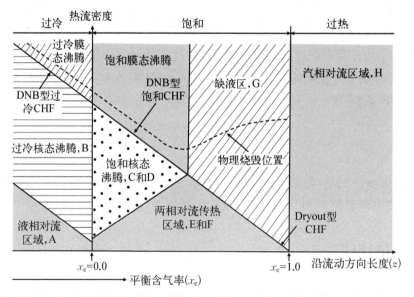

图 6-2　两相流动沸腾传热与热流密度和平衡含气率的关系

常见较低均匀热流密度的竖直加热通道内的传热模式和流型如图 6-3 所示。图中左侧给出了管壁温度和流体温度沿流动方向的分布示意图,右侧给出了流型、换热模式和换热系数分布。

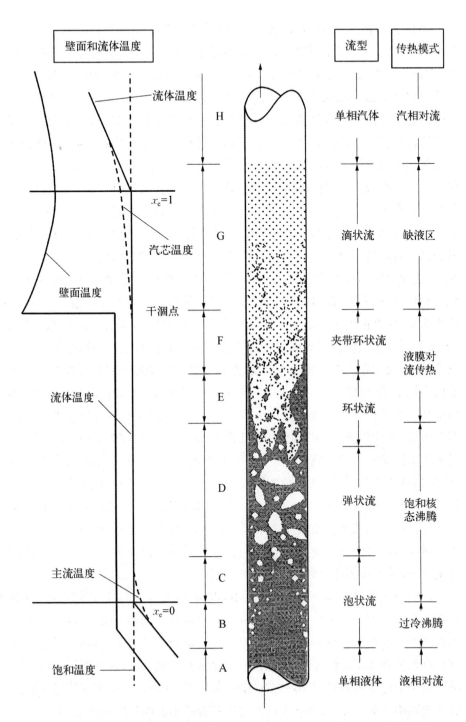

图 6-3　低热流密度、均匀热流密度竖直管内流体、壁面温度、流型和传热模式

　　单相液体进入管道后被加热,在单相对流传热区域,流体温度和壁面温度逐渐升高(A区)。当壁面温度超过饱和温度一定程度时,即具有一定的过热度,壁面上产生气泡,达到沸腾起始点(onset of nucleation boiling, ONB)。此时主流仍然是过冷的流体,管内流体进入过冷沸腾泡状流阶段,由于加热面上的沸腾过程及沸腾导致的湍流增强,壁面传热性能大幅度提升,加热面的温度不再随流体温度升高而快速升高(B区)。然而,当发生ONB时主流流体通常具有较高的过冷度,壁面核化产生的气泡顶部位于过冷流体中并被冷却,气泡体积基本不会长大、气泡无法脱离加热面。仅当主流温度升高到一定程度时,气泡才能在核化点生长并脱离、进入主流,此时称为净气泡产生点(net vapor generation, NVG)。主流温度随流动持续增大,直到达到饱和温度,进入饱和核态沸腾阶段(C区和D区);此时主流温度仍维持在饱和温度,且传热系数较大,加热面温度不再继续提升(事实上,由于剧烈核化使得加热面附近的湍流强度骤增,壁面温度有小幅下降);饱和核态沸腾阶段产生大量汽泡,气泡可能发生聚集,流型由泡状流演变成弹状流或搅拌流(D区),并最终演变成环状流(E和F区),进入液膜对流沸腾传热阶段。环状液膜对流沸腾传热阶段中心气速较高,液膜在汽液相界面上蒸发,沸腾传热有所增强,传热系数增大,壁面温度小幅下降,可能无法继续维持核化所需的壁面过热度,因此这一阶段的沸腾机理以汽液相界面上的液膜对流蒸发为主,这一现象又称为核化抑制。液膜在夹带、沉积和蒸发的共同作用下逐渐变薄,当液膜厚度为零时,发生烧干,进入弥散流缺液传热区域(G区)。由于液膜被烧干、壁面直接由气体对流冷却,传热系数骤降,使得加热面温度骤增。弥散在蒸汽中的液滴冲击壁面传热,可能使传热系数相对于烧干点有所增强,从而使烧干点之后的壁面温度小幅下降。由于弥散液滴和蒸汽之间可能存在热不平衡现象,在平衡含气率小于1时主流蒸汽温度可能高于饱和温度,从而使壁面温度再次升高,直至液滴完全蒸干,进入单相蒸汽对流传热区域(H区)。

　　需要指出的是在高热流密度条件下,泡核沸腾阶段的气泡产量较高,可能在发生烧干之前在加热面上形成一层汽膜,将液体和加热面隔开,这一现象称为偏离泡核沸腾(departure from nucleation boiling, DNB)。DNB通常发生在具有较低含气率的情况下,可能位于过冷沸腾区域,也可能处于饱和沸腾区域。典型的过冷沸腾型DNB的沸腾曲线如图6-4所示。单相液体进入管道后首先以单相对流方式换热(A区),之后随着流体温度升高,壁面产生气泡(B区),此时主流仍处于过冷状态。由于壁面热流密度较高,气泡产生速度高,在壁面附近积聚,使液体无法及时冷却壁面,发生DNB,壁面温度飞升;此时,流体仍处于过冷状态,进入反环状流膜态沸腾传热区(C区、D区和E区)。流体逐渐被加热,达到平衡含气率为0(C区和D区分界点),此时液芯温度达到饱和温度,气膜温度远高于饱和温度;在这一区域,壁面温度随着气膜的增厚缓慢上升。随着汽相逐渐增多、液芯减少,液芯发生破碎,进入弥散流区域(F区),弥散液滴撞击壁面,可增强传热,壁面温度小幅下降,直至液滴被完全蒸干,进入气相对流传热区域(G区),壁面温度再次迅速上升。

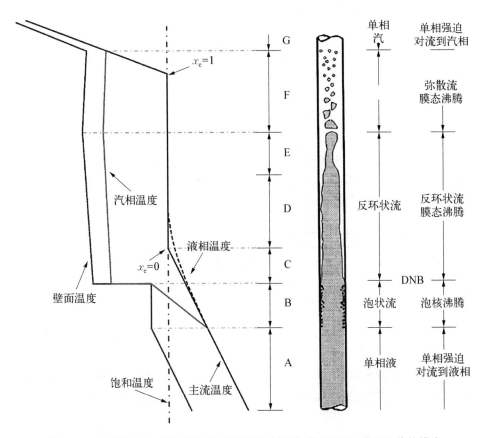

图6-4 高热流密度、均匀热流密度竖直管内流体、壁面温度、流型和传热模式

6.2.2 沸腾传热公式及应用

由前述可知,沸腾过程中由于通道内气液相体积份额的变化,会经历不同的传热状态,其传热系数不同。在反应堆堆芯中,往往会经历多个传热阶段,因此不仅需要知道每个阶段的传热系数,还需明确不同阶段的分界点。图6-5和图6-6给出了热工水力分析中常用的沸腾传热模型选择逻辑,分为沸腾临界前传热阶段和沸腾临界后传热阶段,在不同阶段选取不同的传热模型。

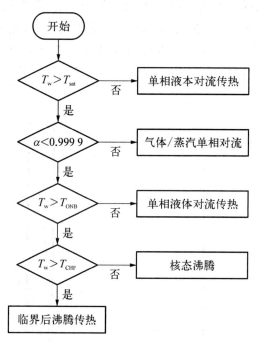

图6-5 临界前传热模型选取逻辑

注:T_w 为加热壁面的温度;T_{sat} 为饱和温度;α 为气相的体积分数;T_{ONB} 为核态沸腾的起始的壁面温度;T_{CHF} 为临界热流密度对应壁面温度。

1)沸腾起始点

根据核化理论,当壁面温度超过饱和温度、壁面过热度足够高、可以产生稳定汽泡时,才可以触发沸腾起始。沸腾起始时热流密度和壁面温度之间的关系如下:

$$(q'')_i = \frac{k_1 h_{fg}}{8\sigma T_{sat} v_g}(T_w - T_{sat})_i^2 \tag{6-28}$$

式中,q'' 为热流密度(W/m²);k_1 为液体的导热系数;h_{fg} 为汽化潜热(J/kg);σ 为液体的表面张力(N/m);v_g 为气相比容(m³/kg);T_w 和 T_{sat} 分别为加热壁面温度和饱和温度。

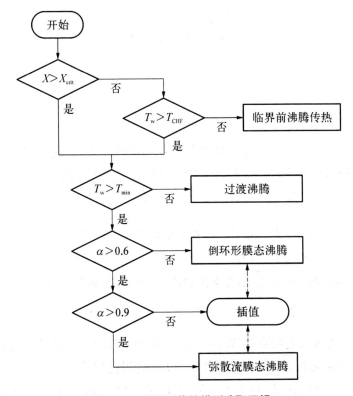

图 6 - 6　临界后传热模型选取逻辑

注：X 为汽相质量分数；X_{crit} 为临界汽相质量分数；T_{min} 为最小温度阈值，用于判断是否达到某种特定的传热条件或模式；α 为汽相体积分数。

式(6 - 28)在高压或低表面张力工况下具有较高精度。当壁面热流密度已知时，可以通过式(6 - 28)直接获得沸腾起始所需的加热面温度：

$$(T_{w} - T_{sat})_{i} = \left(\frac{8\sigma T_{sat} v_{g} q''}{k_{1} h_{fg}}\right)^{1/2} \tag{6 - 29}$$

当壁面热流密度未知时，考虑到沸腾起始之前为单相对流传热，因此通过单相对流传热系数建立热流密度与壁面温度的关系，并联立式(6 - 28)即可获得沸腾起始所需的壁面过热度。

$$(q'')_{i} = h_{c}(T_{w} - T_{bulk})_{i} \tag{6 - 30}$$

式中，T_{w} 为壁面温度(K)；T_{bulk} 为主流冷却剂温度(K)。

将式(6 - 30)代入式(6 - 28)可得

$$\frac{(T_w - T_{sat})_i^2}{(T_w - T_{bulk})_i} = \frac{1}{\Gamma} \tag{6-31}$$

式中，

$$\Gamma = \frac{k_1 h_{fg}}{8\sigma T_{sat} v_g h_c} \tag{6-32}$$

除了以上基于核化理论的沸腾起始点预测模型外，Bergles 和 Rohsenow 通过实验提出如下沸腾起始点对应热流密度的半经验模型：

$$(q'')_i = 1.798 \times 10^{-3} p^{1.156} [1.4(T_w - T_{sat})]^{2.828/p^{0.0234}} \tag{6-33}$$

式中，p 为压力（Pa）；T_w 和 T_{sat} 分别为壁面温度和压力 p 对应的饱和温度，（℃）；$(q'')_i$ 为沸腾起始点（W/m^2）。

Petukhov 和 Shilov 提出如下圆管内过冷沸腾起始点模型：

$$T_w - T_{sat} = 22.65(q'')_i^{0.5} \exp(-p/8.7) \tag{6-34}$$

式中，$(q'')_i$ 为沸腾起始点（MW/m^2）；p 为压力（MPa）；T_w 和 T_{sat} 分别为壁面温度和压力 p 对应的饱和温度（℃）。公式适用范围为 $d = 3.6 \sim 5.7$ mm；$p = 0.7 \sim 17$ MPa；$T_f = 114 \sim 340$℃；$G = 11 - 10^4$ kg/（$m^2 \cdot s$）；$q < 12$ MW/m^2。

2）过冷沸腾

过冷沸腾自沸腾起始点开始、至主流温度达到饱和温度结束。过冷沸腾阶段的传热模式包括单相对流传热和泡核沸腾传热，因此总的热流密度为

$$q'' = h_c(T_w - T_{bulk}) + h_{NB}(T_w - T_{sat}) \tag{6-35}$$

式中，h_c 为单相对流传热系数[W/（$m^2 \cdot K$）]；h_{NB} 为泡核沸腾传热系数[W/（$m^2 \cdot K$）]，通过 Chen 公式计算并考虑过冷沸腾修正。

Chen 公式采用改进的 Dittus - Boelter 公式计算对流传热系数：

$$h_c = 0.023 \left(\frac{G(1-x)D_e}{\mu_f}\right)^{0.8} (Pr_f)^{0.4} \frac{k_f}{D_e} F \tag{6-36}$$

式中，F 为考虑气相对流动和湍流的影响而带来的传热增强因子；G 为质量通量[kg/（$m^2 \cdot s$）]；D_e 为当量直径（m）；Pr_f 为流体普朗特数；μ_f 为液相动力黏度（Pa $\cdot$ s）。

当 $\dfrac{1}{X_{tt}} < 0.1$ 时，$F = 1$。

当 $\dfrac{1}{X_{tt}} > 0.1$ 时，$F = 2.35 \left(0.213 + \dfrac{1}{X_{tt}}\right)^{0.736}$

式中，

$$\frac{1}{X_{tt}} = \left(\frac{x}{1-x}\right)^{0.9} \left(\frac{\rho_f}{\rho_g}\right)^{0.5} \left(\frac{\mu_g}{\mu_f}\right)^{0.1} \tag{6-37}$$

式中，μ_f 为液相动力黏度（Pa·s）；μ_g 为气相动力黏度（Pa·s）；ρ_g 和 ρ_f 分别为气相和液相密度（kg/m³）。

对于过冷沸腾，$F = 1$。

泡核沸腾传热系数 h_{NB} 可通过下式计算：

$$h_{NB} = S(0.001\,22) \left[\frac{(k^{0.79} c_p^{0.45} \rho^{0.49})_f}{\sigma^{0.5} \mu_f^{0.29} h_{fg}^{0.24} \rho_g^{0.24}}\right] \Delta T_{sat}^{0.24} \Delta p^{0.75} \tag{6-38}$$

式中，ΔT_{sat} 为壁面过热度，$\Delta T_{sat} = T_w - T_{sat}$；$\Delta p$ 为壁面温度和饱和温度对应的饱和压力之差（Pa），$\Delta p = p(T_w) - p(T_{sat})$；$S$ 为抑制因子；μ_f 为液相动力黏度（Pa·s）；μ_g 为气相动力黏度（Pa·s）；ρ_g 为气相密度（kg/m³）；c_p 为定压比热容[J/(kg·K)]；σ 为表面张力（N/m）；k 为流体导热系数[W/(m·K)]。

$$S = \frac{1}{1 + 2.53 \times 10^{-6} Re^{1.17}} \tag{6-39}$$

式中，$Re = Re_1 F^{1.25}$；$Re_1 \equiv \dfrac{G(1-x)D}{\mu_1}$。

对于过冷沸腾，在计算 S 时，Re_1 计算公式中的含气率 x 取值为 0。

拟合 Chen 公式时使用的水介质实验数据的范围：压力为 0.17～3.5 MPa；水流速 0.06～4.5 m/s；热流密度最大为 2.4 MW/m²；平衡含气率为 0～0.7。

3）饱和沸腾

饱和沸腾区域的主流温度为饱和温度，其沸腾传热热流密度为

$$q'' = (h_c + h_{NB})(T_w - T_{sat}) \tag{6-40}$$

式中，h_c 和 h_{NB} 分别为对流传热系数和泡核沸腾传热系数，采用 Chen 公式进行计算。

4）临界后传热

根据沸腾临界类型的不同,临界后传热模式分为两种。DNB 下游形成蒸汽膜将壁面和主流液体隔离开,形成反环状膜态沸腾,此时平衡含气率可能非常低,气膜的速度较小,气相与壁面之间的对流传热系数很低,因此导致壁面温度极高。随着流体进一步被加热,进入弥散液滴传热区域,汽体速度增大,且液滴撞击壁面吸收一部分热量,因此壁面温度略下降。Dryout 下游为缺液区膜态沸腾,液相仅以液滴的形式弥散分布在汽相中,此时壁面上的大部分热量传递给气相,仅有少量液滴会撞击壁面,液滴通过汽液相界面从气相中吸热。

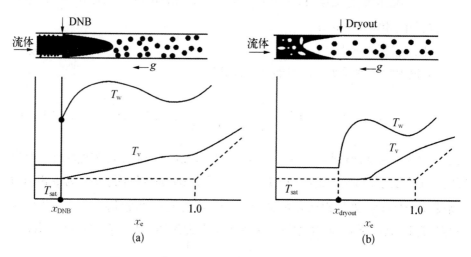

图 6-7　临界热流密度类型和临界后加热面温度

(a) DNB 型；(b) Dryout 型

（1）反环状膜态沸腾：相对于池式膜态沸腾,反环状膜态沸腾需考虑汽相速度的影响,当 $v > \sqrt{2\,gD}$ 时速度的影响不可忽略,此时采用 Bromley 公式计算膜态沸腾传热系数：

$$h_c = 2.7 \sqrt{\frac{\rho_{\text{vfm}} k_{\text{vfm}} v h'_{\text{fg}}}{D \Delta T_{\text{sat}}}} \tag{6-41}$$

式中,

$$h'_{\text{fg}} = h_{\text{fg}} \left(1 + 0.4\,\frac{\Delta T_{\text{sat}} c_{pv}}{h_{\text{fg}}}\right)^2 \tag{6-42}$$

式中,c_{pv} 为气相定压比热[J/(kg・K)]。

$$\Delta T_{sat} = T_w - T_{sat} \tag{6-43}$$

同时,考虑到膜态沸腾阶段壁面温度较高,需考虑辐射传热影响,因此总的传热系数为

$$h_{total} = h_c + ah_r \tag{6-44}$$

式中,$a = 3/4$;h_r 为辐射传热系数,有

$$h_r = \frac{\sigma}{(1/\varepsilon_s + 1/\varepsilon_1 - 1)}\left(\frac{T_w^4 - T_{sat}^4}{T_w - T_{sat}}\right) \tag{6-45}$$

式中,σ 为斯特藩-玻尔兹曼常数,取 56.7×10^{-9} W/m$^2 \cdot$ K^4;ε_s 为固体表面发射率;ε_1 为液体表面发射率,通常取 1。

(2) 缺液区膜态沸腾(liquid deficient flow film boiling):环状液膜蒸干后进入该区域。在高质量流量密度情况下,发生 Dryout 时壁面温度出现峰值,之后逐渐降低,直至汽相中卷吸的液滴完全蒸干,壁面温度再次升高;在低质量流量密度情况下,发生 Dryout 后壁面温度持续上升。Groeneveld 研究了圆管、环形通道和棒束通道内蒸汽-水的缺液流膜态沸腾传热实验数据,得出如下经验公式:

$$Nu_g = a\left\{Re_g\left[x + \frac{\rho_g}{\rho_1}(1-x)\right]\right\}^b Pr_g^c Y \tag{6-46}$$

式中,$Re_g = GD/\mu_g$;G 为质量通量[kg/m$^2 \cdot$ s];D 为管道直径(m)。

$$Y = \left[1 - 0.1\left(\frac{\rho_1 - \rho_g}{\rho_g}\right)^{0.4}(1-x)^{0.4}\right]^d \tag{6-47}$$

Groeneveld 缺液区膜态沸腾传热公式系数如表 6-2 所示。

表 6-2　Groeneveld 缺液区膜态沸腾传热公式系数

几何	A	b	c	d	实验点数量	RMS 百分误差
圆管	1.09×10^{-3}	0.989	1.41	-1.15	438	11.5
环形管	5.20×10^{-2}	0.688	1.26	-1.06	266	6.9

5) 过渡沸腾

当加热面为以控制壁面温度的方式进行加热时,沸腾传热可能进入过渡

沸腾模式。总的来说,过渡沸腾传热公式的误差较大。美国科学家麦克多诺等测量了 5.5～13.8 MPa 条件下内径为 3.8 mm 的管内过渡沸腾传热特性,得出经验公式:

$$\frac{q''_{cr} - q''(z)}{T_w(z) - T_{cr}} = 4.15\exp\frac{3.97}{p} \tag{6-48}$$

式中,q''_{cr} 为临界热流密度(kW/m^2);$q''(z)$ 为过渡沸腾区域的局部热流密度(kW/m^2);T_{cr} 为发生 CHF 时的壁面温度(℃);$T_w(z)$ 为过渡沸腾区域的壁面温度(℃);p 为系统压力(MPa)。

Tong 给出 6.9 MPa 下的过渡沸腾传热系数公式:

$$h_{tb} = 39.75\exp(-0.0144\Delta T) + 2.3\times10^{-5}\frac{k_g}{D_f}\exp\left(-\frac{105}{\Delta T}\right)Re_f^{0.8}Pr_f^{0.4} \tag{6-49}$$

式中,h_{tb} 为过渡沸腾传热系数[$kW/(m^2 \cdot K)$];$\Delta T = T_w - T_s$(℃);D_e 为水力直径(m);k_g 为汽相导热系数(kW/mK);Pr_f 为液体 Pr;$Re = D_e G_m / \mu_f$。

Ramu 和 Weisman 给出如下公式:

$$h_{tb} = 0.5Sh_{cr}\{\exp[-0.014(\Delta T - \Delta T_{cr})] + \exp[-0.125(\Delta T - \Delta T_{cr})]\} \tag{6-50}$$

式中,h_{cr} 为临界态通量状态下的传热系数($kW/m^2 \cdot ℃$);ΔT_{cr} 为采用池式沸腾发生 CHF 时的壁面过热度(℃);S 为 Chen 公式的核化抑制因子。

例题:

堆芯棒束通道内的质量流量密度为 3 200 kg/(m² · s),进口过冷度为 40 K,压力为 15.5 MPa。事故条件下反应堆堆芯功率增大使热痛通道发生饱和沸腾,计算当热通道出口平衡含气率为 0.05、包壳外表面温度为 623.15 K 时,热通道出口位置包壳外表面的沸腾换热系数及热流密度。假设燃料棒为无限正方形整列,棒间距为 12.6 mm,包壳外径为 9.5 mm。

解答:

水力直径:

$$D = \frac{4A}{\chi} = \frac{4\times(12.6^2 - \pi\times9.5^2/4)}{\pi\times9.5} = 11.78(\text{mm}) \tag{6-51}$$

查表得到 15.5 MPa 下水的物性参数如下：

$$\mu_f = 68.24 \times 10^{-6} \text{ N} \cdot \text{s/m}^2 \qquad h_{sat} = 1\,629.9 \text{ kJ/kg}$$

$$\mu_g = 23.03 \times 10^{-6} \text{ N} \cdot \text{s/m}^2 \qquad h_{fg} = 966.2 \text{ kJ/kg}$$

$$c_{pf} = 8\,950.0 \text{ J/kg-K} \qquad T_{sat} = 617.94 \text{ K}$$

$$\rho_f = 594.38 \text{ kg/m}^3 \qquad T_w = 623.15 \text{ K}$$

$$\rho_g = 101.93 \text{ kg/m}^3 \qquad \Delta T_{sat} = 5.21 \text{ K}$$

$$\sigma = 4.67 \times 10^{-3} \text{ N/m} \qquad k_f = 0.121 \text{ W/m-K}$$

壁温下的饱和压力与 15.5 MPa 差值为

$$\begin{aligned}\Delta p_{sat} &= p_{sat}(623.15 \text{ K}) - p_{sat}(617.94 \text{ K}) = 16.53 \text{ MPa} - 15.5 \text{ MPa} \\ &= 1.03 \text{ MPa}\end{aligned} \tag{6-52}$$

对于 Chen 公式 $h_{2\phi} = h_{NB} + h_c$，有

$$\begin{aligned}h_c &= 0.023 \left[\frac{G(1-x)D}{\mu_f}\right]^{0.8} \left[\frac{\mu c_p}{k}\right]_f^{0.4} \left(\frac{k_f}{D}\right) F \\ &= 0.023 \left[\frac{3\,200 \times (1-0.05) \times 0.011\,78}{68.24 \times 10^{-6}}\right]^{0.8} \times \\ &\quad \left[\frac{(68.24 \times 10^{-6}) \times 8\,950.0}{0.121}\right]^{0.4} \times \left(\frac{0.121}{0.011\,78}\right) F\end{aligned} \tag{6-53}$$

F 的取值由 X_{tt} 决定

$$F = \begin{cases} 2.35 \left(\dfrac{1}{X_{tt}} + 0.213\right)^{0.736}, & \dfrac{1}{X_{tt}} > 0.1 \\[2mm] 1, & \dfrac{1}{X_{tt}} \leqslant 0.1 \end{cases} \tag{6-54}$$

而 X_{tt} 可由下式计算，即

$$\begin{aligned}X_{tt} &= \left(\frac{1-x}{x}\right)^{0.9} \left(\frac{\rho_g}{\rho_f}\right)^{0.5} \left(\frac{\mu_f}{\mu_g}\right)^{0.1} \\ &= \left(\frac{1-0.05}{0.05}\right)^{0.9} \left(\frac{101.93}{594.38}\right)^{0.5} \left(\frac{68.24 \times 10^{-6}}{23.03 \times 10^{-6}}\right)^{0.1} \\ &= 6.53\end{aligned} \tag{6-55}$$

则

$$F = 1.12 \qquad (6-56)$$

因此,可以得到

$$h_c = 19\ 045\ \text{W}/(\text{m}^2 \cdot \text{K}) \qquad (6-57)$$

对于 h_{NB} 项,有

$$h_{NB} = 0.001\ 22 \frac{(k^{0.79} c_p^{0.45} \rho^{0.49})_f}{\sigma^{0.5} \mu_f^{0.29} h_{fg}^{0.24} \rho_g^{0.24}} \Delta T_{sat}^{0.24} \Delta p_{sat}^{0.75} S$$

$$= 0.001\ 22 \times \frac{0.121^{0.79} \times 8\ 950.0^{0.45} \times 597.38^{0.49}}{(4.67 \times 10^{-3})^{0.5} \times (68.24 \times 10^{-6})^{0.29} \times (966.2 \times 10^3)^{0.24} \times 101.93^{0.24}} \times$$

$$5.21^{0.24} \times (1.03 \times 10^5)^{0.75} S \qquad (6-58)$$

式中 S 的取值需由 Re 确定:

$$Re_1 = \frac{G(1-x)D}{\mu_f} = \frac{3\ 200 \times (1-0.05) \times 0.011\ 78}{68.24 \times 10^{-6}} = 52\ 478$$

$$(6-59)$$

则

$$Re = Re_1 F^{1.25} = 52\ 478 \times 1.12^{1.25} = 60\ 572 \qquad (6-60)$$

根据图 6-8,可查出 $S \approx 0.098$,所以

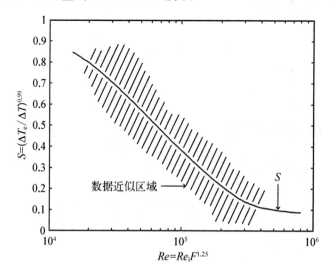

图 6-8 Chen 公式 S 取值

$$h_{NB} = 756 \text{ W}/(\text{m}^2 \cdot \text{K}) \tag{6-61}$$

根据 Chen 公式得到换热系数为

$$h_{2\phi} = 756 + 19\,045 = 19\,801 \left[\text{W}/(\text{m}^2 \cdot \text{K}) \right] \tag{6-62}$$

因此,通道出口热流密度为

$$q'' = h_{2\phi} \Delta T_{sat} = 19\,801 \times 5.21 = 103.16 (\text{kW}/\text{m}^2) \tag{6-63}$$

6.3　临界热流密度

由前文可知,随着逐步提高热流密度,当热流密度超过特定值时,沸腾传热系数骤降,发生沸腾临界,此时的热流密度称为临界热流密度。临界热流密度对于反应堆堆芯等控制热流密度的加热表面安全具有重要影响。本节首先给出临界热流密度的分类,讨论热工参数对临界热流密度的影响,最后给出临界热流密度预测模型。

6.3.1　临界热流密度的分类

当壁面热流密度达到临界热流密度时,壁面传热系数大幅下降。临界热流密度分为两类,即偏离泡核沸腾(DNB)型临界热流密度和干涸型临界热流密度。

DNB 型临界热流密度发生在低含气率、高热流密度条件下,此时壁面的传热模式由泡核沸腾转变为反环状流汽膜对流传热,在加热面上形成一层蒸汽隔热层,如图 6-9(a)所示,使传热性能急剧恶化。对于反应堆燃料组件等热流密度为自变量的加热表面,一旦达到临界热流密度,加热表面温度会骤增,进而导致加热面快速烧毁。

Dryout 型临界热流密度发生在高含气率、低热流密度条件下,此时传热模式由液膜对流沸腾转变为滴状流传热,如图 6-9(b)所示。虽然传热模式转变会导致传热系数降低,但是在高含气率条件下,气液两相流流速较高,此时仍具有较高的对流传热系数,所以这种情况下壁面温度上升的速率远低于发生 DNB 时,一般不会立刻烧毁加热表面。

在工程应用中,一般采用含气率、壁面温度和空泡份额判定临界热流密度类型,如在 RELAP5 中,当同时满足"含气率高于临界含气率或壁面温度大于临界壁面温度、壁面温度大于最小膜态沸腾壁面温度、空泡份额不大于 0.6"

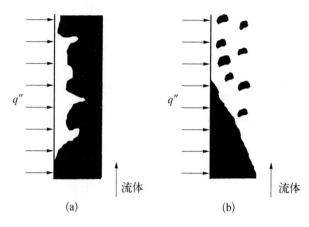

图 6-9 临界热流密度分类

(a) DNB 型;(b) Dryout 型

时,为 DNB 型,反之为 Dryout 型。

6.3.2 影响临界热流密度的因素

对于管内流动,其流动和传热状态可由如下参数描述,包括系统压力 p、进口质量流量密度 G、进口过冷度 $\Delta h_{sub,in}$、管内径 D、管长 L 和周向热流密度 q 及其分布,因此,对于均匀加热的圆管,其临界热流密度取决于如下参数:p、G、$\Delta h_{sub,in}$、D、L,其中,D 和 L 为几何参数,p、G、$\Delta h_{sub,in}$ 为热工参数。热工参数对 CHF 的影响规律如图 6-10 所示。对于固定质量流量密度、管径和管长的均匀热流密度竖直管,CHF 随着压力增大先增大后减小,具体的变化规律取决于恒定进口参数还是恒定出口参数[见图 6-10(a)]。对于 $\Delta h_{sub,in} = 0$ 或 $x_{exit} = 0$ 的情况,CHF 峰值出现在约 4 MPa 的位置。对于 $T_{F,in} = 174℃$ 的情况,在 4 MPa 和 12 MPa 处出现两个较小的 HF 峰值。对于恒定压力、质量流量密度、管径和管长的情况,CHF 随进口过冷度的增大近似线性增大[见图 6-10(b)]。同时,从图中还可以看出,对于进口存在过冷度的工况,CHF 随质量流量密度增大而增大。对于恒定压力、管径、管长,以及某一质量流量密度的情况,CHF 随出口含气率的增大近似线性减小。此外,对于 DNB 型的 CHF,由于质量流量密度增大可提高带走壁面热量的能力,因此 CHF 随质量流量密度增大而增大。但对于 Dryout 型的 CHF,增大质量流量密度会提高环状流汽芯对液膜的剪切夹带能力,增大液膜减薄的速度,从而减小 CHF。

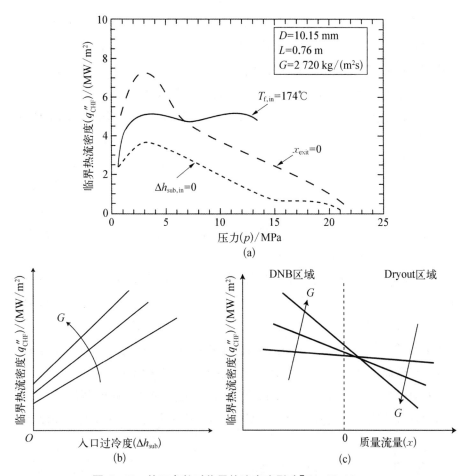

图 6‑10　热工参数对临界热流密度影响[$D=10.15$ mm,
$L=0.76$ mm, $G=2\,720$ kg/(m² · s)]

（a）压力对 CHF 的影响；（b）CHF 随入口过冷度的变化趋势（p、D、L 为常数）；（c）CHF 随入口过质量流量的变化趋势

6.3.3　临界热流密度预测模型

当加热通道内发生沸腾临界时,壁面温度将出现大幅度阶跃上升,影响加热表面的安全,因此需要对临界热流密度数值进行准确预测。常用的临界热流密度预测方法可分为三大类:机理模型、经验公式和查询表,以下分别进行介绍。

6.3.3.1　沸腾临界机理模型

对于 DNB 型沸腾临界,常用的机理模型有 4 种,分别介绍如下。

边界层分离模型认为在流动沸腾过程中,可将沸腾壁面附近的流体看作一个单相液体层中液体注射和气体蒸发两种作用。当壁面液体蒸发产生的蒸汽垂直于壁面的速度达到某一极限值时,边界层中液体的速度梯度迅速减小,主流对壁面的液体补充能力大大降低,液体的消耗速度大于补充速度,最终液体与壁面发生分离造成壁面失去冷却而产生沸腾危机,其机理示意图如图 6 - 11(a)所示。

气泡拥塞流模型认为,在近 CHF 的高热流密度下,由于近加热壁面蒸汽气泡浓度的增大导致主流层中进入蒸汽层的湍流受到抑制,使得冷却液体输运到壁面的冷却过程也受限,当近壁面蒸汽层堆积大量气泡而达到临界空泡份额时,主流液体与加热壁面的接触被隔绝便诱导了 CHF 的触发,其机理示意图如图 6 - 11(b)所示。

微液层蒸干模型关注近壁面边界层中的汽液两相质量交换,在高热流密度下,加热面上由于沸腾换热产生的大量小气泡融合,变成大气泡沿着壁面随流体移动,而且大气泡与壁面之间会存在一层微液层,CHF 的触发是由于气泡底层的微液层在沸腾的过程中蒸发使主流中的液体不能及时地补充进来而导致加热壁面出现干涸点,其机理示意图如图 6 - 11(c)所示。

界面分离模型与微液层蒸干模型不同,它关注的是全局的蒸汽行为而非局部的微观效应。该模型认为在近 CHF 的高热流密度下,沿着整个加热面有

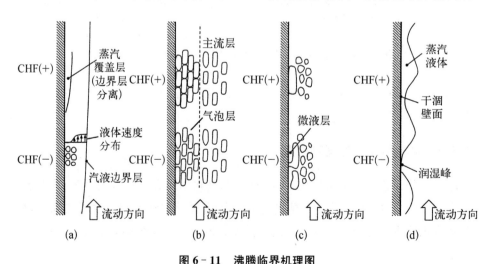

图 6 - 11 沸腾临界机理图

(a) 边界层分离模型沸腾临界机理图;(b) 气泡拥塞流模型沸腾临界机理图;(c) 微液层蒸干模型沸腾临界机理图;(d) 界面分离模型沸腾临界机理图

周期性的汽液两相界面波存在,而与加热面接触的波谷区为主要换热区域,极高的热流密度会产生大量蒸汽使界面波波谷与加热壁面分离,壁面失去液相的有效冷却而导致的 CHF 发生,其机理示意图如图 6 - 11(d)所示。

Dryout 型沸腾临界通常发生在高含气率条件下,当加热面上的环状流液膜被完全蒸干时,发生沸腾临界。液膜在水力学和热力学的共同作用下被蒸干,主要涉及的物理机制包括汽相对液膜的卷吸夹带、汽芯中液滴的沉降以及汽液相界面的蒸发。

6.3.3.2　经验公式法

1) 竖直圆管临界热流密度预测模型

两种沸腾临界的触发机理不同,现有的经验和半经验临界热流密度预测模型分为三类,即仅针对 DNB 或 Dryout 型沸腾临界以及同时适用于两种沸腾临界的模型。

(1) DNB 型 CHF 预测模型:Tong 提出均匀热流密度的竖直圆管 DNB 型 CHF 预测公式,即

$$\frac{q''_{cr}}{h_{fg}} = C \frac{G^{0.4} \mu_f^{0.6}}{D^{0.6}} \tag{6 - 64}$$

$$C = 1.76 - 7.433 x_{exit} + 12.222 x_{exit}^2$$

式中, q_{cr} 为 CHF; G、D、h_{fg} 和 μ_f 分别为质量流量密度、管内径、汽化潜热和饱和液体动力黏度。式(6 - 64)在 6.9~13.8 MPa 参数范围内具有 $\pm 25\%$ 的精度。Celata 等对公式的系数进行微调,使其在低于 5.0 MPa 的参数范围内具有较高精度,有

$$q_{cr} = C \frac{G^{0.5} \mu^{0.5}}{D^{0.5}} \tag{6 - 65}$$

式中,

$C = (0.216 + 4.74 \times 10^{-2} p) \Psi [p(\text{MPa})]$;

$\Psi = 0.825 + 0.986 x_{exit} (x_{exit} > -0.1)$;

$\Psi = 1 (x_{exit} < -0.1)$;

$\Psi = 1/(2 + 30 x_{exit}) (x_{exit} > 0)$(出口饱和条件)。

式(6 - 64)的验证参数范围为

$2.2 < G < 40 \text{ Mg/(m}^2 \cdot \text{s)}$;

$0.1 < p < 5.0 \text{ MPa}$;

$2.5 < D < 8.0 \text{ mm}$;

$12 < L/D < 40$;

$15 < T_{\text{sub, ex}} < 190 \text{ K}$;

$4.0 < q''_{\text{cr}} < 60.6 \text{ MW/m}^2$。

(2) Dryout 型 CHF 预测模型：CISE - 4 公式。CISE - 4 公式仅适用于 BWR 对应的工况,该公式同时适用于竖直圆管和棒束结构,定义发生沸腾临界时的平衡含气率为临界含气率,CISE - 4 公式给出了临界含气率的表达式,即

$$x_{\text{cr}} = \frac{D_{\text{e}}}{D_{\text{h}}}\left(a\,\frac{L_{\text{B}}}{L_{\text{B}} + b}\right) \qquad (6-66)$$

式中,D_{e} 为根据湿周计算的水力直径(m);D_{h} 为根据加热周长计算的等效直径(m)。

$$a = \frac{1}{1 + 1.481 \times 10^{-4}(1 - p/p_{\text{c}})^{-3}G},\ G \leqslant G^* \qquad (6-67)$$

$$a = \frac{1 - p/p_{\text{c}}}{(G/1\,000)^{1/3}},\ G \geqslant G^* \qquad (6-68)$$

$$G^* = 3\,375(1 - p/p_{\text{c}})^3 \qquad (6-69)$$

$$b = 0.199(p_{\text{c}}/p - 1)^{0.4}GD^{1.4} \qquad (6-70)$$

式中,p_{c} 为临界压力(MPa),L_{B} 为沸腾长度(加热通道内从平衡含气率为零的点到通道出口的距离)。

式(6 - 70)适用范围为

$$D = 0.010\,2 \sim 0.019\,8 \text{ m};$$

$$L = 0.76 \sim 3.66 \text{ m};$$

$$p = 4.96 \sim 6.89 \text{ MPa};$$

$$G = 1\,085 \sim 4\,069 \text{ kg/(m}^2 \cdot \text{s)}。$$

(3) 同时适用于 DNB 和 Dryout 型 CHF 的预测模型：Biasi 公式通过压力、质量流量密度、流动含气率和管径拟合了 DNB 和 Dryout 型 CHF 的预测公式,该公式对于超过 4 500 个实验数据点的 85.5% 的数据具有小于 10% 的

偏差,即

$$q''_{cr} = (2.764 \times 10^7)(100D)^{-n}G^{-1/6}\big[1.468F(p_{bar})G^{-1/6} - x\big] \quad (6-71)$$

$$q''_{cr} = (15.048 \times 10^7)(100D)^{-n}G^{-0.6}H(p_{bar})(1-x) \quad (6-72)$$

当 $G < 300$ kg/(m^2 · s)时,使用第一个公式;对于较高的质量流量密度,使用两个公式中的较大值,其中

$$F(p_{bar}) = 0.724\,9 + 0.099p_{bar}\exp(-0.032p_{bar}) \quad (6-73)$$

$$H(p_{bar}) = -1.159 + 0.149p_{bar}\exp(-0.019p_{bar}) + 9p_{bar}(10 + p_{bar}^2)^{-1}$$
$$(6-74)$$

式中,p_{bar} 为压力(bar)。

$$当\ D \geqslant 0.01\ \text{m}\ 时, n = 0.4 \quad\quad (6-75)$$
$$当\ D < 0.01\ \text{m}\ 时, n = 0.6$$

该公式适用范围为

$$D = 0.003\,0 \sim 0.037\,5\ \text{m};$$
$$L = 0.2 \sim 6.0\ \text{m};$$
$$p = 0.27 \sim 14\ \text{MPa};$$
$$G = 100 \sim 6\,000\ \text{kg/(m}^2 \cdot \text{s)};$$
$$x = 1/(1 + \rho_f/\rho_g) \sim 1。$$

2) 棒束通道 CHF 预测模型

通常而言,有两种棒束 CHF 预测方法:第一种是在考虑了棒束中的格架效应、冷壁效应及非均匀加热效应等修正之后,将预测圆管 CHF 的理论模型和经验方法用来预测棒束 CHF。多位学者在将圆管 CHF 预测方法应用于预测棒束 CHF 方面做了研究。由于棒束 CHF 本身的复杂性,这种方法的修正因子多,预测误差较大。第二种方法是针对特定燃料组件的 CHF 实验数据而开发的棒束 CHF 关系式。这种直接利用棒束 CHF 实验数据开发关系式的方法可分为两种,分别为最小 DNBR 点法和 BO 点法。

最小 DNBR 点法,即利用子通道分析程序模拟 CHF 实验工况,获得最小 DNBR 点的发生位置及其当地参数(P、G、X),利用最小 DNBR 点的参数开发 CHF 关系式,并利用最小 DNBR 点的 M/P 数据确定 DNBR 限值。同理,

BO 点法,即利用子通道分析程序模拟 CHF 实验工况,获得实验烧毁点(BO)的位置及其当地参数(P、G、X),利用 BO 点的参数开发 CHF 关系式,并在 BO 点的 M/P 数据的基础上确定 DNBR 限值。由于子通道程序的模型差异和计算的不确定性,最小 DNBR 点和 BO 点的位置不可能完全重合,这直接导致最小 DNBR 点和 BO 点的当地参数存在差异,使得两种方法开发的棒束 CHF 关系式的预测精度不同。以下给出典型的 CHF 预测关系式。

(1)仅适用于 DNB:W-3 公式。W-3 公式是 PWR 中最常用的 DNB 型 CHF 预测公式,可用于圆管、矩形通道和棒束结构,该公式由均匀热流密度的实验数据获得,通过修正可用于非均匀热流密度工况,还可以考虑控制棒等非加热冷壁以及定位格架对临界热流密度的影响。均匀热流密度条件下的临界热流密度公式为

$$q''_{cr,u} = \{(2.022 - 0.062\,38p) + (0.172\,2 - 0.014\,27p)\exp[(18.177 - 0.598\,7p)x_e]\}$$
$$[(0.148\,4 - 1.596x_e + 0.172\,9x_e \mid x_e \mid)2.326G + 3\,271](1.157 - 0.869x_e)$$
$$[0.266\,4 + 0.835\,7 \times \exp(-124.1D_e)][0.825\,8 + 0.000\,341\,3(h_f - h_{in})]$$

$$(6-76)$$

式中,$q''_{cr,u}$ 为均匀热流密度条件下的临界热流密度(kW/m²);p 为压力(MPa);G 为质量流速(kg/m² · s);h 为不同位置的焓值(kJ/kg),如 h_{in} 为入口焓值,h_f 为当地流体焓值;D_e 为水力直径(m);x_e 为平衡含气率。

该公式适用范围为

压力 $p = 5.5 \sim 16$ MPa;质量流量密度 $G = 1\,356 \sim 6\,800$ kg(m² · s);水力直径 $D_e = 0.015 \sim 0.018$ m;平衡含气率 $x_e = -0.15 \sim 0.15$;加热长度 $L = 0.254 \sim 3.70$ m;湿周加热率为 $0.88 \sim 1.0$。

当轴向热流密度非均匀时,首先基于局部参数和 W-3 公式计算均匀 CHF($q_{cr,u}$),之后通过轴向非均匀修正系数获得非均匀条件下的 CHF,即

$$q''_{cr,n} = q''_{cr,u}/F \qquad (6-77)$$

式中,F 通过下式计算:

$$F = \frac{C\int_0^Z q''(Z')\exp[-C(Z-Z')]dZ'}{q''(Z)[1-\exp(-CZ)]} \qquad (6-78)$$

式中,Z 为通道内研究位置相对通道进口的距离;C 为通过实验获得的经验

系数。

$$C = 185.6 \frac{[1 - x_{eZ}]^{4.31}}{G^{0.478}} \tag{6-79}$$

式中，G 为质量流量密度$[kg/(m^2 \cdot s)]$；x_{eZ} 为位置 Z 处的平衡含气率。

W-3 公式通过冷壁因子 F_c 修正控制棒导向管等热流密度较低的棒对 CHF 的影响，有

$$q_{cr} \mid_{D_h \neq D_e} = q_{cr} \mid_{\text{uniform}, D_h} F_c \tag{6-80}$$

式中，

$$F_{\text{cold wall}} = 1.0 - R_u [13.76 - 1.372e^{1.78x_e} - 4.732(G/10^6)^{-0.0535} -$$
$$0.0619(p/10^3)^{0.14} - 8.509(D_e)^{0.107}] \tag{6-81}$$

$$R_u = 1 - \left(\frac{D_h}{D_e}\right) \tag{6-82}$$

式中，G 为质量流量密度$[lb_m/(h \cdot ft^2)]$；p 为压力(psia)；De 为基于湿周长的水力直径(in)；D_h 为基于加热周长的水力直径(in)。

当棒束通道含有定位格架时，格架可能增强其下游的湍流，从而提高临界热流密度，有

$$q_{cr} \mid_{\text{with grider}} = q_{cr} \mid_{\text{without grider}} F_g \tag{6-83}$$

式中，F_g 为格架修正因子，针对不同的格架有不同的计算表达式，对于西屋 S 型格架，有

$$F_{\text{grid(S)}} = 1.0 + 0.03(G/10^6)(TDC/0.019)^{0.35} \tag{6-84}$$

式中，G 为质量流量密度$[lb_m/(h \cdot ft^2)]$；TDC 为湍流横流搅混系数，通常通过实验测得。

对于西屋 L 或 R 型格架，有

$$F_{\text{grid(RL)}} = F_g \left\{ [1.445 - 0.0371L][p/225.896]^{0.5} [e^{(x_e+0.2)^2} - 0.73] + \right.$$
$$\left. K_s \frac{G}{10^6} [TDC/0.019]^{0.35} \right\} \tag{6-85}$$

式中，L 为加热长度(ft)；G 为质量流量密度$[lb_m/(h \cdot ft^2)]$；p 为压力(psia)；

K_s 为格架系数,是一个与格架相关的经验常数,部分研究者推荐取值为 0.066;TDC 为灌流横流搅混系数;x_e 为平衡含气率;F_g 为格架类型修正因子,对于 R 型格架取值为 1,对于 L 型格架取值为 0.986。

（2）仅适用于 Dryout：EPRI-2 公式。EPRI-2 模型用于预测 Dryout 型沸腾临界发生时的临界含气率,即

$$x_c = \frac{AZ}{B+Z}(2-J) + F_p \tag{6-86}$$

式中,

$$A = 0.50G^{-0.43} \tag{6-87}$$

$$B = 165 + 115G^{2.3} \tag{6-88}$$

$$Z = \frac{\text{沸腾传热面积}}{\text{棒束流通面积}} = \frac{\pi D n L_B}{A_f} \tag{6-89}$$

式中,G 为质量流量密度[$\text{Mlb}_m/(\text{h} \cdot \text{ft}^2)$];$D$ 为棒直径;n 为棒束中活性（加热）棒的个数;L_B 为沸腾长度;压力修正因子为

$$F_p = 0.006 - 0.0157\left(\frac{p-800}{1\,000}\right) - 0.0714\left(\frac{p-800}{1\,000}\right)^2 \tag{6-90}$$

J 因子用于考虑棒束横截面功率分布的影响。

对于角棒,有

$$J = J_1 - \frac{0.19}{G}(J_1 - 1)^2 \tag{6-91}$$

对于边棒,有

$$J = J_1 - \frac{0.19}{G}(J_1 - 1)^2 - \left(\frac{0.07}{G+0.25} - 0.05\right) \tag{6-92}$$

对于中间棒,有

$$J = J_1 - \frac{0.19}{G}(J_1 - 1)^2 - \left(\frac{0.14}{G+0.25} - 0.10\right) \tag{6-93}$$

J_1 为基于相对功率因子 f_n 的加权函数,燃料棒的相对位置不同,其权函数不同,燃料棒分类如图 6-12 所示。

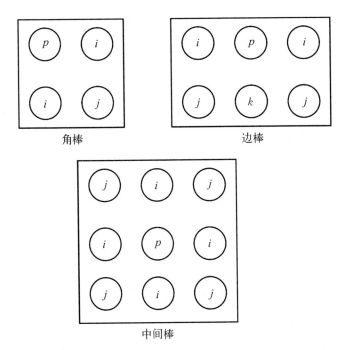

角棒

边棒

中间棒

图 6‑12　EPRI‑2 公式中 J 因子临近棒权重

对于角棒,有

$$J_1 = \frac{1}{16}\Big(12.5 f_p + 1.5 \sum_{i=1}^{2} f_i + 0.5 f_j\Big) - \frac{nP(2S+D-P)}{64A}\Big(4 f_p + \sum_{i=1}^{2} f_i\Big)$$

$$(6-94)$$

对于边棒,有

$$J_1 = \frac{1}{16}\Big(11.0 f_p + 1.5 \sum_{i=1}^{2} f_i + f_k + 0.5 \sum_{j=1}^{2} f_j\Big) -$$
$$\frac{nP(2S+D-P)}{64A}\Big(2 f_p + \sum_{i=1}^{2} f_i\Big)$$

$$(6-95)$$

对于中间棒,有

$$J_1 = \frac{1}{4}\Big(2.5 f_p + 0.25 \sum_{i=1}^{4} f_i + 0.125 \sum_{i=1}^{4} f_j\Big)$$

$$(6-96)$$

式中,f_p 为指定棒 p 的径向功率因子;f_i 为与棒 p 相邻燃料棒且处于同一排或列的燃料棒的径向功率因子,但是当棒 p 为边棒时,和棒 p 在同一列的棒不属于这一类；f_j 为与棒 p 相邻且处于对角线位置的棒的径向功率因子；f_k 为当棒 p 为边棒时和棒 p 处于同一列的燃料棒的径向功率因子；n 为组件中燃料棒和水管的总个数；P 为棒间距；S 为棒与通道内部的距离；A 为总的流通面积；D 为燃料棒直径。

（3）同时适用于 DNB 和 Dryout：EPRI-1 公式。对于全部由加热棒构成的标准棒束通道，CHF 为

$$q''_{cr} = \frac{A - x_{in}}{C + \left(\dfrac{x_e - x_{in}}{q''_L}\right)} \tag{6-97}$$

式中，

$$A = P_1 P_r^{P_2} G^{(P_5 + P_7 P_r)} \tag{6-98}$$

$$C = P_3 P_r^{P_4} G^{(P_6 + P_8 P_r)} \tag{6-99}$$

q''_L 为当地热流密度[MBtu/(h·ft²)]；x_e 为当地平衡含气率；x_{in} 为进口含气率，$x_{in} = (h_{inlet} - h_f)/h_{fg}$；$G$ 为局部质量流量密度[Mlb$_m$/(h·ft²)]；P_r 为系统压力与临界压力之比；$P_1 = 0.5328$；$P_5 = -0.3040$；$P_2 = 0.1212$；$P_6 = 0.4843$；$P_3 = 1.6151$；$P_7 = -0.3285$；$P_4 = 1.4066$；$P_8 = -2.0749$。

适用范围如表 6-3 所示。

表 6-3　EPRI-1 公式使用范围

压力/psia	200～2 450 psia
质量流量密度/Mlb$_m$/(h·ft²)	0.2～4.5
平衡含气率/%	-25～75
棒束几何	3×3，4×4，5×5，含有或不含导向管均可
加热长度/in	30，48，66，72，84，96，144，150，168
棒束直径	可用于典型 PWR、BWR
功率分布	轴向均匀功率分布；径向均匀或非均匀

当通道临近燃料组件内壁面时，有

$$q''_{cr} = \frac{AF_A - x_{in}}{CF_C + \left(\dfrac{x_e - x_{in}}{q''_L}\right)} \tag{6-100}$$

式中，

$$F_A = G^{0.1} \tag{6-101}$$

$$F_C = 1.183G^{0.1} \tag{6-102}$$

适用范围：压力 600~1 500 psia；质量流量密度 0.15~1.40 Mlb$_m$/(h·ft^2)；局部平衡含气率 0.0~0.70。

当通道包含定位格架时，采用格架修正因子 F_g 进行修正，即

$$q''_{cr} = \frac{A - x_{in}}{CF_g + \left(\dfrac{x_e - x_{in}}{q''_L}\right)} \tag{6-103}$$

式中，

$$F_g = 1.3 - 0.3C_g \tag{6-104}$$

式中，C_g 为通过实验获得的格架损失系数，取值范围约为 0.815~2.0，且对于大部分格架，其取值范围小于 1.08。由此可知，对于大部分工况，定位格架可以提高 CHF，但当 C_g 大于 1.5 时，格架反而降低 CHF。

当轴向功率分布不均匀时，有

$$q''_{cr} = \frac{A - x_{in}}{CC_{nu} + \left(\dfrac{x_c - x_{in}}{q''_L}\right)} \tag{6-105}$$

式中，

$$C_{nu} = 1 + \frac{(Y-1)}{(1+G)} \tag{6-106}$$

Y 为衡量功率轴向非均匀性的参数，有

$$Y = \frac{\displaystyle\int_0^Z \bar{q}''(Z)dZ}{\bar{q}''(Z)Z} \tag{6-107}$$

式中，Z 为距离加热段起点的长度；$\bar{q}(Z)$ 为轴向高度 Z 处的径向平均功率，对于轴向功率密度均匀的情况，$Y=1$。

6.3.3.3　查表法

Groeneveld CHF 查询表见图 6-13 是目前使用较广的高精度 CHF 计算

CHF [kW/m²]

Pressure [MPa]	Mass Flux [kg/m²s] X→	-0.50	-0.40	-0.30	-0.20	-0.15	-0.10	-0.05	0.00	0.05	0.10	0.15	0.20	0.25	0.30	0.35	0.40	0.45	0.50	0.60	0.70	0.80	0.90	1.00
0.100	0	8111	7252	6302	4802	4086	3057	1990	1142	637	415	284	223	188	165	152	142	133	123	114	110	96	55	0
0.100	50	8317	7271	6326	5035	4236	3453	2420	1570	1011	784	641	587	553	531	475	443	419	387	347	277	239	204	0
0.100	100	8390	7295	6371	5322	4586	3640	2942	2479	1658	1275	1013	885	847	811	789	758	745	715	700	600	459	359	0
0.100	300	10698	9288	7795	6020	5009	3865	3196	2635	1961	1707	1317	1177	1172	1159	1150	1100	1085	1041	1031	675	517	366	0
0.100	500	12882	10946	9224	6791	5348	3938	3369	2780	2087	1808	1412	1347	1311	1303	1282	1260	1212	1193	1071	605	450	295	0
0.100	750	16982	14405	11641	7496	5662	4234	3471	3012	2229	1970	1649	1606	1591	1563	1510	1495	1400	1280	595	415	243	206	0
0.100	1000	19441	16278	13255	8232	5971	4495	3533	3166	2653	2349	2070	2000	1980	1930	1715	1550	1359	1165	503	322	172	105	0
0.100	1500	22781	19225	15465	9100	6603	5358	3741	3524	3166	2917	2635	2572	2467	2378	1908	1350	1005	815	302	210	126	51	0
0.100	2000	25208	21321	17143	9141	7059	6036	4074	3855	3556	3402	3167	2986	2720	2549	1696	1105	805	595	247	126	87	39	0
0.100	2500	28026	23599	18346	9503	7506	6316	4502	4047	3852	3599	3228	3019	2676	2458	1148	956	708	485	290	105	46	22	0
0.100	3000	30294	25465	19383	9779	8063	7088	4826	4182	3976	3389	2968	2706	2369	1829	940	846	665	532	302	120	55	20	0
0.100	3500	32227	27043	21068	10156	8518	7302	5113	4384	4106	3196	2557	2311	2282	1729	1158	891	817	670	475	159	75	28	0
0.100	4000	33938	28471	22722	10512	8738	7528	5582	4709	4228	3119	2736	2604	2304	1850	1470	1160	1030	823	585	210	96	38	0
0.100	4500	35406	29774	23890	10945	9088	8067	6267	5013	4272	3087	2769	2541	2355	1972	1718	1405	1185	969	647	248	129	61	0
0.100	5000	36808	30988	24979	11185	9392	8576	6748	5113	4342	3410	2890	2629	2406	2066	1779	1498	1247	1030	729	289	167	81	0
0.100	5500	38232	32141	25791	11929	10084	8940	6867	5175	4389	3465	2954	2680	2447	2120	1848	1599	1334	1118	807	347	206	101	0
0.100	6000	39535	33222	26637	13026	10396	9347	6919	5241	4423	3580	2921	2681	2477	2170	1908	1651	1418	1204	878	409	244	121	0
0.100	6500	40727	34244	27480	14371	10748	9701	6995	5295	4491	3620	2918	2694	2501	2209	1965	1719	1493	1281	943	468	282	142	0
0.100	7000	41950	35224	28165	15045	11091	10522	7062	5370	4513	3668	2958	2724	2526	2247	2013	1780	1559	1349	1000	523	319	162	0
0.100	7500	43448	36075	28604	15822	11588	10726	7087	5381	4585	3699	2996	2751	2526	2283	2060	1838	1622	1414	1054	576	347	180	0
0.100	8000	44338	36803	29089	16599	12085	10900	7313	5392	4689	3780	3031	2778	2553	2320	2103	1890	1679	1473	1054	651	371	196	0

图 6 - 13 CHF 查询表节选

工具,适用范围:$0.1 \leqslant p \leqslant 21$ MPa;$0 < G \leqslant 8\,000$ kg/(m² · s);$3 < D \leqslant 25$ mm;$-0.50 < x \leqslant 0.90$。

该查询表的数据为 8 mm 内径的圆管的 CHF,通过对其进行修正可用于非均匀加热的其他直径圆管或棒束通道,修正后的 CHF 为

$$q_{cr} = q_{table} K_1 K_2 K_3 K_4 K_5 K_6 K_7 K_8$$

式中,修正系数 K_i 如表 6-4 所示。

表 6-4 修正系数

因　子	形　式
K_1,子通道或传热管直径、截面几何影响系数	$3 < D_e < 25$ mm:$K_1 = (8/D_e)^{1/2}$ $D_e > 25$ mm:$K_1 = 0.57$
K_2,棒束几何系数	$K_2 = \min\left[1, \left(\dfrac{1}{2} + \dfrac{2\delta}{D}\right) \exp\left(\dfrac{-(x_e)^{\frac{1}{3}}}{2}\right)\right]$ δ 为棒间最小距离,$\delta = P - D$
K_3,CANDU 堆 37 棒束燃料中间定位格架修正系数	见文献[30]
K_4,加热长度系数	对 $L/D_e > 5$: $K_4 = \exp\left[\left(\dfrac{D_e}{L}\right) \exp(2\alpha_{HEM})\right]$ $\alpha_{HEM} = \dfrac{x_e \rho_f}{[x_e \rho_f + (1 - x_e)\rho_g]}$
K_5,轴向功率分布系数	$x_e \leqslant 0$:$K_5 = 1.0$ $x_e > 0$:$K_5 = q''/q''_{BLA}$
K_6,周向或径向功率分布系数	$x_e > 0$:$K_6 = q''(z)_{max}/q''(z)_{avg}^b$ $x_e \leqslant 0$,$K_6 = 1.0$
K_7,水平流动系数	见文献[30]
K_8,竖直低流速流动系数	$G < -400$ kg/(m² · s) 或 $x_e \ll 0$:$K_8 = 1$ $-400 < G < 0$ [kg/(m² · s)] 负号表示向下流动,$G = 0$,$x_e = 0$ 表示池式沸腾

以余弦分布的非均匀热流密度的圆管为例,通过查表获得其 CHF 数值,如图 6-14 所示。沿高度将传热管离散化,首先假定热流密度 q,通过热平衡计算得到沿程当地含气率 x。此时,根据进口边界条件和阻力模型,可以得到

当地质量流量密度 G 和压力 p，之后根据不同高度处$(G、p、x)$查表获得当地对应的临界热流密度 q_{CHF}。对比假设的 q 和计算得到的 q_{CHF}，如两者不存在交点，说明假设的 q 值低于当地参数下对应的 CHF 值，增大 q 值重新计算，直至假设的 q 与根据当地参数计算的 q_{CHF} 出现切点，相切位置极为 CHF 发生位置，对应的热流密度为 CHF。

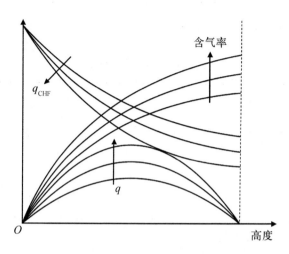

图 6-14　查表法判断 CHF 临界示意图

思考题

1. 对于池式沸腾曲线，随着压力变化，沸腾曲线将如何变化或移动？

2. 最小稳定膜态沸腾点的确定对反应堆工程有什么具体的指导作用？

3. 请列举反应堆内可能发生过渡沸腾的位置和工况。

4. DNB 型和 Dryout 型 CHF 发生机理不同导致其预测方式不同，同时适用于 DNB 和 Dryout 型 CHF 的预测模型是如何兼顾这两种机理的？

参考文献

[1] D'auria F. Thermal-hydraulics of water cooled nuclear reactors [M]. Hampshire Street: Woodhead Publishing, 2017.

[2] Rohsenow W M. A method of correlating heat transfer data for surface boiling of liquids[J]. Trans ASME, 1952, 74: 969-976.

[3] Stephan K, Abdelsalam M. Heat-transfer correlations for natural convection boiling [J]. International Journal of Heat and Mass Transfer, 1980, 23(1): 73-87.

[4] Klimenko V V. Film boiling on a horizontal plate - new correlation[J]. International Journal of Heat and Mass Transfer, 1981, 24(1): 69-79.

[5] Bromley L A. Heat transfer in stable film boiling[M]. New York: Technical Information Division, 1949.

[6] Hsu Y, Westwater J. Approximate theory for film boiling on vertical surfaces[J]. Chemical Engineering Progress, 1960, 56(1): 15 - 24.

[7] Rohsenow W M, Griffith P. Correlation of maximum heat flux data for boiling of saturated liquids[J]. Chemical Engineering Progress Symposium Series, 1955, 18(52): 47 - 49.

[8] Kandlikar S G. A theoretical model to predict pool boiling CHF incorporating effects of contact angle and orientation[J]. Journal of Heat Transfer, 2001, 123(6): 1071 - 1079.

[9] Berenson P J. Film-boiling heat transfer from a horizontal surface[J]. Journal of Heat Transfer-transactions of the Asme 1961,83(3): 351 - 356.

[10] Collier J G. Convective boiling and condensation [M]. London and New York: McGraw-Hill, 1972.

[11] Bergles A, Rohsenow W. The determination of forced-convection surface-boiling heat transfer [J]. Journal of Heat Transfer, 1964, 86(3): 365.

[12] Chen J C. Correlation for boiling heat transfer to saturated fluids in convective flow[J]. Industrial and Engineering Chemistry Process Design and Development, 1966, 5(3): 322 - 329.

[13] Bromley L A, Le Roy N R, Robbers J A. Heat transfer in forced convection film boiling[J]. Industrial & Engineering Chemistry, 1953, 49: 1921 - 1928.

[14] Groeneveld D. Post-dryout heat transfer at reactor operating conditions[R]. Salt Lake: Atomic Energy of Canada Limited,1973.

[15] Mcdonough J B, Milich W, King E C. An experimental study of partial film boiling region with water at elevated pressures in a round vertical tube [J]. Chemical Engineering Progress Symposium Series, 1961, 57: 197.

[16] Tong L S. Heat-transfer mechanisms in nucleate and film boiling[J]. Nuclear Engineering and Design, 1972, 21(1): 1 - 25.

[17] Tong L, Tang Y. Boiling heat transfer and two-phase flow[M]. New York: Routledge, 2018.

[18] Celata G P, Cumo M, Mariani A. Assessment of correlations and models for the prediction of CHF in water subcooled flow boiling[J]. International Journal of Heat and Mass Transfer, 1994, 37(2): 237 - 255.

[19] Todreas N E, Kazimi M S. Nuclear systems I: thermal hydraulic fundamentals[M]. New York: Taylor and Francis Group, 1993.

[20] Tong L S. Heat transfer in water-cooled nuclear reactors[J]. Nuclear Engineering and Design, 1967, 6(4): 301 - 24.

[21] Tong L S, Currin H B, Larsen P S, et al. Influence of axially non-uniform heat flux on DNB [J]. AIChE Chemical Engineering Progress Symposium Series, 1966, 62(64): 35 - 40.

[22] Hench J E, Gillis J C. Correlation of critical heat flux data for application to boiling water reactor conditions, EPRI NP - 1898[R]. Campbell, CA: EPRI, 1981.

[23] Reddy D G, Fighetti C F. Parametric study of CHF data, volume 2: a generalized subchannel CHF correlation for PWR and BWR fuel assemblies. EPRI NP - 2609 [R]. New York: Department of Chemical Engineering, Columbia University, 1983.

[24] Groeneveld D C, Shan J Q, Vasić A Z, et al. The 2006 CHF look-up table[J]. Nuclear Engineering and Design, 2007, 237(15 - 17): 1909 - 1922.

[25] Groeneveld D C, Leung L K H, Guo Y, et al. Lookup tables for predicting CHF and film-boiling heat transfer: past, present, and future[J]. Nuclear Technology, 2005, 152(1): 87 - 104.

第7章　两相流流动不稳定性

两相流动系统中发生流量波动的现象称为流动不稳定性。两相流流动不稳定性是两相流动的固有特性,会对系统的安全运行造成危害,是动力装置热工水力研究领域长期关注的重点问题之一。静态不稳定性是指当由一个流量变到另一个流量时出现的新工况或者不定期地无规律地又返回到原工况的现象。动态不稳定性是指围绕一个平均工况进行周期性的流量变动,并具有稳定的或发散的振幅现象。两种现象都对设备的正常运行和调节有极大的不利影响。因此在设计中应尽量避免和消除这些流动不稳定的情况。两相流的不稳定性在近年来成为两相流与传热研究中的一个重要课题,在许多热交换设备中都存在着两相流不稳定性问题,如蒸汽发生器、核反应堆、锅炉、蒸发器、热交换器、低温设备及化工设备等。研究两相流不稳定性就是要掌握导致流动发生不稳定的主要因素,确定不稳定性发生的界限值,了解不稳定条件下的脉动特性和提出防止不稳定性的有效措施。

7.1　静态/动态流动不稳定性特征

在加热的流动系统中,当经受瞬间扰动后,系统能从新的运行状态恢复到初始的运行状态,则为稳定流动。而流动不稳定性是指在一个质量流密度、压降和空泡之间存在耦合的两相系统中,流体受到一个微小扰动后所产生的流量漂移或以某一频率的恒定振幅或变振幅进行的流动振荡,通常还包括零频率的流量漂移。沸腾流道内由于含气率变化,引起浮力或者流体容积发生变化,浮升力的驱动作用明显,系统流量不再是一个独立变量,其与系统压力、入口过冷度、系统压降、加热段功率等因素形成耦合,可能会出现强烈的流动振荡。流动不稳定性不仅会在有热源变动的情况下发生,而且在热源保持恒定的情况下也会发生。在反应堆、蒸汽发生器以及其他存在两相流动的装置中,流动振荡会降低设备的运行性能，一般不允许出现流动不稳定性，主要原因如下。

（1）持续的流动振荡引发的机械力使装置产生强迫机械振动，导致其疲劳破坏。

（2）流动振荡会干扰控制系统，在冷却剂兼作慢化剂的液冷反应堆中，这一问题尤为突出。

（3）流动振荡影响局部换热特性，降低系统的输热能力，并使临界热流密度大幅下降，可能导致沸腾危机提前出现，使临界热流密度降低。

（4）流动振荡导致局部热应力产生周期性变化，从而导致部件热疲劳破坏。

两相流动不稳定性根据发生机理可以分为静力学流动不稳定性和动力学流动不稳定性。静力学不稳定性是指当流动受到瞬时扰动后，系统会稳定于某一新的运行状态，系统参数发生非周期性的偏移。这类不稳定性是由于系统的流量与压降之间的变化、流型转换或传热机理的变化所引起的。常见的静态不稳定性包括流量漂移、流型变迁、沸腾危机、碰撞、喷涌和爆炸喷流、冷凝爆炸等。与静力学流动不稳定性不同，动力学流动不稳定性则是指系统受到某一瞬时扰动后，在以声速传播的压力扰动和以流动速度传播的流量扰动之间的滞后和反馈作用下，流动发生呈现有规律的参数变化，通常会发生具有一定周期的等幅或者发散的振荡，系统流动的振荡将会导致加热表面被反复地浸润以及干涸，导致沸腾表面发生局部热疲劳或者机械疲劳。其振幅表现为稳定或发散，通常导致加热表面反复地浸润和干涸。这类不稳定性的产生主要是由于系统的流量、密度、压降之间的延迟和反馈效应，热力学不平衡性以及流型的转换等原因引起的。常见的动力学不稳定性包括声波不稳定性、密度波不稳定性、热力振荡、压降振荡、冷凝振荡和并联管不稳定性等。

7.2　流动不稳定性介绍

两相流不稳定性主要可以分为两大类：静力学不稳定性和动力学不稳定性。

静力学的不稳定性是非周期性的改变稳态工作情况，即在某些情况下从一种稳态工况失稳而改变到另一种不相同的稳态工况，它的基本特点是系统会从一个稳态工作点转变到另一个稳态工作点运行。这是由于流量与压降之间关系的变化、界之间的不稳定或是传热机理的变化所引起的。因此,静力学不稳定性的产生包括 3 种机理,即流量偏移、流型转换、传热机理的变化。

动力学不稳定性是周期性的改变稳态工作情况,惯性和其他反馈效应在流动过程中占据主要成分,系统的工作行为类似一伺服机构。它的基本特点是两相流系统在以声速传播的压力扰动和以流动速度传播的流量扰动之间的滞后和反馈作用下,流量发生振幅可观的周期性脉动。动力学不稳定性现象复杂,它的产生包括 4 种机理,即密度波的传播、压力波的传播、热力学的不平衡性和流型的变化。

7.2.1　静力学不稳定性

所谓静力学不稳定性,实际上指的是其分析方法,即可以采用稳态(静力学)守恒方程进行分析的一类两相流动不稳定性现象。静力学不稳定性通常表现为系统稳态工作运行点的周期或非周期性改变,它的基本特征是系统在经受一个微小扰动后,会自发从原来的稳态工作点转移到另一个不相同的稳态工作点运行。这类不稳定性的发生通常是由于系统的流量压降关系、流型转换或传热机理的变化等所引起的。最常见的静态不稳定性有流量漂移、流型转换等。

1) 流量漂移不稳定性

1938 年,Ledinegg 在对并联的锅炉管内的两相流动不稳定性进行实验研究时,发现在某些工况下,压降与流量之间并非单值函数关系,即一个压降可能对应多种流量,系统出现了流量漂移现象,这就是静力学不稳定性中的流量漂移,又称为 Ledinegg 不稳定性。

当受加热的流体流过某一管道时,流道两端的总压降 ΔP 等于摩擦压降 ΔP_{fric}、加速压降 ΔP_{acc} 和重位压降 ΔP_{grav} 之和,即

$$\Delta P = \Delta P_{\text{fric}} + \Delta P_{\text{acc}} + \Delta P_{\text{grav}} \tag{7-1}$$

当加热管道的几何尺寸、压力和加热功率确定时,沸腾流道的压降 ΔP 是系统流量 G 的函数,两者之间的数学关系称为系统水动力特性或流动特性。沸腾通道的压降-流量曲线的斜率大小决定了 Ledinegg 不稳定性是否会发生,因此为了研究 Ledinegg 不稳定性,首先要得到沸腾通道的压降-流量曲线。对于单相介质,ΔP 与 G 之间呈单调的二次曲线上升关系,流动是稳定的。对于两相介质来说,随着汽相份额增大,流速增大,加速压降 ΔP_{acc} 也增

大。但汽水混合物的密度减小,将导致重位压降 ΔP_{grav} 减小。而对于摩擦压降 ΔP_{fric},一方面两相混合流速增大导致动压头增大,ΔP_{fric} 呈增大趋势;另一方面,因汽水混合物密度减小,流体动压头减小,又可使 ΔP_{fric} 呈减小趋势。在上述各部分压降的综合作用下,系统流动特性曲线以三次方关系呈现不规则的变化,即 ΔP 随 G 的增大,呈现先增大后减小,最后又增大的变化趋势,如图 7-1 中 ΔP_{int} 实线所示。而图 1-1 中 ΔP_{ext} 实线(case 1)表示加在管道两端驱动压头(通常是水泵或自然循环的驱动压头)的特性曲线。

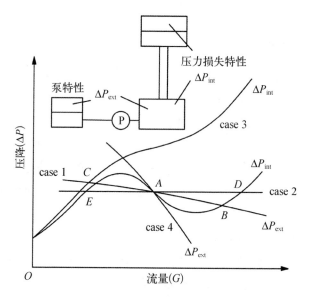

图 7-1 沸腾两相流回路中压降和流量的特性曲线

当外部驱动压头特性曲线(case 1)与系统压降特性曲线相交于 A 点时,外部压头 ΔP_{ext} 等于系统阻力 ΔP_{int},系统处于稳定工况。当系统出现微小波动时,例如系统压力降低或加热功率突增,使得系统流速增大,而外部压头 ΔP_{ext} 的减小量小于系统阻力 ΔP_{int} 的减小量,因此导致流速持续增加直至稳定于 B 点。相反,当系统压力升高或加热功率突降时,流速减小,外部压头 ΔP_{ext} 的增大量小于系统阻力 ΔP_{int} 的增大量,因此流速持续减小直至稳定于 C 点。这种不稳定性称为流量漂移。显然,系统压降 ΔP_{int} 先增大为单相汽的特性,最后增大为单相液的特性,中间减小过程为两相流的特性。由于系统参数的微小变化引起了系统工况的偏离,随着流量的变化,系统阻力 ΔP_{int} 的变化程度大于外部压头 ΔP_{ext} 的变化程度,系统发生流量漂移。

通常,流量漂移发生在系统压降特性曲线的负斜率区(A 点),其稳定性判据为

$$\frac{\partial(\Delta P_{\text{ext}})}{\partial G} > \frac{\partial(\Delta P_{\text{int}})}{\partial G} \tag{7-2}$$

式中,ΔP_{int} 为系统流动压降(Pa);ΔP_{ext} 为外部驱动压头(Pa)。

Ledinegg 不稳定性会对系统造成不利影响,特别是当扰动导致流量减小时,将会给沸腾通道带来极大的危害,可能会烧坏通道。为了消除流量漂移现象,系统运行工况应尽量避免出现在流动特性曲线的负斜率区域。一般来说,可以通过降低入口过冷度,使运行特性曲线为图 7-1 中的实线 case 3,即 ΔP_{int} 与 G 之间的关系为单值函数(即一个压降只对应一个流量),以提高流动的稳定性;或者通过安装入口节流孔板,增加进口局部阻力,使 $\dfrac{\partial(\Delta P_{\text{ext}})}{\partial G}$ 变得更小(斜率比实线 ΔP_{int} 上 A 点处的更"负"),使外部驱动压头的特性曲线(图 7-1 中的实线 case 4)与内部流动特性曲线只有一个交点,此时,系统在 B 点稳定运行。

在并联蒸发管共用进出口联箱的情况下,如图 7-1 中的实线 case 2,两并联蒸发管运行工况从 A 点转变到 D 点或 E 点也将导致流量分布不均匀。

2) 流型转变不稳定性

流型转变不稳定性是指当管道内的流动状态处于接近泡状流或团状流与环状流之间的过渡边界时,管内流型在扰动作用下发生流型交替出现的现象。对于加热管道内的泡状流(或者泡-弹状过渡流型),流量的随机减小将使加热通道中空泡份额增大,促使流型过渡为具有较低压降的环状流。在相同质量流速条件下,环状流的流动阻力小于泡状流动,当加热管的驱动压头保持不变时,则存在一个过剩压头促使系统的流量突然增加。在加热量保持不变的情况下,流量的增加会使管道中产生的蒸汽不足以维持环状流动。于是流型又恢复为泡状流或弹状流,流动阻力增大而流量减小,如此反复循环便出现了流型变迁流动不稳定性。这种流型循环转变的部分原因是蒸汽流速的延迟增加或减小,导致液相流量的延迟振荡。如果系统的出口含汽量选择得合理,这种流动不稳定性是可以避免的。通常压水堆在低于转换点的出口含汽量下运行,而沸水堆则在高转换点的出口含汽量下运行。流型变迁流动不稳定性通常没有明显规律,因此其参数的波动并非严格按照周期振荡,通常呈现一定的随机性。目前还没有合适的判断流型转变的准则,因而也没有分析这类不稳

定性的适用模型和方法。

　　此类不稳定性可能出现在水平通道、垂直上升通道以及 U 形管中,特别是后两种管段,泡状流时的重位压降要大于环状流,因此,这类不稳定性的后果更为严重。在反应堆失水事故中也可以看到流型转变不稳定性,排放后期下部再充满,堆芯再淹没,应急堆芯冷却剂(ECC)可能与流动的蒸汽相互作用,产生流量和压力振荡或快速瞬变。相关研究人员利用 ECC 注入区的模化试验(1/30 到 1/3 压水堆规模)在堆芯紧急冷却剂喷射区观察到脉动发生,这可能是由于在注入点附近分散液相(分散的液滴或液块)聚合形成液塞或液弹而引起的流型转变不稳定性。

　　3) 蒸汽爆发不稳定性

　　由于液相的突然汽化导致混合物密度急速下降会引起蒸汽爆发不稳定性。它与流体的性质、通道的几何形状、加热面的状况密切相关。例如,对于清洁光滑的加热面,为了激活汽化核心,需要相当大的过热度,大的壁面过热度使近壁面的液体高度过热,在这种情况下,一旦汽化核心被激活,生成的汽泡就会在高度过热液体的加热下突然长大,产生大量蒸汽,形成爆发式沸腾,伴随汽泡的长大,还会将液体从加热通道中逐出。快速蒸发降低了周围液体和加热面的温度,一旦汽泡脱离壁面后,温度较低的加热面重新被液体覆盖,汽化核心暂时被抑制,直到加热面重新建立起大的过热度,过程再次重复进行。这种不稳定行为在一个循环里包含升温、核化、逐出及再进入的过程。液态金属系统容易发生这种类型的不稳定性,这是因为它的两个相的密度差很大,蒸汽的压力-温度曲线的斜率很小,又有良好的浸润性,这些特性就使得液态金属在汽泡开始长大以前就达到很高的过热度,一旦汽泡生成,在高过热度液体的加热下就会很快长大,同时把液体从加热通道中逐出。

　　对于大多数水冷反应堆系统,由于沸腾所需的过热度不大,在正常运行工况下蒸汽爆发不稳定性并不构成一个问题。这种不稳定性在反应堆事故工况的再淹没阶段却是很有用的。电厂应急堆芯冷却系统的实验结果表明,一旦冷却剂碰到炽热的燃料元件,蒸汽爆发所引起的两相混合物的飞溅,有助于燃料元件快速冷却下来。

7.2.2　动力学不稳定性

　　不同于静态流动不稳定性,动态不稳定性现象多是有固定频率的脉动现象、系统进口流量围绕某一平均值可能呈现收敛的、发散的或稳定的周期性脉动变化。动力学不稳定的机理可以解释为任何两相流动系统中都有的传播时间滞后和反馈现象。瞬态的扰动需要一些时间沿系统到达另外一点,这个时间的长短与传播波速成正比,当这些滞后的扰动经反射回到扰动的初始点时,又产生一个新的扰动,并继续下去。在满足一定条件下,这个过程能由其本身自持而无限地进行下去,这样便引起了持续的脉动。脉动的周期与扰动波沿系统传播所需要的时间有关。

与静力学不稳定性相比,动力学不稳定性除了流量、压差之外,扰动的传递是引起不稳定的主要因素。当系统受到扰动时,流体的气液交界面会形成界面波,在界面波的传播和滞后反馈效应的作用下,流量发生振幅稳定或发散的脉动现象。这类不稳定性主要是由于两相混合物界面热力学与流体动力学之间的相互作用,进而引发相界波的传播所产生的。根据形成的原因,界面波可分为压力波和密度波。其中,压力波因为其波动频率在声频范围内,又称声波。而密度波是由两相混合物密度周期性变化产生的,又称空泡波。对于任何一个两相流动系统,这两类波通常同时存在并相互作用,形成多种单一或者复合型的不稳定性。由于两类波的传播速度差 1～2 个数量级,因此可用传播速度来区分压力波和密度波造成的动力学不稳定性现象。密度和压力波振荡区如图 7-2 所示。

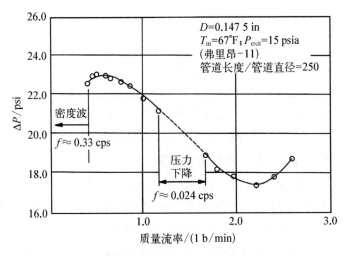

图 7-2 密度和压力波振荡区

1) 声波不稳定性

在所有系统中都存在声学效率,其中压力扰动能通过管道传递,并在它的端部反射回来。这种压力扰动是以混合物的声速传播,因此与压力波反馈的效果以及时间滞后有关的脉动必然是很高的频率（10～100 Hz）,且在大多数情况下伴随有尖锐的声音,因此又称声波振动。

声波不稳定性一般发生在高欠热沸腾区和膜态沸腾区,当流体介质受到压力波的周期性作用,导致加热壁面产汽液膜受到不同程度的压力作用。当压力波波峰经过时,液膜被压缩,液膜热阻减小,导热性能提高,产生蒸汽量增加,系统压降随之增加,从而使流量下降;当压力波波谷经过时,则产生相反效果,导致系统压降减小,流量增加。因此,压力扰动导致系统流量振荡,流量振荡周期与压力波通过流道所需的时间为同一量级。于是进口流量出现频率极高的不稳定脉动现象,频率一般为 5～100 Hz。

压力扰动可以是规则的或者仅是偶然的,这些声学效应通常在传播过程中逐渐衰减,而且这些波一般都是小振幅高频振荡,不会对设备造成较大损害。但是,当压力波作为现象反馈信息出现,并可维持或增大脉动提供能量时,其危险性大大增加。例如,在沸水堆中,当压力波动影响空泡份额时,将影响中子功率,最终影响蒸汽发生率。两相系统中的声速一般要比每一相中的声速低许多。连续液相中汽泡的存在能使声速降低到很低的数值;可是当蒸汽是连续相时,液滴和液膜的存在则不会使声速比纯蒸汽时有明显降低,因此低含气率系统的声速很小。

2）密度波不稳定性

在水动力不稳定性中,流量的微小变化会导致系统大的流量漂移;而对于密度波振荡,微小的流量变化能够引起系统大的流动振荡。密度波属于低频振荡（通常小于 1Hz）,由连续波定律可以知道其振荡周期大约是流体质点穿越通道所需时间的 1～2 倍。其脉动现象与运动波的传播紧密相关,其基本机理在于高密度与低密度混合物的液体波在两相流系统中交替通过,而蒸汽的可压缩性并非导致此现象产生的重要因素。

根据不同影响因素,目前一般将密度波不稳定性分为如下 3 类。

第 I 类（DWO$_I$）：主要影响因素是重位压降变化,主要发生在低含气率,垂直高度大的系统,在沸水堆安全分析中尤为重要。

第 II 类（DWO$_{II}$）：主要影响因素是摩擦压降,是最常见的密度波不稳定性。发生在出口含气率较高的系统。流动扰动导致压降变化,由于两相区扰动传播很慢,有明显迟延,因此两相区和单相区压降异相振荡。

第 III 类（DWO$_{III}$）：此类密度波不稳定性关注较少,产生原因是流动惯性和加速压降之间的相互作用。

密度波不稳定性一般出现在系统流动特性曲线的正斜率区(图 7 - 1 中 ΔP_{int} 实线部分 B 点和 C 点,特别是 B 点右侧区域),是由于系统介质密度发生周期性变化而引起的周期性流量变化。如图 7 - 3 所示,当进口流量或加热功率受到扰动时,由于焓升的变化,单相区的长度以及压力损失发生变化($\delta\Delta P_1$),两相区的空泡份额、混合物密度和压力损失($\delta\Delta P_2$)相应地也发生变化。当这些变化反馈到恒定压差的流动中时,不变的外部驱动压头将导致流量的变化。多次的反馈作用形成系统流量、密度和压降的周期性振荡。由于加热管进出口两端的总压差为定值,对入口流量给出反馈 δw_{fdb},以便两相区的压力损失变化由单相区的压力损失变化补偿。根据该条件,小扰动可能是自激的,从而形成一个恒定频率 ω(极限循环)的流动振荡。

$$\delta\Delta P(\omega) = \delta\Delta P_1(\omega) + \delta\Delta P_2(\omega) = 0 \qquad (7-3)$$

式中,ΔP_1 为单相区压力损失(Pa);ΔP_2 为两相区压力损失(Pa);δ 为压力损失的变化量。

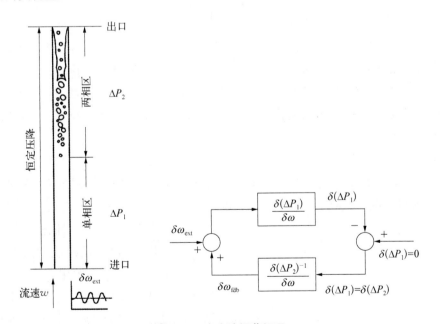

图 7 - 3　密度波振荡机理

为了产生反馈效应,管道进口流量的变化必须反映到出口部分。因此,密度波不稳定性的振荡周期与流体流过管道的时间密切相关,前者通常是后者的 1～3 倍。

密度波不稳定性也是沸水堆中子-热工-水力耦合不稳定的主要原因。在沸水堆稳定性评估中,与密度波振荡相关的稳定性称为通道稳定性或水动力通道稳定性。由于密度波振荡的原因,当两相区压力损失较大时,通道稳定性变差。密度波振荡可借助描述流体瞬态流动的质量、动量、能量守恒方程和结构方程进行分析。这些方程可以应用数值分析法直接求解;也可以采用频域法,应用反馈控制理论进行分析。增加进口阻力、提高系统压力和增大质量流密度有助于改善系统的不稳定性。增加进口阻力,将在进口处形成较高的压头,强迫流体流过通道,大大降低了系统内压力的脉动对进口流量变化的影响。提高系统的压力将使汽液两相流的密度差减小。增大质量流密度,在一定的输入功率下,意味着蒸发率的降低,因而系统的稳定性提高。

3) 压降不稳定性

当系统存在可压缩体积以及系统运行在接近水动力特性曲线的负斜率区时,有可能发生压降振荡。压降振荡频率比密度波振荡频率约小一个量级 (0.1 Hz)。当加热管运行工况处于流动特性曲线的负斜率区时,不一定出现静态不稳定性,但容易出现压降型不稳定性。

假设加热通道上游存在一个可压缩空间,压缩空间内的压力变化与加热管道的流量呈图 7-1 所示的三次曲线关系。当加热管的运行工况位于流动特性曲线上具有负斜率的区域时,一旦流量受到任何形式的扰动,便会产生一种不稳定性现象,该现象的特点是在不发生流量漂移的情况下出现,称为压降不稳定性。

如图 7-4 所示,假设加热管道进出口 A、B 之间的总压差保持不变。当系统受扰动使得入口流量减小,则管内蒸汽产量增加导致两相摩擦压降也增大,流量会进一步减小。由于管道两端压差不变,部分流量分流进入压缩空间 C,增大空间压力 P_d。当低密度的蒸汽离开加热管道后,系统流动阻力又减小。在压缩空间的作用下,一部分流体重新进入加热管道,使 B 的流量增大,系统工况漂移到三次方曲线右侧的正斜率区。此时,流量突增使得 CB 段的流阻增大,流量又开始向释放压力后的压缩空间分流,系统流量再

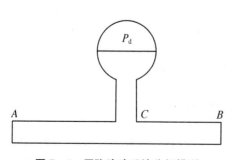

图 7-4　压降脉动系统分析模型

次减小,工况恢复到初始状态。如此反复,产生流量脉动,形成压降型不稳定性。在整个过程中,可压缩容积对流量起到缓冲作用,使管道进出口流量变化缓慢,而不至于出现流量漂移。

在实际应用中,系统本身就相当于一个可压缩容积,对于可压缩的两相流,同样能起到缓冲罐的作用。因此,当系统工作在压降特性曲线负斜率区时,不一定出现静态不稳定性,同样易出现压降型不稳定性。并联管道在运行时,上游一般都采用入口联箱,这也可相当于可压缩容积。

4) 热力振荡

当加热通道出口工质处于膜态沸腾工况时,由于通道内流量受到扰动,壁面蒸汽膜的传热性能发生变化,液相-蒸汽交替流经加热壁面,使壁面温度发生周期性变化。热力振荡循环必然伴有密度波振荡,但密度波振荡不一定会引起这种壁面温度大幅度变化的热力振荡。其基本过程如下:加热通道处于膜态沸腾区,由于汽膜的存在,传热性能差,壁面温度高。当通道内流量出现扰动增加时,受到多余液体的冷却,原来处于膜态沸腾的受热面转变为过渡沸腾,传热性能增强,壁面温度下降。受热面进而又转变为泡状沸腾,此时加热通道出口处的流体密度增加,产生高密度波并传向上游。高密度波的存在使得通道入口流量下降,受热面又转变为膜态沸腾。如此循环,导致壁面温度出现大幅度周期性振荡,即热力振荡。在此过程中,由于密度波产生,使流量振荡与出口壁温振荡呈现一定相位差,与密度波不稳定性类似,一般可达 $180°$ 左右。热力振荡主要包含以下特点。

(1) 热力振荡通常出现在发生膜态沸腾时压降波脉动和密度波脉动之间的运行区间。

(2) 热力振荡总会伴随密度波不稳定性。

(3) 增加输入热量或者减小流量,将降低稳定性。

(4) 增加进口压降,将增加稳定性。

(5) 热力振荡的周期比压力波不稳定和密度波不稳定的周期都大。

一般来说,热力振荡频率与两端开口管道的谐波与亥姆霍兹共振有关,振荡起始点预测公式如下:

$$\frac{q''}{GH_{fg}} = 0.005 \frac{u_1}{u_g} \qquad (7-4)$$

式中,H_{fg} 为汽化焓变(kJ/kg);u_1/u_g 为液相速度与气相速度之比,其分布范围为 9～25。

5）并联管不稳定性和自然循环回路不稳定性

当多个并联的加热平行通道进出口分别与共同的联箱连接时，在总流量不变和联箱两端压差保持恒定的前提下，并联管之间由于空泡份额存在差异而导致两相密度差不同，从而使管间产生周期性的流量波动，这种现象称为并联管道的流动不稳定。其基本过程如下：在系统总流量不变的情况下，如果某些通道受到扰动流量增大，则另一些通道内的流量必然减小并导致其出口处的空泡份额变大。这些通道产生的大量蒸汽在出口处聚集并形成低密度波传向上游，使进口处流量增大，随之产生高密度波，空泡份额又减小。不难发现，并联管单根管道内的流动不稳定性实际为密度波不稳定性，正是单管内的密度波不稳定性导致了相邻管道内的不稳定性。当并联管道数量较多时，由于每根管道对扰动的"分摊作用"，并联管不稳定性并不明显。当并联管道数量为 2 根时，这种不稳定性最为明显，并且相位差接近 180°。

在自然循环回路中，可能发生类似的现象，因为下降管段的静压头起到使受热管两端压降不变的作用，因而发生类似第一种型式的不稳定性；在有多根受热管的自然循环回路中，上述两种型式的不稳定性都可能发生，即自然循环不稳定性和并联管不稳定性。此时所有管中流量均按同一相位脉动。而当并联通道不稳定性发生时，各受热管中的流量按不同相位脉动，但总流量不变。影响管间脉动的主要因素如下。

（1）压力：压力越高，蒸汽与水的比容相差越小，因而脉动的可能性越小。

（2）出口含气率：出口含气率越低越稳定。

（3）热流密度：热流密度越小越稳定。

（4）流量：进口流量越大，流动越难以受管内蒸汽容积变化所扰动，因而可减轻或避免管间脉动。

6）核热耦合不稳定性

在反应堆堆芯中，中子物理和热工水力之间存在密切的耦合关系，称为核热耦合效应，使堆芯流动不稳定性现象非常复杂。在核反应堆安全分析中强调了密度波振荡，因为密度波振荡可能会影响中子慢化水平，因此可能会影响堆芯的功率水平，从而对瞬态产生不利影响。核热耦合流动不稳定性为一种复合型的流动不稳定性，反应堆内不仅会产生热工参数的波动，中子密度也可能呈现不同类型的波动。因此，在 BWR 中，冷却剂密度的变化范围大于PWR，从核电的早期开始，对耦合振荡的担忧一直是安全分析的一部分。堆芯中所有通道的同相流振荡会引起堆芯范围内的功率振荡,这可能导致反应堆紧急停堆的启动,美国拉萨尔核电厂就是如此。正如 March - Leuba 所报告的那样,欧洲早些时候就提出了对几个反应堆在反应堆紧急停堆启动之前发生振荡时不稳定性的担忧。例如,1978 年,瑞典的 TVO - 1 核电站报告了振荡,而总功率几乎没有变化。1984 年,意大利的 Caorso 沸水堆核电厂以异相模式振荡,其中一半堆芯功率增加,另一半功率降低。即使反应堆紧急停堆系统仅由总功率指示启动,在损坏堆芯中的部分燃料之前,这种异相(或区域)振荡可能不会终止。因此,原则上可以考虑如下 3 种类型的耦合振荡。

(1) 小区域(或热通道)振荡,分析时不需要与中子学耦合。

(2) 同相或整个堆芯振荡,其中整个堆芯作为一个单元运行,需要考虑堆芯外部的回路,以捕获由于振荡引起的整个堆芯压降的变化。

(3) 异相振荡,其中堆芯的总功率和流量可假设为近似恒定,且整个堆芯的固定压降将占优势。

当发生同相不稳定性时堆内各点的热工参数和中子密度呈现同相振荡;当发生异相不稳定性时,一半堆芯呈现中子密度上升,另一半堆芯呈现中子密度下降,两者呈异相振荡模式。

除了在电厂满功率或接近满功率运行时对振荡的关注外,科学家们还研究了另外两种情况,介绍如下。

(1) 在沸水堆启动和部分负荷运行期间自然对流的振荡。由于在最大自然对流流量条件下,功率流量比通常较高,并且在没有泵调节流量的情况下,该运行模式的稳定性一直受到关注。事实上,GE BWR 必须调整 BWR4 和 BWR6 电厂的允许运行区域,以避免在低流量条件下运行超过稳定限值。

(2) 在沸水堆启动期间的振荡。在提高功率水平之前,将压力设定在其最大状态是运行电厂并避免此问题的一种方法。此外,同时提高温度和压力可以避免脆性断裂。但是,如果功率水平提升过快,低压沸腾(甚至由于超过堆芯上方烟囱末端的饱和温度而闪蒸)可能导致不稳定。

7.3　典型不稳定性分析

对系统的稳定性分析通常由两类方法,分别为频域法和时域法。频域法基于小扰动理论推导求解,不考虑扰动的具体形态和幅度,通常适用于研究线性系统的稳定性和非线性系统在特定初始状态下施加任意无限小扰动时的稳定性。时域法则从预设形态和幅度的扰动出发,在特定的初始状态下,求解系统的控制方程,得到各项参数随时间的变化关系,判断系统是否稳定,因此适用于研究非线性系统中受扰动形态和幅度影响的稳定性。

7.3.1 水动力学不稳定性

人们已经对两相流动的不稳定性开展了广泛的研究。如前所述,Ledinegg 早在 1938 年就成功地分析了两相流动的不稳定性现象,得出在一定条件下流量和压差不是单值函数,会出现流量漂移现象的实验结论,这就是所谓的水动力学不稳定性,或称 Ledinegg 不稳定性。

1) 水动力学不稳定性原理

在各种不稳定性中,水动力学不稳定性是研究得较多的一种。水动力学不稳定性又称为流量漂移,属于静态不稳定性,首先由 Ledinegg 提出,其特点为流动被扰动后偏离初始的流动平衡工况,在另一个流量值下再次稳定运行。图 7-5 为水动力学不稳定性示意图,其中曲线 a 为通道的压降-流量曲线,曲线 b_1 和 b_2 为泵的压头-流量曲线,通道的压降-流量曲线与泵的压头-流量曲线的交点为系统的平衡运行点。当通道的压降-流量曲线的斜率小于泵的压头-流量曲线的斜率时就会发生水动力学不稳定性,如曲线 a 与曲线 b_1 的交点 2,此时若有扰动使流量减小,则泵增加的压头比通道增加的压降小,驱动压头不够,流量就会接着减小,直到 1 点重新稳定;反之,若扰动使流量增大,流量就会一直增大到 3 点重新稳定。而在 1 点和 3 点处,通道的压降-流量曲线的斜率大于泵的压头-流量曲线的斜率,经过分析可知这两个平衡运行点是稳定的。另外,当泵的压头-流量曲线为曲线 b_2 时,其与通道的压降-流量曲线 a 的交点 2 处通道的压降-流量曲线的斜率大于泵的压头-流量曲线的斜率,经过分析可知这时的 2 点是稳定的。

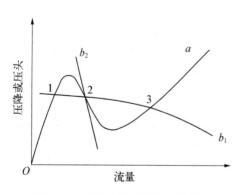

图 7-5 水动力学不稳定性示意图

由曲线 a 可知,当流量很大时,通道的压降-流量曲线的斜率为正值,随着流量的减小,通道的压降-流量曲线的斜率由正值经过压降最低点变为负值,因此压降-流量曲线在压降最低点右侧部分是稳定的,而左侧部分可能发生水动力学不稳定性。基于此,通常把通道的压降-流量曲线的压降最低点称为流动不稳定起始点(OFI)。通道的水动力学不稳定性研究关注的主要是 OFI 点,OFI 点对应的流量越小,单通道的稳定范围越大。

2) 水动力学不稳定性方程

研究含有一沸腾流道的系统,其稳态压降为 Δp_s($\Delta p_s = \Delta p_F + \Delta p_1 + \Delta p_g$),即由摩擦压降 Δp_F、形阻压降 Δp_1 和重位压降 Δp_g 三部分组成。以热平衡含气率 $x_e = 0$ 作为单相液体区与两相区的分界点,以 $x_e = 1$ 作为两相区与单相气体区的分界点。热平衡含气率 x_e 由下式计算:

$$x_e = \frac{H - H_{l,\,sat}}{H_{fg}} \tag{7-5}$$

式中,H 为通道截面上流体的焓(kJ/kg);$H_{l,\,sat}$ 为饱和水的焓(kJ/kg);H_{fg} 为汽化焓变(kJ/kg)。通道截面上流体的焓 H 可以根据能量守恒得到:

$$H = H_{in} + \frac{2qL(W_{ch} + H_{ch})}{GW_{ch}H_{ch}} \tag{7-6}$$

式中,H_{in} 为通道进口流体的焓(kJ/kg);q 为壁面热流密度[J/(m² · s)];L 为通道进口到流体焓值计算处的距离(m);W_{ch} 为通道宽度(m);H_{ch} 为通道高度(m);G 为质量流速[kg/(m² · s)]。

受到外界驱动头 Δp_{ex} 流道的动力平衡条件为

$$I\frac{dQ}{d\tau} = \Delta p_{ex} - \Delta p_s \tag{7-7}$$

式中,Q 为体积流量(m³/s);I 为对应的流体当量惯性(kg/m²)。若对应的流道长度为 L,截面为 A_s,则 $I = L/A_s$,系统不受扰动时,流量 Q_0 为常数,$\Delta p_{ex} = \Delta p_s$。运用小扰动原理,令 $Q = Q_0 + \Delta Q$,可得增量方程:

$$I\frac{d\Delta Q}{d\tau} + \left(\frac{\partial}{\partial Q}\Delta p_s - \frac{\partial}{\partial Q}\Delta p_{ex}\right)\Delta Q = 0 \tag{7-8}$$

此式若直接积分,令积分常数为 C,则

$$Q(\tau) = C\left\{\exp\left[-\left(\frac{\partial}{\partial Q}\Delta p_s - \frac{\partial}{\partial Q}\Delta p_{ex}\right)\frac{\tau}{I}\right]\right\} \tag{7-9}$$

如果用拉普拉斯变换,则

$$s = \frac{1}{I}\left[\frac{\partial}{\partial Q}\Delta p_{ex} - \frac{\partial}{\partial Q}\Delta p_s\right] \qquad (7-10)$$

无论从式(7-9)或式(7-10)都可得出系统稳定时需满足以下条件：

$$\frac{\partial}{\partial Q}\Delta p_s - \frac{\partial}{\partial Q}\Delta p_{ex} \geqslant 0 \qquad (7-11)$$

因此,水动力学稳定性准则为

$$\frac{\partial}{\partial Q}\Delta p_{ex} \leqslant \frac{\partial}{\partial Q}\Delta p_s \qquad (7-12)$$

式(7-12)表示沸腾流道的压降-流量内部特性曲线的斜率应比外加驱动系统的特性曲线的斜率大,即系统的压头斜率需小于阻力斜率。前已指出,沸腾流道的压降流动曲线为 N 形的三次曲线。水动力学稳定性判据是分析水动力学不稳定性的基础,只有得到了 Ledinegg 稳定性判据才能确定沸腾通道在何种工况下稳定,进而才能获得沸腾通道的稳定范围。图 7-6 为水动力学不稳定性示意图,其中曲线 a 为通道的压降-流量曲线,曲线 b_1 和 b_2 为泵的压头-流量曲线,通道的压降-流量曲线与泵的压头-流量曲线的交点为系统的平衡运行点。当通道的压降-流量曲线的斜率小于泵的压头-流量曲线的斜率时就会发生水动力学不稳定性,如曲线 a 与曲线 b_1 的交点②,此时若有扰动使流量减小,则泵增加的压头比通道增加的压降小,驱动压头不够,流量就会接着减小,直到点①重新稳定;反之,若扰动使流量增大,流量就会一直增大到点③重新稳定。而在点①和点③处,通道的压降-流量曲线的斜率大于泵的压头-流量曲线的斜率,经过分析可知这两个平衡运行点是稳定的。另外,当泵的压头-流量曲线为曲线 b_2 时,其与通道的压降-流量曲线 a 的交点②处通道的压降-流量曲线的斜率大于泵的压头-流量曲线的斜率,经过分析可知这时的点②是稳定的。由曲线 a 可知,当流量很大时,通道的压降-流量曲线的斜率为正值,随着流量的减小,通道的压降-流量曲线的斜率由正值经过压降最低点变为负值,因此压降-流量曲线在压降最低点右侧部分是稳定的,而左侧部分可能发生水动力学不稳定性。图 7-6 给出了当初始点在负斜率区时,可能出现的几种工况,介绍如下。

(1) 情况 I：$\frac{\partial}{\partial Q}\Delta p_{ea} = -\infty$,近似于外部驱动回路中有一固定排量泵,流量不变,运行稳定,一定满足准则式(7-12)。

（2）情况Ⅱ：$\dfrac{\partial}{\partial Q}\Delta p_{e\alpha}=0$，类似于并行沸腾通道（即少数沸腾通道与许多不沸腾通道并联流动，总压降不受单根沸腾通道流动影响），如果运行在①状态，只要稍有流量减少，运行点便偏移到状态②；若发生小流量增加扰动，即偏移到状态③。

（3）情况Ⅲ：外部特性曲线类似于一般的离心泵和喷射泵的特性曲线，若初始运行点也在点①（负斜率区），则扰动特征与情况Ⅱ类似，应当避免。

（4）情况Ⅳ：系沸水反应堆的典型运行情况，外部特性曲线匹配良好，满足水动力学不稳定性判据，运行恒稳定。

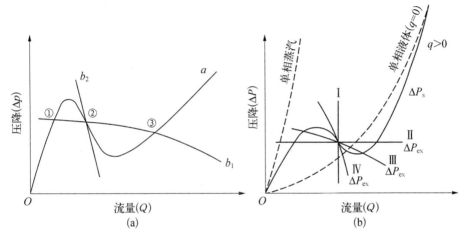

图 7-6　水动力学不稳定性示意图

3）流量漂移抑制措施

流量漂移会导致管路流量产生突然的大幅降低，流动状态通常由高流量、低含气率的过冷沸腾转变为低流量高含气率的饱和沸腾，两相流型由泡状流转变为环状流，此时极易在管路内产生过热蒸汽区，导致蒸干现象，烧毁管路。根据系统参数对水动力多值特性的影响规律，可以通过提高系统压力、增大管径以及减小入口过冷度等方式来尽量削弱负斜率区，进而实现流量漂移的抑制，但由于在实际运行过程中系统参数具有一定的限制范围，通常需要额外引入外部参数来实现不稳定性的有效抑制。

（1）被动抑制措施：一是选用特性曲线斜率绝对值更大的驱动泵，二是消除内部曲线负斜率区。对于多通道系统，第一种抑制措施并不适用，恒流泵

（斜率趋近于负无穷）的使用并不能有效抑制管间流量分配不稳定性,这是因为对于并联管组内的单一通道,其外部曲线近似为水平直线,系统驱动泵的特性曲线对管间流量漂移引发的流量分配不稳定性的抑制作用有限。针对流量漂移的抑制,学者们普遍基于第二种方式,即从内部曲线的多值特性这一角度寻求抑制措施。

入口节流:管路流动阻力压降由单相段和两相段构成,由于单相段压降呈现单值特性,当这部分压降占比增加时,整体阻力压降的多值特性会逐渐被削弱,因此学者们常采用入口节流的方式来抑制流动不稳定性。如图 7-7 所示,在加热段入口加装节流元件后,管路整体的多值特性曲线负斜率区范围明显被削弱,当节流强度足够大时,可以实现负斜率区的完全消除。

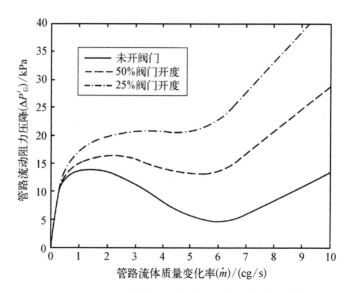

图 7-7　入口节流削减多值特性曲线负斜率区范围

热负荷分布:热流均匀分布与否对于多值特性以及系统稳定性具有较大影响,热量轴向递减会使系统稳定性降低,非均匀热流分布对于系统稳定性的增强具有一定的促进作用。对于实际受热管路,热流边界往往变化较为敏感,如锅炉水冷壁、发动机壁面以及电子元器件散热等,这些受热通道表面的热流具有时间和空间的分布特性,这也促使众多学者开展热流分布特征对于流动不稳定性影响的分析。

表面结构强化:表面强化结构能够提高系统的稳定性,经过表面处理后的管路在其阻力曲线负斜率区的不稳定范围呈现扩大趋势。

（2）主动调控措施：对于被动抑制措施，入口节流方式相对来说较为有效，也是被广泛采用的一种方式，但其最大劣势是阻力压降很大，尤其对于多通道流动换热系统，长时间运行必然会大幅提高系统经济成本。为避免节流损失，部分学者提出主动调控措施，即在流动不稳定发生后及时采取有效的干预措施，使系统尽快恢复稳定运行，从而避免流动不稳定性导致的传热恶化等热安全问题。主动调控措施的目的是当流动不稳定性发生后，及时采取必要的调控方式来消除不稳定性导致的影响。对于实际多通道系统，如果每个通道都采用动态调节的入口节流方式，其系统的设计、加工以及调控难度较高，因此该方法的工程应用性还有待进一步完善。

7.3.2　密度波不稳定性

沸腾流道受到干扰后，若蒸发率发生周期性变化，即空泡份额发生周期性变化，导致两相混合物的密度发生周期性变化。随着流体流动，形成周期性变化的两相混合物密度波动传播，称为密度波（或空泡波）不稳定性，也称流量-空泡反馈不稳定性。沸腾流道内空泡份额变化，影响到提升、加速和摩擦压降以及传热性能。不变的外加驱动压头影响流道进口流量，形成反馈作用。流量、空泡（或流体的密度）和压降三者配合不当，便会引起流量、密度和压降振荡，一般发生在沸腾流道的内部特性曲线正斜率区和入口液体密度与出口两相混合物密度相差很大的工况。

1）密度波不稳定性原理

密度波不稳定性是由流量、蒸发率和压降之间的惯性、延迟和反馈引起。对于总压降恒定的加热通道，由于过冷段和两相区的密度不同，管内压降分布不均。如果管道压降是确定值，突然的压力扰动将导致流量变化。流量变化引起通道内焓的扰动，引起沸腾边界的变化以及单相区和两相区长度变化。两相压降扰动会对单相区产生压力扰动反馈，反馈会减弱或增强单相压降扰动。在特定的情况下，单相区和两相区会发生自发维持的异相振荡，产生高密度和低密度的波在通道中前进。

不少学者观察和分析了密度波不稳定性现象，这里主要介绍 Wallb 和 Heasley 的 Lan-grangian 坐标系统分析方法，讨论受恒热流加热、出口具有节流阻力件的沸腾流道。图 7-8 所示的常截面沸腾流道的两相混合物段长度与起始沸腾线有关，因此，在密度波振荡下，起始沸腾线呈周期性变化特性。该图中 Y 为欠热段长度，Z 为以起始沸腾线为原点的描述两相流体元的坐标，

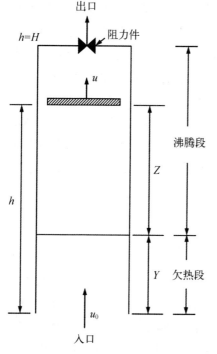

出口

$h=H$ 阻力件

u

沸腾段

Z

h

Y 欠热段

u_0

入口

图7-8 密度波分析模型

流体在管内的位置为 $h=Y+Z$。流道长度为 H，u_0 为流体入口流速，u 表示两相流体元流速。

2）基本模型分析

假定加热流道进口为欠热水，欠热度不变；忽略两相间的滑移效应；系统处于高压，忽略压力变化对流体物性的影响。设欠热段内，流体元失去其欠热度达到液体饱和焓所需的时间间隔为 τ_b，则 τ 时刻起始沸腾线的瞬时位置 $Y(\tau)$ 应为

$$Y(\tau) = \int_{\tau-\tau_b}^{\tau} u_0(\tau')\mathrm{d}\tau' \quad (7-13)$$

沸腾流道体积元 $\mathrm{d}h$ 运动的压降特性为

$$\Delta p = \int_0^H \left[\frac{4f\rho u^2}{D} + \rho \frac{\mathrm{d}u}{\mathrm{d}\tau} + \rho g \right] \mathrm{d}h$$

$$(7-14)$$

式中，τ 表示流动时间；p 表示压力；f 表示流道摩擦系数；ρ 表示流体密度；u 表示流速；h 表示流动高度。

需要确定坐标体系下体积元的速度 u、$\mathrm{d}u/\mathrm{d}\tau$、$\mathrm{d}h$ 以及有关物性表达式。

（1）两相物性和含气率：令均匀加热热流为 q，加热周界为 P_h，流体元质量为 m，流动截面为 A_h。向上流动时，流体平衡蒸发量为 $q\mathrm{d}hP_h/h_{fg}$，$\mathrm{d}h = m(v_f + xv_{fg})/A_h$，于是

$$\mathrm{d}x/\mathrm{d}\tau = q\mathrm{d}hP_h/mh_{fg} \quad (7-15)$$

令 $a_0 = qP_h v_{fg}/A_h h_{fg}$，则式（7-15）变化为

$$\mathrm{d}x/\mathrm{d}\tau = a_0 \left(\frac{v_f}{v_{fg}} + x \right) \quad (7-16)$$

令流体元达到饱和（即含气率 $x=0$）时的时刻为 τ_0，相当于 $Z=0$。则 τ 时刻 Z 处该流体元的含气率为

$$x(\tau,\tau_0) = \frac{v_{\mathrm{f}}}{v_{\mathrm{fg}}}(\mathrm{e}^{a_0(\tau-\tau_0)} - 1) \tag{7-17}$$

$$v = v_{\mathrm{f}}\mathrm{e}^{a_0(r-r_0)} \tag{7-18}$$

（2）运动特性参数：在两相区域内，下边界处沸腾起始线的变动情况为当一个控制体积的界面长度被固定为 Z' 时，这个控制体积本身是处于运动状态之中的。于是，τ 时刻下界面运动进入该控制容积的流体体积的流入率为 $A_{\mathrm{h}}\left(u_0 - \dfrac{\mathrm{d}Y}{\mathrm{d}\tau}\right)$，上界面处流体体积的流出率为 $A_{\mathrm{h}}\mathrm{d}z/\mathrm{d}\tau$，流体沸腾体积变化为 Aha_0Z'，τ 时刻 $Z'=Z$，假定流体不可压缩，则有

$$\mathrm{d}Z/\mathrm{d}\tau = u_0(\tau) - \frac{\mathrm{d}Y}{\mathrm{d}\tau} + a_0Z \tag{7-19}$$

结合式（7-16）后有

$$\mathrm{d}Z/\mathrm{d}\tau = a_0Z + u_0(\tau - \tau_{\mathrm{b}}) \tag{7-20}$$

$$Z(\tau,\tau_0) = \mathrm{e}^{a_0}\int_{\tau_0}^{\tau}\mathrm{e}^{-a_0 r'}u_0(\tau' - \tau_{\mathrm{b}})\mathrm{d}\tau' \tag{7-21}$$

有了 $Y(\tau)$ 和 $Z(\tau,\tau_0)$ 的表达式后，指定流体元在任一时刻的速度 u 和加速度 $\mathrm{d}u/\mathrm{d}\tau$ 的表达式为

$$u = \frac{\partial Y}{\partial \tau} + \frac{\partial Z}{\partial \tau}, \ \mathrm{d}u/\mathrm{d}\tau = \frac{\partial^2 Y}{\partial \tau^2} + \frac{\partial^2 Z}{\partial \tau^2} \tag{7-22}$$

于是获得

$$u = a_0\tau + u_0(\tau) = a_0(h - Y) + u_0(\tau) \tag{7-23}$$

$$\mathrm{d}u/\mathrm{d}\tau = a_0^2(h - Y) + a_0u_0(\tau - \tau_{\mathrm{b}}) + \frac{\mathrm{d}u_0(\tau)}{\mathrm{d}\tau} \tag{7-24}$$

沸腾管于 τ 时刻到达出口处 H 的运动方程为

$$H = Y + Z = \int_{\tau - r_{\mathrm{b}}}^{\tau}u_0(\tau')\mathrm{d}\tau' + \mathrm{e}^{a_0 r}\int_{r_0}^{\tau}\mathrm{e}^{-a_0 r}u_0(\tau' - \tau_{\mathrm{b}})\mathrm{d}\tau' \tag{7-25}$$

τ_0 为对应于 $h=H$ 处的流体元的起始沸腾时刻，两相沸腾段长度是 τ_0 的函数，因此 $\mathrm{d}h = \left(\dfrac{\partial h}{\partial \tau_0}\right)_\tau \mathrm{d}\tau_0$ 为任一时刻 τ 的两相沸腾段长度的变化值，$H(\tau,\tau_0)$

由式(7-25)计算。

密度波不稳定性的解析分析,也可以通过对系统特性方程的拉普拉斯变换后,按 Nugusit 稳定性准则进行稳定性的判别。但是频域分析比时域分析复杂得多,而且许多假定会使定量分析产生误差。因此除去在定性分析或整体宏观分析中,有时采用频域分析法外,一般针对具体系统,多倾向采用数学模型进行差分计算的时域分析法。

3) 参数影响

沸腾通道的流动情况受很多不同的参数影响,这些参数也会对流动不稳定性产生影响。当工质物性通道几何结构和系统运行压力确定后,影响流动情况的主要因素包括 3 个参数,即流量、入口过冷熔差以及加热功率。目前常用相变数 N_{pch} 和欠热度数 N_{sub} 等无量纲数表示系统稳定性。

(1) 加热功率、流量、出口含气率。增大加热功率或者减少流量都会使相变数增加,相变数增加会使系统趋于不稳定。增大加热功率或者减少流量都会提高出口含气率,含气率是影响系统稳定性的关键参数,出口含气率越高,系统越不稳定。

(2) 入口过冷度。入口过冷度增加在不同情况下有两种不同的效果。在高过冷度时起稳定作用,但在低过冷度时起不稳定作用。不稳定边界因此是 L 形。这是因为入口过冷度的增加或减少将通道分别向单相水或单相气转变,偏离了引起不稳定的两相运行情况,因此使系统稳定性提高。

(3) 压力。增大系统压力能使气相和液相间的差别变小,而不稳定性是由于两相的不同特性引起的,因此增大压力能提高稳定性。在 $N_{pcn}-N_{sub}$ 图(见图7-9)中,对同样的系统取 3 种不同压力,得到的不稳定边界几乎重叠,说明在无量纲数中气相比容与液相比容之比(v_v/v_1)能有效表示压力的影响。

(4) 进出口节流。一方面,进口节流有强烈的稳定作用,导致单相区压降增加,增加系统稳定性。常在通道入口加入节流件来使系统稳定。另一方面,出口节流使得系统更不稳定。出口节流能增加两相区或过热区压降,对稳定性不利。

4) 密度波不稳定性缓解措施

欲使回路的稳定性增大,可以采取下述措施:加大流动惯性;尽量减少加热段压降,特别是减少加热段出口压降损失;增大流量,同时必须降低平均摩擦系数。当流道几何形状、系统压力、流量入口欠热度一定(中等欠热度情况)时,增大热流密度会引起密度波不稳定性。一般情况下,当加热流道的欠热

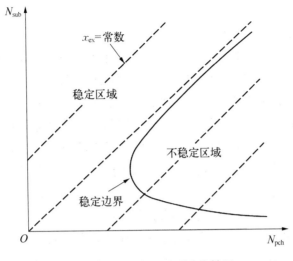

图 7 - 9　N_{pch} 和 N_{sub} 不稳定性图

段较短时,有可能发生密度波振荡。若加热热流很高,使出口空泡率非常大,一般不会引起密度波不稳定性,绝热的气液两相流动也不会引起这类不稳定性。

　　在输入热流不变情况下,对应于每一流量,在一定的欠热度范围内,可能出现流动不稳定。实验表明,在中等和大欠热度情况下,加大入口欠热度会降低稳定性。在一定的流道几何尺寸和热流密度下,入口流速增加,导致两相区域减少和密度变化量小,流道趋于稳定。若出口含气率一定,增加系统压力,则因高压下,相变引起的密度变化量小,也起稳定作用。与流动漂移和自然循环流动振荡不同,密度波振荡发生在压降-流量曲线的正斜率区。实验证明,通过入口节流和液体单相区摩阻的增加,可以提高稳定性。它们增加单相流动压降,且与入口流量变化同步,因而起阻尼作用。通道出口节流起降低稳定性的作用。

7.3.3　并行流道不稳定性

　　在工业领域内,存在大量并联平行通道,例如换热器、反应堆堆芯等。在并联通道间会发生流动不稳定性,其中一种不稳定性表现为各个通道间的流量基本上同相振荡,这种不稳定性的机理与密度波不稳定性相似。另外一种流动不稳定性,常被称为管间脉动。在发生管间脉动时,尽管并联通道的总流量以及上下腔室的压降并无显著变化,但是其中某些通道的流量却会发生周期性的变化。

1) 并行流道不稳定性原理

凡是存在汽液两相流体的工业换热器都不希望发生汽液两相流体的脉动流动现象。因为持续的汽液两相流体的脉动流动不仅会引起换热器部件的强制机械振动,还会引起管壁温度脉动或发生传热恶化(如发生临界热负荷工况、偏离泡态沸腾工况、蒸干等)。并行流道不稳定性也称管间脉动。系统中存在并联管路(如蒸汽锅炉)或并行通道(如反应堆堆芯子通道)时,会在两个管路(或通道)之间产生相位差接近180°的流量脉动,两个管子的脉动振幅与周期相等。有时也可能只有一个管子呈现较大振幅的脉动,其他几个(或多或少)产生与脉动管异相位的较小振幅脉动。如果并联管子很多,则几乎看不出这些管子中的脉动现象。这是因为很多管子均匀分摊较小脉动的缘故。管间脉动时,并联管路的总压差和总流量几乎不变,脉动量正负分摊在一对或更多的管间。管间脉动是由于密度波不稳定性引起的,一个管子产生密度波振荡会引起相邻诸管的振荡。管道间的相互作用会出现一些并联通道特有的不稳定现象,会产生持续震荡,从而降低设备的运行性能,降低系统的安全性。

2) 基本假定

在一定的压力、加热功率、流量和入口焓组合下,并行流道会发生两种不稳定性,即流量偏移和低频流动振荡(或称脉动)。前者可用 Ledinegg 准则判断稳定性。这里主要讨论后一种,介绍 Meyer 和 Rose 的动量积分模型分析。

将众多并行的流体通道简化为一个具有等效特性的单一沸腾通道,并且使这个等效通道与保持恒定压力差的上游与下游联箱实现相互连接,确保流体在这些通道中流动时,各个通道均受到均匀且一致的热流密度加热作用。在进行相关的计算分析时,我们采用了动量积分的基本原理,而该原理的应用是基于以下核心假定。

(1) 忽略压力变化、耗散,以及动能和势能变化引起的焓的变化,仅考虑由加热引起的变化。

(2) 系统参考压力不变,整个流道看成刚体,即不考虑管路形变。其次,联箱间压降(Δp)远小于系统压力(p)。按参考压力计算物性。例如:$\rho = \rho(h, p)$,则 $\partial \rho / \partial \tau = \dfrac{\partial \rho}{\partial h} \dfrac{\partial h}{\partial \tau} + \dfrac{\partial \rho}{\partial p} \dfrac{\partial p}{\partial \tau} = \dfrac{\partial \rho}{\partial h} \dfrac{\partial h}{\partial \tau} + \dfrac{\rho}{c^2} \dfrac{\partial p}{\partial \tau}$。只要压力时间变化率不大,便可忽略。密度就变成仅是焓的函数,即 $\rho = \rho(h)$。

(3) 选择适当的滑移模型计算各有关物理量。

（4）选择适当的沿程摩擦计算式和对流传热计算式，计算每单位流体体积吸收的热量 q。

模型的基本方程描述如下：

$$\frac{\partial}{\partial \tau}\left[\rho_1(1-\alpha)+\rho_g\alpha\right]+\frac{\partial}{\partial z}\left[\rho_1(1-\alpha)u_1+\rho_g\alpha u_g\right]=0 \qquad (7-26)$$

$$\frac{\partial}{\partial \tau}\left[\rho_1(1-\alpha)h_1+\rho_g\alpha h_g\right]+\frac{\partial}{\partial z}\left[\rho_1(1-\alpha)u_1h_1+\rho_g\alpha u_g h_1\right]=q$$
$$(7-27)$$

$$\frac{\partial}{\partial \tau}\left[\rho_1(1-\alpha)u_1+\rho_g\alpha u_g\right]+\frac{\partial}{\partial z}\left[\rho_1(1-\alpha)u_1^2+\rho_g\alpha u_g^2\right]+\frac{\partial p}{\partial z}+$$
$$F\pm\left[\rho_1(1-\alpha)+\rho_g\alpha\right]g=0 \qquad (7-28)$$

式(7-28)中，正号表示垂直向上流动，负号表示向下流动，F 为单位流体体积所受的摩擦力(N)；式(7-27)中，q 为单位流体体积吸收的热量(kJ/m^3)，并忽略了动能和耗散损失。

通过适当处理上述方程，可获得如下动量方程：

$$\frac{d\hat{G}}{d\tau}=\frac{1}{L}(\Delta p-F) \qquad (7-29)$$

式中，$\hat{G}=\frac{1}{L}\int_0^L G dz$ 为流道的平均质量流速(m/s)；L 为流道长度(m)。

$$\Delta p=p_{in}-p_{out} \qquad (7-30)$$

式中，下标 in 和 out 表示下联箱进口和上联箱出口。流动为垂直向上流动，用下标 0 和 n 表示流道的入口和出口。令 σ 为流道与联箱的流动截面比，K 为不可逆损失系数。则上下联箱局部压降和入口焓为

$$p_0-p_{in}=\frac{1}{2}v_0 G_0\left[K_0|G_0|+(1-\sigma_0^2)G_0\right] \qquad (7-31)$$

$$p_{out}-p_n=\frac{1}{2}v_n G_n\left[K_n|G_n|+(1-\sigma_n^2)G_n\right] \qquad (7-32)$$

$$h_0=h \qquad (7-33)$$

于是式中阻力项 F 为

$$F = \left[(v_{TP})_n - \frac{1}{2}(1 - \sigma_n^2)v_n\right]G_n^2 - \left[(v_T)_0 - \frac{1}{2}(1 - \sigma_0^2)v_0\right] +$$

$$\frac{1}{2}v_n|G_n|G_n + \frac{1}{2}v_0 K_0|G_0|G_0 + \int_0^L F_F dz + \int_0^L \rho g\, dz \quad (7-34)$$

式中，F_F 为沿程阻力（N）；$\rho = \alpha\rho_v + (1-\alpha)\rho_f = \rho(h)$。

3）稳定性分析

管间脉动是平行通道水动力学不稳定性中最常见的类型，是平行通道蒸发管系统的固有特性。流道总压降可分解为摩擦压降、重位压降、空间加速压降和瞬时加速压降之和，即

$$\Delta p = \Delta p_F + \Delta p_g + \Delta p_{sA} + \Delta p_{IA} \quad (7-35)$$

式中，$\Delta p_{IA} = L d\hat{G}/d\tau$。这些压降分量与流速有关，其振荡形状如图 7-10 所示。

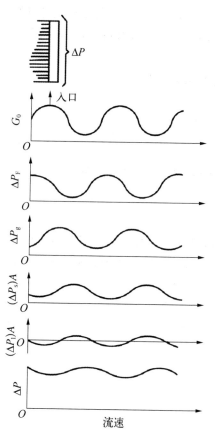

图 7-10　压降震荡及其分量

流道总压降为任一时刻各分压降的叠加。从图 7-10 可见，各压降分量之间存在着相位差，故总压降振幅并不一定等于各分压降振幅之和，总压降一般比较平稳。并行流道维持自持振荡的条件是各压降分量振幅之和为零。即流道受到一不变的压降。

由于加速压力降较小，所以在计算垂直并联蒸发管的水动力特性时可略而不计。在垂直并联蒸发管中必须计及的压力降为管子的摩擦阻力压力降、局部阻力压力降与重位压力降。在上升管中重位压力降在总压降中占较大比重，能起稳定水动力特性的作用。

对于 Π 形及 U 形布置的并联蒸发管，其重位压力降可由下式计算：

$$p = (\rho_u - \rho_d)gH \quad (7-36)$$

式中，H 为管子高度（m）；ρ_u、ρ_d 分别为上升管和下降管段中的工质平均密度

(kg/m^3)。

对于这两种并联蒸发管流量以原规定方向的流量为正,与此相对应的进口集箱和出口集箱之间的压力降为正,反之为负。图 7-11 有 Π 形并联蒸发管中的水动力特性曲线。在该图中,当工质质量流量增加时,上升管段中的热液段长度及平均密度增大,而下降管段中则仍全部为蒸发段,工质平均密度小,因而重位压力降逐渐增大。当工质流量增大到上升管段中全部为液体时,重位压力降达到最大值。再继续增加流量,上升管段中工质平均密度 ρ 不再变化而下降管段中的工质平均密度将随之增大,因而重位压力降将随流量增大而减小,并趋近于零。由图可见,重位压力降曲线为一多值性曲线,即使不计重位压力降时的流动阻力曲线(根据摩擦压力降和局部阻力压力降得到的水动力特性曲线)是单值的,加上重位压力降后也有可能使总的水动力特性曲线变为多值的。

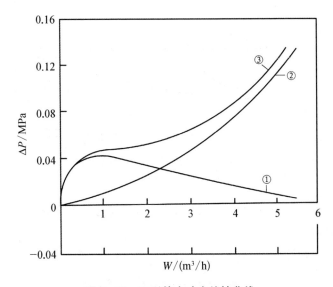

图 7-11　Π 形管水动力特性曲线

注:① 重位压力降;② 未考虑重位压力降的管子水动力特性曲线;
③ 考虑重位压力降的管子水动力特性曲线。

减小进口工质的欠焓,使流量增加时上升管段、下降管段中工质的密度变化不大,重位压力降曲线趋向单值性变化,将有助于得到稳定的管子水动力特性曲线。

图 7-12 表示 U 形并联管中的水动力特性曲线。在 U 形并联管中由于

下降管段中工质平均密度大于上升管段中工质平均密度,从式(7-33)可知,重位压力降应为负值。当流量增大时,下降管段中的工质平均密度增大使重位压力降减小到最小值,然后再随着上升管段中工质密度的逐渐增大而趋向于零。由图7-12可见,即使流动阻力曲线是单值的,加上重位压力降后,也有可能使总的水动力特性曲线变为多值的。

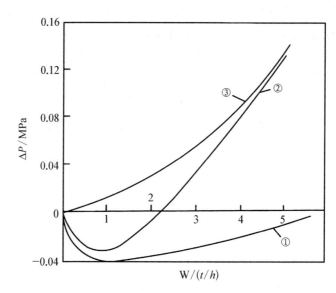

图7-12　U形管水动力特性曲线

注:① 重位压力降;② 未考虑重位压力降的管子水动力特性曲线;
③ 考虑重位压力降的管子水动力特性曲线。

对于N形及И形布置的并联蒸发管,其重位压力降可分别按式(7-34)、式(7-35)计算:

对N形并联蒸发管,有

$$p = (\rho_1 - \rho_2 + \rho_3)gH \qquad (7-37)$$

对于И形并联蒸发管,有

$$p = (\rho_1 - \rho_2 - \rho_3)gH \qquad (7-38)$$

式中,ρ_1、ρ_2、ρ_3分别为从进口集箱算起的第一管段、第二管段与第三管段中的工质平均密度(kg/m³)。

应用前面采用的同样分析方法可知N形及И形并联蒸发管中的重位压力降与质量流量压力降的关系曲线均为形式不同的多值性曲线。对于N形并联蒸发管,如不计重位压力降时的水动力特性曲线是单值的,则在进口工质欠焓较小时,考虑重位压力降后的管子水动力特性曲线有可能仍是单值的,当欠焓大时则成为多值的。对于 N 形并联蒸发管,则考虑重位压力降后的管子水动力特性曲线总是多值的,亦即是不稳定的。

对于多次上升和下降布置的并联蒸发管,由于其流动阻力压力降在总压力降中所占的比重大而使重位压力降所占的比重减小,因而重位压力降对于水动力特性稳定性的影响减小。当上升管段及下降管段的总数大于 10 时,管子水动力特性是否稳定主要取决于管子的流动阻力特性曲线是否稳定,亦即取决于摩擦阻力压力降和局部阻力压力降与流量的关系曲线是否稳定。

假设沸腾流道的加热热流与时间无关,仅沿轴向变化,即 $q=q(z)$。这样,可将能量方程写成差分形式。由于前一时间步长的物性已知,可以算出每一步时间步长下的流道各节点处的焓值,结合差分形式的连续方程和动量方程,可以分析流道振荡机理。必须指出,由于联箱间总压降保持恒定,在并行流道脉动情况下,流量下降段内的节流无阻尼效应,有些流道在极端情况下会发生倒流。并行流道不稳定性呈现密度波影响,因而流动振荡与流型有关。

4）并联管流动不稳定性抑制措施

并联通道广泛存在于反应堆堆芯、蒸汽发生器等设备中,其流动不稳定性会导致临界热流密度(CHF)明显下降或使堆芯燃料组件产生机械振荡,从而危及反应堆正常运行。此外,脉动时并联各管会出现较大热偏差,管壁金属容易过热烧坏。因此,在核电站的运行过程中,如何避免并联多通道系统流动不稳定现象发生一直是热议的研究课题。

消除并联管不稳定性的方法主要包括如下几个方面。

（1）增大压力,汽水比容差降低,管间脉动减小。

（2）出口含气率越低,并联管运行越稳定。

（3）热流密度越小,并联管运行越稳定。

（4）提高质量流量,使流动不易受管内蒸汽容积变化所扰动,可减轻或避免并联管不稳定。

消除并联管流动不稳定性,除了可以调节以上参数外,最有效的方法是在加热段进口处加装节流件,提高进口阻力。这样做可以使沸腾起始点附近产生的局部压力升高远远低于进口压力,从而使流量波动减小,直至消除。

思考题

1. 流量漂移形成的机理是什么？判断发生流量漂移的准则是什么？如何防止其发生？

2. 密度波不稳定性和压降不稳定性是如何发生的，应如何防止？

3. 并联管不稳定性发生的原因是什么？与密度波不稳定性有何区别和联系？

4. 常用的流动不稳定性分析方法主要包括哪些，适用条件是什么？

参考文献

［1］ 郭烈锦. 两相与多相流动力学[M]. 西安：西安交通大学出版社，2002.

［2］ Ledinegg M. Instability of flow during natural and forced circulation[J]. Die Warme, 1938, 61：891－898.

［3］ 徐济鋆，贾斗南. 沸腾传热和汽液两相流[M]. 北京：原子能出版社，2001.

［4］ Edeskuty F J, Thurston R S. Similarity of flow oscillation induced by heat transfer in cryogenic systems[R]. United States：Los Alamos Scientific Lab, 1967.

［5］ Moxon D. Stability of once-through steam generators[R]. New York：American Society of Mechanical Engineers，1973.

第8章 特殊热工水力现象

如前几章所述,反应堆热工水力是核反应堆安全与设计中的一门重要学科,无论核反应堆安全与设计有何种要求,都可以通过热工水力分析进行设计。通常需要建立单相/两相混合物的瞬态演变方程,并通过壁面和相间辅助模型实现控制方程的封闭,形成热工水力分析程序。然而,在反应堆瞬态和事故运行工况下,存在一些无法直接通过一维分析程序建模的过程,如临界流、两相逆流限制和直管夹带等,均需要单独的经验模型来进行建模和求解。此外,由重力驱动的自然循环过程耦合了流动和传热的基本要素,在反应堆设计和安全分析中具有重要影响,因此一并在本章中进行介绍。

8.1 临界流

当通道内的质量流量不随下游背压降低而增大时,发生临界流(critical flow/choked flow)。对于单相流动,当发生临界流时,发生临界的截面(对于等直径通道,通常为出口截面)上的流体速度达到声速,而压力波在流体中以声速传播,因此继续降低出口背压,出口压力变化导致的压力波不能传递进入通道内部,因此无法对通道内的流动产生影响,从而不会使质量流量进一步增大。临界流的质量流量大小决定了流动系统的冷却剂排放速率,对反应堆破口事故的分析具有重要意义。

根据上游滞止点及背压参数,通过通道向外排放的流体可能发生相变,因此临界流的分析可分为单相、两相两种工况。

8.1.1 单相临界流

对于单相气体或蒸汽,由于其临界流速通常较高,流体在通道内的流通时间较短,通常认为流体处于等熵流动状态,流体满足如下关系:

$$pv = RT \tag{8-1}$$

$$p_0 v_0^\kappa = p_e v_e^\kappa = 常数 \tag{8-2}$$

其中，$\kappa = c_p / c_v$；$c_p = \kappa R / (\kappa - 1)$；下标 0 表示上游滞止点，下标 e 表示出口。

对于一维水平流动，其能量方程为

$$\mathrm{d}h + \mathrm{d}\left(\frac{V^2}{2}\right) = 0 \tag{8-3}$$

对其自滞止点到出口进行积分，考虑到滞止点速度为零，可得出口速度为

$$V_e = \sqrt{2(h_0 - h_e)} = \sqrt{2 \frac{\kappa}{\kappa - 1} p_0 v_0 \left[1 - \left(\frac{p_e}{p_0}\right)^{\frac{\kappa}{\kappa-1}}\right]} \tag{8-4}$$

出口的质量流量密度为

$$G = V_e / v_e = \sqrt{2 \frac{\kappa}{\kappa - 1} \frac{p_0}{v_0} \left[\left(\frac{p_e}{p_0}\right)^{\frac{2}{\kappa}} - \left(\frac{p_e}{p_0}\right)^{\frac{\kappa+1}{\kappa}}\right]} = \sqrt{2 \frac{\kappa}{\kappa - 1} \frac{p_0}{v_0} \left[\beta^{\frac{2}{\kappa}} - \beta^{\frac{\kappa+1}{\kappa}}\right]} \tag{8-5}$$

式中，β 为压力比，$\beta = p_e / p_0$。通道流量取决于上游滞止压力及压力比大小。当滞止压力恒定时，质量流量密度是压力比的连续函数，对其求导数，并令倒数为零，可获得具有最大流量的压力比，即临界压力比，用 β_c 表示：

$$\beta_c = \left(\frac{2}{\kappa + 1}\right)^{\frac{\kappa}{\kappa-1}} \tag{8-6}$$

此时的流量和出口压力分别为临界质量流量 W_c 和临界压力 p_c，临界质量流量值为

$$W_c = A_e \sqrt{2 \frac{\kappa}{\kappa + 1} \left(\frac{2}{\kappa + 1}\right)^{\frac{2}{\kappa-1}} \frac{p_0}{v_0}} \tag{8-7}$$

在实际计算中，不同工质的 κ 取值不同，具体如表 8-1 所示。

将 W 和 β 绘制在二维坐标系上，可得随 β 的变化关系。当 β 从 1 下降到 β_c 时，流量逐渐升高至 W_c；当 β 继续下降时，质量流量密度不再按照曲线的变化趋势逐渐下降，而是恒定为临界流量 W_c。

表 8-1 κ 的典型值

气 体 类 型		$\kappa = c_p/c_v$
单原子气体	氩、氦、氖、氙气等	1.67
双原子气体	空气	1.40
	氮气	1.40
	氧气	1.39
	一氧化碳	1.40
	氢气	1.40
三原子气体	二氧化碳	1.29
	二氧化硫	1.25
	过热蒸汽	1.30
	干饱和蒸汽	1.135

对于单相水,其临界流速很高,可达 1 000~1 500 m/s,但是在水冷堆工况下,很少会达到这个数值,这是因为一回路发生破口时,由于滞止压力和温度较高,单相水在破口处迅速泄压发生闪蒸,单相流体在达到声速之前就变成了两相流,而两相流的临界质量流量远低于单相水。

8.1.2 两相临界流

两相临界流涉及复杂的闪蒸,包含相间质量、动量、能量的交换以及复杂的流型转变过程,且可能会由于快速膨胀导致相间热不平衡,目前对两相临界流的研究仍存在较大不足,模型简化假设较多,适用范围较窄。长度不同的通道内两相传热特性不同,长通道内可假设两相处于热平衡状态,而短通道内难以达到热平衡,必须考虑相间的热不平衡影响。下面分别对长通道和短通道内的两相临界流进行简述。

1）长通道临界流

Fauske 最早提出针对两相临界流的滑移平衡模型,该模型假设两相之间处于热力学平衡状态,但是相间存在滑移。这类模型的前提假设通常包括如下几个方面。

（1）假设流动为环状流,且两相之间存在速度差。

（2）汽液相处于热力学平衡状态。

（3）当质量流量不再随下游压力降低而增加时达到临界流，且此时压力梯度达一有限的最大值。

假设汽液混合物等熵流动，且在同一横截面上两相压力相同，对于水平流动，可得

$$dp = -\frac{1}{A}d(W_f V_f + W_g V_g) = -\frac{W_t^2}{A^2}d\left[\frac{v_{fs}(1-x_e)^2}{1-\alpha} + \frac{v_{gs}x_e^2}{\alpha}\right] \quad (8-8)$$

定义按分离流模型推导获得的汽水混合物平均比体积 v_{tp}，则两相流的总质量流量为

$$W_t^2 = -A^2 \frac{dp}{dv_{tp}} \quad (8-9)$$

对于长通道，汽液两相达到热力学平衡，引入滑速比 S，可得

$$v_{tp} = \frac{v_{fs}(1-x_e)^2}{1-\alpha} + \frac{v_{gs}x_e^2}{\alpha} = \frac{1}{S}\left[v_{fs}(1-x_e)S + v_{gs}x_e\right]\left[1 + x_e(S-1)\right] \quad (8-10)$$

因此阻塞点的临界流量 W_c 通过下式计算：

$$W_c^2 = \frac{-A^2}{\dfrac{d}{dp}\left\{\dfrac{1}{S}\left[v_{fs}(1-x_e)S + v_{gs}x_e\right]\left[1+x_e(S-1)\right]\right\}}$$

$$= -A^2 S_c / \left\{\left[(1-x_e+S_c x_e)x_e\right]\frac{dv_{gs}}{dp} + \left[v_{gs}(1+2S_c x_e - 2x_e) + \right.\right.$$

$$\left.\left. v_{fs}(2x_e S_c - 2S_e - 2x_e S_c^2 + S_c^2)\right]\frac{dx_e}{dp}\right\} \quad (8-11)$$

在该推导过程中假设液相不可压缩，其中，dv_{gs}/dp 可通过饱和水蒸气表获得，dx_e/dp 可通过等焓假设获得，即

$$dx_e/dp = d(h_0/h_{fg})/dp - d(h_{fs}/h_{fg})/dp$$

$$= \frac{1}{(h_{fg})^2}\left[\left(h_{fg}\frac{dh_0}{dp} - h\frac{dh_{fg}}{dp}\right) - \left(h_{fg}\frac{dh_{fs}}{dp} - h_{fs}\frac{dh_{fg}}{dp}\right)\right]$$

$$\frac{dx_e}{dp} = -\left(\frac{1-x_e}{h_{fg}}\frac{dh_{gs}}{dp}\right) - \left(\frac{x_e}{h_{fg}}\frac{dh_{gs}}{dp}\right) \quad (8-12)$$

式中，x_e 通过下式获得，即

$$x_e = (h - h_{fs})/h_{fg} \qquad (8-13)$$

因此，

$$h = (1 - x_e)\left(h_{fs} + \frac{V_{fs}^2}{2}\right) + x_e\left(h_{gs} + \frac{V_{gs}^2}{2}\right)$$

$$h = (1 - x_e)h_{fs} + x_e h_{gs} + \frac{W_t^2}{2A^2}[(1 - x_e)Sv_{fs} + x_e v_{gs}]^2\left[x_e + \frac{1 - x_e}{S^2}\right] \qquad (8-14)$$

为了联立求解式(8-11)和式(8-14)，还需获得临界滑速比 S_c 和临界压力 p_c，在达到临界流时，根据假设条件，当 $\partial v_{tp}/\partial S = 0$ 时达到最大压梯度和临界流量，于是有

$$\frac{\partial v_{tp}}{\partial S} = (x_e - x_e^2)\left(v_{fs} - \frac{v_{gs}}{S^2}\right) = 0 \qquad (8-15)$$

可得临界滑速比为

$$S_c = (v_{gs}/v_{fs})^{1/2} \qquad (8-16)$$

临界压力 p_c 通过图 8-1 所示的实验数据查图获得，因此可以按照如图 8-2 所示的流程通过迭代求解获得临界流量。

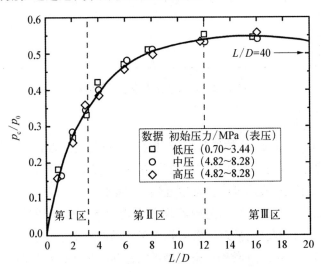

图 8-1　临界压力随长度直径比的变化

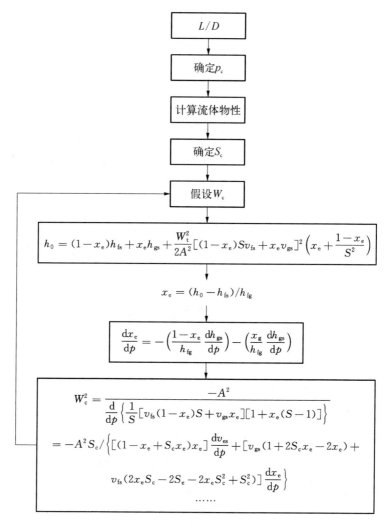

图 8-2 长通道临界流量计算流程

2) 短通道临界流

通常把 L/D 小于 12 的通道称为短通道,包括孔板、接管和管壁裂缝位置等,由于通道较短,内部流体在排放过程中不能达到热平衡,且在快速闪蒸过程中缺少汽化核心,液体可能会发生过热,出现亚稳态工况。由于热力学不平衡和亚稳态的影响,使得短通道内的临界流现象预测模型较长通道内的更为复杂,现有的研究方法包括理论模型和基于实验的经验公式。

Henry 和 Fauske 对滑移平衡模型进行改进,添加了热不平衡系数以考虑汽液相的热力学不平衡对临界流的影响,该系数的取值对临界流量具有明显影响,但是目前缺乏统一的取值方法。目前工程应用中以基于实验的经验关系式为主。

对于孔板,通常其厚度 L 与孔径 D 相比很小,$L/D \cong 0$,闪蒸发生在孔板之外的下游位置,因此对于孔板来说,其流道内不存在两相流问题,可通过不可压缩流体孔板方程计算其流量,即

$$G = 0.61\sqrt{2\rho(p_0 - p_b)} \qquad (8-17)$$

对于 $0 < L/D < 3$ 且具有直角边缘进口的短通道,进入通道的饱和液体会加速并收缩,在射流与通道壁面之间的环形区域快速蒸发形成表面气化的亚稳态液芯阻塞射流,其质量流量密度为

$$G = 0.61\sqrt{2\rho(p_0 - p_c)} \qquad (8-18)$$

式中,p_c 通过图 8-1 获得。

对于 $3 < L/D < 12$ 的短通道,亚稳态液芯阻塞射流在通道下游发生剧烈闪蒸形成流动阻塞,进一步降低临界流量,此时的临界流量如图 8-3 所示。

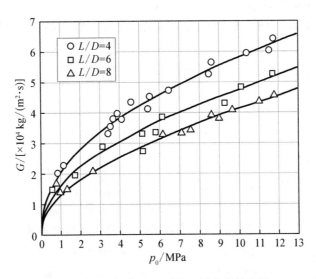

图 8-3　短通道($3 < L/D < 12$)的临界流量

8.1.3　滞止参数更新与数值求解方法

在本节现有的讨论中,均假设滞止参数已知,并基于滞止参数和背压参数进行单相、两相临界流量的计算。事实上对于管道或容器系统,一旦发生破口

泄露,其上游滞止参数将随喷放的进行发生变化。这一变化可以通过引入时间差分的概念来解决,即引入小时间间隔 δt,认为在 δt 时间内上游滞止参数和喷放流量均保持恒定,且由 δt 时间间隔的初始时刻决定,在每个时间间隔结束时,根据喷放量的大小重新计算滞止参数和下一时刻的喷放流量,计算流程如图 8-4 所示。

8.2 两相逆流限制现象

气液两相流广泛存在于核电厂系统中的管内、管束间或复杂通道结构内。通常气相向上强迫流动,而液相靠重力向下流动。当气相速度较低时,液相可以完全

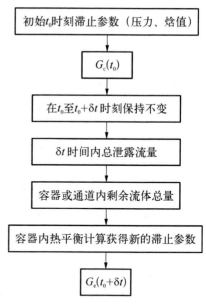

图 8-4 滞止参数更新与求解方法

顺利地向下流动,气液两相呈现完全的逆流状态。然而,随着气速的增大,当向下流动的液相因受到气相的阻碍作用而部分或全部不能向下流动时,就会出现两相逆流限制现象(counter-current flow limitation,CCFL)。

8.2.1 物理现象

以竖直管道内气液两相流为例,图 8-5 给出竖直管内 CCFL 发展流态示意图。液相从竖直管的上半段周向多孔壁处注入、从下半段多孔壁处引出。气相由竖直管底部通入、从竖直管顶端排出。当气相速度为 0 或较小时,环状液膜向下流动,相界面较为光滑,注入竖直管内的液相能够全部向下泄流[见图 8-5(a)]。随着气相速度逐渐增大,环状液膜表面扰动逐渐增强,直至在相界面上产生较大的扰动波,导致管内流型出现混乱状态,并有液滴被气相夹带进入气芯,发生 CCFL 起始即液泛起始[见图 8-5(b)]。此时,尽管有少量液相因液滴夹带而向上离开竖直管,液相泄流量和液相注入量仍然基本相等。当 CCFL 起始发生后,气相速度继续增大将会使竖直管内同时出现环状爬升液膜和环状下降液膜,以及更加剧烈的液滴夹带,从而导致液相泄流量不断减小,竖直管内处于不完全 CCFL 状态即不完全液相输运状态[见图 8-5(c)]。当气相速度进一步增大到某一值时,所有液相以爬升液膜及液滴的形式,被气

相携带向上而无法再向下流动,竖直管内处于完全CCFL状态即零液渗状态[见图8-5(d)]。在此状态或更高气相速度下,竖直管液相注入口以上区域出现向上的气液同向搅拌流或者环状流,以及管心区弥散流。随后降低气相速度到一定程度,向上爬升的液膜开始滑落到竖直管液相注入口以下,这一转变叫作流动反向点[见图8-5(e)]。若继续降低气相速度,在数值管内同时出现爬升液膜和下降液膜[见图8-5(f)]。随后气相速度继续降低,所有的液膜滑落到液相注入口以下,气相扰动减弱,液滴夹带变弱,直到所有液相通过液相出口排出[见图8-5(g)],这一情况定义为CCFL终止点即去液泛点。从CCFL起始到完全CCFL的连续瞬态发展过程,称为正CCFL发展;从液相流动反向点到CCFL终止的连续瞬态发展过程,称为去CCFL发展。在连续瞬态变化过程中,流动反向点气相速度比完全CCFL气相速度低,这一现象称为CCFL迟滞效应。

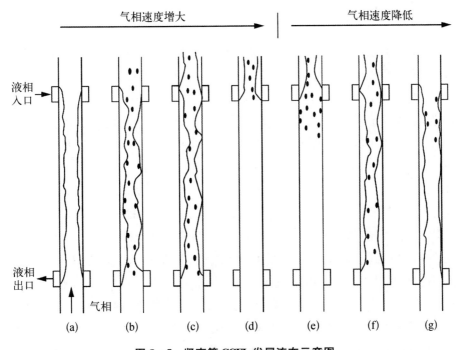

图8-5　竖直管CCFL发展流态示意图

注:(a)~(g)为竖直管CCFL发展流态不同过程。

在核反应堆事故、紧急启停堆等非正常工况下,CCFL现象有可能发生在反应堆系统内不同设备位置处,比如堆芯冷却剂通道内、堆芯上腔室连接孔板处、热管段上升段与蒸汽发生器下腔室之间、蒸汽发生器倒立 U 形管内、稳压器波动管内、堆芯熔融物硬壳与压力容器内壁面形成的窄缝内。在事故、紧急启停堆等非正常工况下,CCFL 现象有可能发生在反应堆系统内不同设备位置处,比如堆芯冷却剂通道内、堆芯上腔室连接孔板处、热管段上升段与蒸汽发生器下腔室之间、蒸汽发生器倒立 U 形管内、稳压器波动管内、堆芯熔融物硬壳与压力容器内壁面形成的窄缝内。在核反应堆事故安全分析中,不同结构及条件下的蒸汽水两相逆流现象的准确预测至关重要。

目前,现有的事故分析大型商用程序如 RALAP 5、TRAC 和 CATHARE 中采用的 CCFL 模型均是针对简单倾斜管及竖直管结构开发的。在过去几十年中,针对简单结构通道(竖直、倾斜和微倾斜水平管道)内的 CCFL 现象进行了大量机理性实验和理论研究,主要基于相关无量纲参数建立了 CCFL 起始、不完全 CCFL 或者完成 CCFL 等状态下气液流量之间的对应关系。

8.2.2 计算模型

CCFL 起始标志着温度 CCF 的终止,此后无论是气相还是液相流速增大都会导致 CCF 失去稳定,最终形成越过液相入口的两相同向流动。一般 CCFL 起始发生时流场的典型特征包括实验段内系统压降陡升、液相入口上方持续的液流产生、液相泄流的流量降低以及液膜表面出现剧烈扰动。由于不同研究者对 CCFL 起始的判定依据不同,以及采用不同的实验方法和实验进出口条件,各自得到的 CCFL 起始数据具有较大差异。比如,Govan 等判定 CCFL 起始为液相主入口以上出现液体而不要求液相被持续携带;Wallis 判定 CCFL 起始为液膜变得混乱以及大尺度界面波的产生;Hewitt 和 Wallis 判定 CCFL 起始为液滴被携带出竖直管顶部。大量研究表明,影响竖直管内 CCFL 机理及特性的因素较多,包括管道尺寸、气液各相进出口结构、气液各相物性、相变传热等,其中管径和气液进出口结构对管内 CCFL 机理的影响最大。目前,预测竖直管内 CCFL 特性的两个最为广泛接受的半经验模型是基于无量纲气液流速的关系式和基于无量纲 Kutateladze 数(Ku)的关系式。

Wallis 数是表征动量和静力之间的平衡关系的无量纲数,也称无量纲表观速度。对于两相逆流中的液相和气相,其 Wallis 数分别表示为

$$U_g^* = j_g \sqrt{\frac{\rho_g}{gD_h(\rho_l - \rho_g)}} \qquad (8-19)$$

$$U_1^* = j_1 \sqrt{\frac{\rho_1}{gD_h(\rho_1 - \rho_g)}} \tag{8-20}$$

式中,U_g^* 为气相无量纲流速;U_1^* 为液相无量纲速度;j_g 为气相表观速度(m/s);j_1 为液相表观速度(m/s);ρ_g 为气相密度(kg/m^3);ρ_1 为液相密度(kg/m^3);D 为管道直径(m);g 为重力加速度(m/s^2)。

气相和液相表观速度分别通过下式计算:

$$j_g = \frac{Q_g}{A} \tag{8-21}$$

$$j_1 = \frac{Q_1}{A} \tag{8-22}$$

式中,Q_g 为气相体积流量(m^3/s);Q_1 为液相表观速度(m^3/s);A 为流道横截面积(m^2)。

Wallis 关系式如下:

$$\sqrt{U_g^*} + m\sqrt{U_1^*} = C \tag{8-23}$$

式中,系数 m 和常数 C 随着气液两相进出口结构、管道尺寸、流体物性等工作条件的不同而变化。通常,对于竖直管内 CCFL 起始有 $m = 0.8 \sim 1.0$;$C = 0.7 \sim 1.0$。

Ku 是表征气液相界面破裂产生液滴并悬浮在气相中的物理过程的特征无量纲数,液相和气相 Ku 分别定义为

$$Ku_1 = j_1 \left[\frac{\rho_1^2}{(\rho_1 - \rho_g)\sigma g} \right]^{0.25} \tag{8-24}$$

$$Ku_g = j_g \left[\frac{\rho_g^2}{(\rho_1 - \rho_g)\sigma g} \right]^{0.25} \tag{8-25}$$

式中,Ku_1 为液相 Ku;Ku_g 为气相 Ku;σ 为表面张力系数(N/m)。

Ku 通过无量纲直径 D^* 和无量纲气液流速建立关系:

$$Ku_1 = \sqrt{D^*} U_1^* \tag{8-26}$$

$$Ku_g = \sqrt{D^*} U_g^* \tag{8-27}$$

$$D^* = D\sqrt{\frac{g(\rho_1 - \rho_g)}{\sigma}} \qquad (8-28)$$

Pushkina 和 Sorokin 对不同管径(6～309 mm)范围内的竖直管中气液两相流 CCFL 开展研究,发现在给定液相流速条件下,使液相发生反转而流量降低的气相流速可以使用 Ku 拟合为一个方程。Tien 首次提出了预测 CCFL 起始的 Ku 关系式:

$$\sqrt{Ku_g} + m\sqrt{Ku_1} = C \qquad (8-29)$$

式中,系数 m 和常数 C 随着实验条件的变化而变化。在 Tien 的模型中,有 $m=1$;$C=1.79$;Chung 等的实验结果表明 $m=0.65～0.80$;$C=C_1\tanh(C_2 D^{*0.25})$;$C_1 = 1.70～2.1$;$C_2 = 0.8～0.9$。

CCFL 机理会随着管道直径变化而发生变化,所使用的关系式也不同。当竖直管道无量纲直径 $D^* < 24.5$ 时,Wallis 关系式预测 CCFL 更适用;当无量纲直径 $D^* > 40$ 时,Ku 关系式更适用;当无量纲直径处于 $24.5 < D^* < 40$ 时,Wallis 关系式和 Ku 关系式均可适用。

此外,竖直管道长度对 CCFL 特性也有重要影响,可以通过关系式中的系数 m 对管道长径比 L/D 关联修正:

$$
\begin{aligned}
m &= 0.192\,8 + 0.010\,89(L/D) - 3.754 \times 10^{-5}(L/D)^2, \quad L/D < 120 \\
m &= 0.96, \qquad\qquad\qquad\qquad\qquad\qquad\qquad\qquad\quad L/D > 120
\end{aligned}
$$
$$(8-30)$$

Wallis 关系式和 Ku 关系式不但适用于预测 CCFL 起始,对不完全 CCFL 和完全 CCFL 的预测同样适用,但是不同预测对象的关系式中的系数不尽相同。为此,充分考虑管道结构和尺寸的影响,Bankoff 等提出了表征 CCFL 特性的无量纲表观速度及其关系式为

$$\sqrt{H_g} + m\sqrt{H_1} = C \qquad (8-31)$$

式中,H_g 为 Bankoff 气相无量纲表观速度;H_1 为 Bankoff 液相无量纲表观速度。它们分别通过下式计算:

$$H_g = j_g\sqrt{\frac{\rho_g}{g\omega(\rho_1 - \rho_g)}} \qquad (8-32)$$

$$H_1 = j_1 \sqrt{\frac{\rho_1}{g\omega(\rho_1 - \rho_g)}} \qquad (8-33)$$

$$\omega = D^{1-\beta}\lambda^\beta \qquad (8-34)$$

$$\lambda = \sqrt{\frac{\sigma}{g(\rho_1 - \rho_g)}}, \ 0 \leqslant \beta \leqslant 1 \qquad (8-35)$$

式中，ω 为相关性特征尺寸（m）；β 为尺寸比例因子；λ 为拉普拉斯特征长度（m）。

当 $\beta=1$ 时，上述方程为 Ku 关系式，适用于大管径情况；当 $\beta=0$ 时，上述方程为 Wallis 关系式，适用于小管径情况；当 $0<\beta<1$ 时，上述方程为 Bankoff 关系式，适用于特殊结构。对于不同结构内的 CCFL 特殊关系式，尺寸比例因子 β、系数 m 和常数 C 的大小一般通过实验数据拟合得到。

8.3　支管夹带

核电系统中广泛存在由水平主管和支管组成的 T 形结构，例如 AP1000 中第四级自动泄压系统（ADS-4）管线、非能动余热排出系统（PRHRS）管线或波动管与热管段所形成的接管、核电厂中发生小破口的主管等。在核电厂冷却剂失水事故中（Loss of Coolant Accident，LOCA），T 形结构处可能发生液相或气相夹带现象，液相夹带的发生将直接导致堆芯水装量减少，进而影响反应堆堆芯的安全。

8.3.1　物理现象

以图 8-6 所示 AP1000 核电站 ADS-4 泄压管线与反应堆热管段所形成的 T 形管为例，在冷却剂丧失事故后期，当 ADS-4 启动时，主管内的冷却剂可能会被泄压排放的蒸汽夹带进入 ADS-4 管道，进而被带出回路，被夹带冷却剂的量直接影响堆芯水装量的多少，同时夹带现象对其他现象的评估也会带来一定影响。因此，研究 LOCA 事故下 T 形结构处支管（或破口）的夹带现象对于反应堆堆芯安全具有重要的意义。

在重力的作用下，T 形结构种水平主管内两相流通常为分层流。基于支管方向的不同，T 形结构内存在包括向上支管、向下支管、水平支管、任意方向支管和多支管等夹带情况。

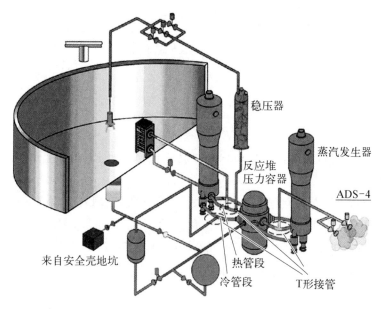

稳压器

蒸汽发生器

反应堆
压力容器

ADS-4

来自安全壳地坑

热管段

冷管段

T形接管

图 8 - 6 AP1000 中 ADS 支管夹带

8.3.2 支管结构

如图 8-7 所示,对于向上支管,当主管内气液相界面与支管间的垂直距离 h 足够大时,此时仅气体可以流入支管并且两相界面波动较小。当 h 逐渐减小到某一临界值 h_b 时,气流会夹带液滴进入支管。若进一步减少 h,主管内越来越多的液体从两相界面脱离而被夹带进入支管。主管内气流进入支管前,在支管口下方形成旋涡,进而增加了被夹带液滴的径向速度,以致仅有一小部分液滴可能进入支管,大部分进入支管的液滴经过积累在支管内壁形成液膜并克服重力伴随着气流流出支管。向上支管中液相行为受到漩涡形式和液膜波动的影响显著。漩涡往往诱发间歇性夹带,但会随着气体流量的增加而消失。当主管内气体流量较高时,主管内的分层流将转换成波状流,并导致夹带增强。然而,也有部分研究表明较高的气体流量导致两相界面波动剧烈,而界面波动将扰乱夹带过程,引起夹带效果的减弱。

8.3.3 夹带起始模型

夹带起始模型是对夹带起始点的预测模型。基于可能发生夹带的不同 T 形管结构,即单支管、任意角度支管和多支管,对每种结构下的夹带起始模型

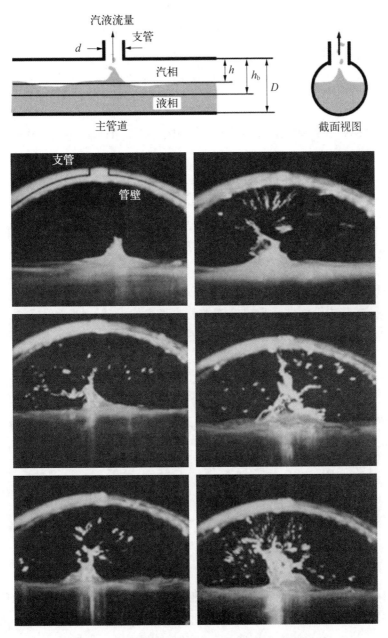

图8-7 向上支管内液相夹带示意图及可视化结果

进行了概括总结。

基于向上支管或水平支管液相夹带的点汇假设，Smoglie 等在不考虑表面张力以及黏度对夹带的影响的条件下，建立了可用于支管向上、水平和向下情况的夹带起始预测模型：

$$h_{\text{b}} = \frac{KW_{3b}^{0.4}}{[g\rho_{\text{b}}(\rho_{\text{l}} - \rho_{\text{g}})]^{0.2}} \tag{8-36}$$

式中，系数 K 由实验确定；b 为夹带过程中的连续相；W_{3b} 为支管中连续相的质量流量。

由于支管被假设为一个点汇，上述方程式中并没有明确体现支管直径 d 对夹带的影响，故此方程可以很好的预测小尺寸支管（即 d/h_{b} 或 d/D 很小）夹带起始。另外，针对水箱底部小孔排水过程中所形成的气相夹带，Lubin 和 Springer 建立了相似的模型，并且该模型被成功用于预测分层流情况下的小破口气相夹带起始。现有夹带起始的预测多是基于此模型，该模型已经被 RELAP5 和 CATHARE 程序采用。

基于主管内液面波间距离等于支管内径的假设，针对向上支管液相夹带起始，Maciaszek 提出了适用于大尺寸支管内夹带起始的半经验模型：

$$h_{\text{b}} = 0.88\left[\frac{W_{3g}^2}{g\rho_{\text{g}}(\rho_{\text{l}} - \rho_{\text{g}})d^2}\right]^{\frac{1}{3}} \tag{8-37}$$

近年来，Welter 等针对向上支管液相夹带起始，考虑支管尺寸的影响，经过理论推导建立了新的模型：

$$\frac{W_{3g}^2}{gd^5\rho_{\text{g}}(\rho_{\text{l}} - \rho_{\text{g}})} = K\left(\frac{h_{\text{b}}}{d}\right)^3\left[0.22\left(\frac{h_{\text{b}}}{d}\right) + 1\right]^2\left[1 - \left(\frac{h_{\text{b}}}{d}\right)^2\right]^{-1} \tag{8-38}$$

8.4 自然循环

自然循环是指在闭合回路内依靠热段（上行段）和冷段（下行段）中的流体密度差所产生的驱动压头来实现的流动循环。如图 8-8 所示，在充满流体的回路中，通过在高于热源的位置放置换热器，搭建了一个简单的自然循环回路。与热源接触的流体被加热，其密度减小；与换热器接触的流体被冷却，其密度增加。因此环路中会产生流体密度差。这种密度差受重力作用，通过热源和冷源(换热器)之间的高度差产生浮力，推动流体在回路中流动，这样的过程被称为自然循环。流体的密度差可以由温度的变化或相的变化产生。由于原理简单，自然循环回路被广泛应用于能量转换系统中。因此对于反应堆系统来说，如果堆芯和管道系统设计得合理，就能够利用这种驱动压头推动冷却剂在一回路中循环，并带出堆内产生的热量(裂变热或衰变热)。无论是单相流动系统还是两相流动系统，产生自然循环的原理都是相同的。

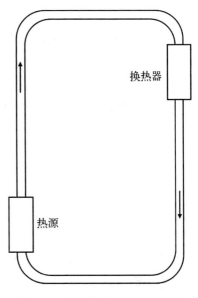

图 8-8　矩形封闭自然循环回路

8.4.1　堆内典型自然循环现象

在正常运行工况下，自然循环可以作为冷却堆芯的一种手段。如图 8-9 所示，NuScale 反应堆正常运行的主要冷却方式之一是依靠自然循环。核反应产生的热量通过燃料棒传递到冷却剂，使其加热并产生对流，形成自然循环。自然循环将热量从反应堆堆芯传递到外部冷却系统，保持反应堆温度在安全范围内，确保反应堆连续高效运行。此外，自然循环还有助于维持反应堆的热平衡，防止温度过高或过低，保证核反应的稳定进行。

在事故工况下，也可依靠基于自然循环的非能动安全系统保证反应堆安全。如 AP1000 的非能动余热排出系统，其依靠安全壳内置换料水箱(IRWST)的重力注射为堆芯提供长期冷却。如图 8-10 所示，IRWST 作为三大安注水源之一，在破口及自动卸压系统阀卸压后，依靠重力向反应堆冷却系统提供低压安注，排出堆芯衰变热与反应堆冷却剂系统显热。非能动余热排出

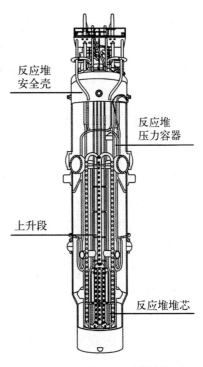

图 8-9　NuScale 小型模块化反应堆示意图

系统的主设备为 C 形管式换热器,换热器位于充满水的 IRWST 中,非能动余热排出系统通过自然循环回路将一回路冷却剂的热量排出。冷却剂从系统一个热管的连接段上升,并在全温、全压条件下进入热交换器顶部集管板。IRWST 中充满冷硼酸水,通过管外沸腾传热将热量从换热器中带出。被冷却的水通过连接到蒸汽发生器下封头处的管线返回冷却剂主回路系统。

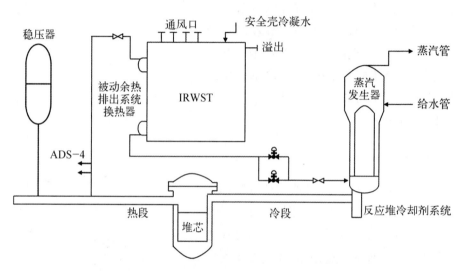

图 8-10 AP1000 非能动余热排出系统示意图

8.4.2 单相自然循环

单相自然循环流动系统示意图如图 8-11 所示,该回路由热源、热段管道、换热器以及冷段管道组成,且回路被分为平均温度为 T_H 的热流体侧和平均温度为 T_C 的冷流体侧。

针对单项自然循环系统流动分析做出如下假设。

(1) 沿回路轴向的流动是一维的,因此流体性质在每个截面上是均匀的。

(2) 流体遵循 Boussinesq 假设。

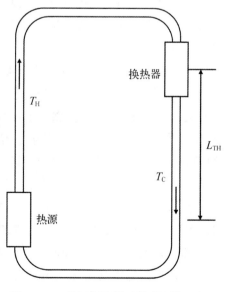

图 8-11 单相自然循环流动系统示意图

（3）流体是不可压缩流体。

（4）冷侧流体平均温度 T_C 为常数。

（5）回路阻力主要来源于堆芯和蒸汽发生器区域的形阻。

基于 Boussinesq 假设，可认为回路中流体密度（除了包含浮力的项）是均匀的。T_M 为系统平均温度。

将这些假设应用至组分平衡方程中，并对整个回路中的动量和能量方程进行积分，可得到如下结果。

回路动量守恒方程：

$$\sum_{i=1}^{N}\left(\frac{l_i}{a_i}\right) \cdot \frac{\mathrm{d}\dot{m}}{\mathrm{d}t} = \beta g \rho (T_H - T_C) L_{th} - \frac{\dot{m}^2}{\rho_1 A_c^2} \sum_{i=1}^{N}\left[\frac{1}{2}\left(\frac{fl}{d_h} + K\right)\left(\frac{a_c}{a_i}\right)^2\right]$$

$$(8-39)$$

式中，等号左边为系统动量变化率；等号右边第一项为自然循环中产生的驱动力，第二项为流体在管道中的阻力损失；l_i 为无量纲长度，表示 L_i/L_t；a_i 为无量纲流道面积，表示 A_i/A_r；$\dot{m}$ 为质量流量（kg/s）；t 为时间（s）；β 为热膨胀系数（K^{-1}）；g 为重力加速度（m/s^2）；ρ 为密度（kg/m^3）；T_H 为热段温度（K）；T_C 冷段温度（K）；L_{th} 为热源与换热器中心之间的距离（m）；ρ_1 为冷却剂密度（kg/m^3）；a_c 为冷段流道面积（m^2）；f 为摩擦系数；l 为管道长度（m）；d_h 为水力直径（m）；K 为阻力损失系数。

回路能量守恒方程：

$$c_{vl} M_{sys} \frac{\mathrm{d}(T_M - T_C)}{\mathrm{d}t} = \dot{m} c_{pl}(T_H - T_C) - \dot{q}_{SG} - \dot{q}_{loss} \qquad (8-40)$$

式中，等号左边为系统内能变化率；等号右边第一项为冷热段热功率差，第二、第三项分别为在蒸汽发生器中的热传递量和回路中的热损失量；c_{vl} 为流体定容比热[J/(kg·K)]；M_{sys} 为系统流体总质量（kg）；T_M 为系统平均温度（K）；c_{pl} 为流体定压比热[J/(kg·K)]；$\dot{q}_{SG}$ 为蒸汽发生器换热功率（W）；$\dot{q}_{loss}$ 为热损功率（W）。

在稳态工况下，这些方程给出了通过堆芯的流体速度的简单解：

$$u_{co} = \left(\frac{\beta \dot{q}_{co} L_{th} g}{\rho_1 a_c c_{pl} \Pi_{Fl}}\right)^{1/3} \qquad (8-41)$$

式中，$\dot{q}_{co}$ 为堆芯功率（W）；无量纲回路阻力项为

$$\Pi_{\mathrm{Fl}} = \sum_{i=1}^{N} \left[\frac{1}{2} \left(\frac{fl}{d_{\mathrm{h}}} + K \right)_i \left(\frac{a_{\mathrm{c}}}{a_i} \right)^2 \right] \tag{8-42}$$

8.4.3 两相自然循环

两相自然循环流动系统如图 8-12 所示,回路被分为两个区域,流体密度为 ρ_{TP} 的两相区域和流体密度为 ρ_{l} 的单相区域。

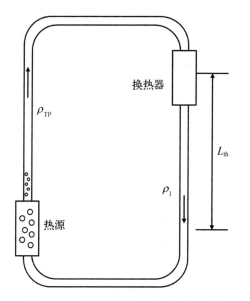

图 8-12 两相自然循环流动系统示意图

为便于进行流量分析做出以下假设。

(1) 堆芯入口处焓值为常数。

(2) 每个截面的流体物性是均匀的。

(3) 两相区域为均相流。

(4) 处于化学平衡状态,无化学反应发生。

(5) 处于热平衡状态,两相温度相同。

(6) 由蒸发和凝结所引起的对流加速度的总和可以忽略不计。

(7) 仅在形阻损失计算中考虑黏性效应。

(8) 堆芯和蒸汽发生器区域的形阻是回路主要阻力。

将上述假设应用于回路中每个组分的质量、动量和能量方程,得到守恒方程。然后将方程积分到各自的单相和两相区域,得到以下回路平衡方程。

回路动量守恒方程:

$$\sum_{i=1}^{N} \left(\frac{l_i}{a_i} \right) \cdot \frac{\mathrm{d}\dot{m}}{\mathrm{d}t} = g(\rho_{\mathrm{l}} - \rho_{\mathrm{TP}})L_{\mathrm{th}} -$$

$$\frac{\dot{m}^2}{\rho_{\mathrm{l}} a_{\mathrm{c}}^2} \left\{ \sum_{\mathrm{SP}} \left[\frac{1}{2} \left(\frac{fl}{d_{\mathrm{h}}} + K \right)_i \left(\frac{a_{\mathrm{c}}}{a_i} \right)^2 \right] + \frac{\rho_{\mathrm{l}}}{\rho_{\mathrm{TP}}} \sum_{\mathrm{TP}} \left[\frac{1}{2} \left(\frac{fl}{d_{\mathrm{h}}} + K \right)_i \left(\frac{a_{\mathrm{c}}}{a_i} \right)^2 \right] \right\}$$

$$\tag{8-43}$$

回路能量守恒方程:

$$M_{sys} \frac{d(e_M - e_1)}{dt} = \dot{m}(h_{TP} - h_1) - \dot{q}_{SG} - \dot{q}_{loss} \qquad (8-44)$$

式中，e_M 为系统平均比内能(J/kg)；e_1 为液相比内能(J/kg)；h_{TP} 为两相区流体比焓(J/kg)；h_1 为单相区流体比焓(J/kg)。

在两相条件下，平衡蒸汽质量和混合密度定义如下。

堆芯出口的热平衡含汽率：

$$x_e = \frac{h_{TP} - h_f}{h_{fg}} \qquad (8-45)$$

式中，h_{fg} 为汽化潜热(J/kg)。

均相两相流混合密度：

$$\rho_{TP} = \frac{\rho_f}{1 + x_e \left(\dfrac{\rho_f - \rho_g}{\rho_g} \right)} \qquad (8-46)$$

式中，x_e 为出口热平衡含汽率。

与单相自然循环不同的是，两相自然循环很难得到稳态下堆芯入口处速度的简单解析解。这是由于两相混合密度依赖于堆芯流率。由此得出的稳态速度表达式是一个三次方程。

8.4.4 自然循环不稳定性

自然循环系统容易受到几种类型的不稳定性影响。尽管不稳定性在强制循环系统和自然循环系统中都很常见，但由于自然循环过程中固有的再生反馈和低驱动力，其比强迫循环系统更不稳定。例如，自然循环系统中驱动力的任何扰动都会影响流动，进而影响驱动力，导致即使在最终预期稳定状态的情况下也会出现振荡行为。换句话说，由于流动与驱动力之间的耦合非常强，自然循环流动机制中存在再生反馈。因此，单相和两相自然循环系统均表现出不稳定性，而只有强迫循环的两相系统已知会出现不稳定性。甚至在两相系统中，由于上述原因，自然循环系统比强迫循环系统更不稳定。

在判别系统的稳定性时，一般认为在经历干扰后，如果系统回到原始稳定状态，则系统稳定；如果系统继续以相同幅度振荡，则系统中立稳定；如果系统稳定到一个新的稳定状态或振荡幅度逐渐增大，则认为是不稳定的。需要注意的是,即使对于不稳定的流动,振幅也不能无限增加。相反,对于几乎所有不稳定情况,振幅都受到系统的非线性限制,最终会建立极限环振荡(可能是混沌或周期性的)。极限环振荡的时间序列可能表现出与中立稳定条件相似的特征。此外,即使在稳态情况下,特别是在具有脉动流的两相系统中,也可见小振幅的振荡。

自然循环回路本身流动是否稳定,取决于系统回路阻力随流量的变化率和驱动压头随流量的变化率。当系统回路阻力随流量的变化率小于驱动压头随流量的变化率时,系统流动处于不稳定状态,反之则处于流动稳定状态。在两相自然循环回路中,驱动力、阻力、流体质量流速三者彼此相依,动量方程和能量方程紧耦合,故流动稳定性非常复杂。除具有强迫循环蒸发管动态特性外,还应考虑浮力(驱动头)周期性变化,使流量发生振荡。浮力变化与空泡份额变化相比,又存在时间延迟。空泡份额分布与加热率、冷却率和流量有关。

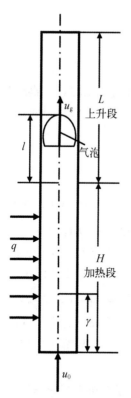

图 8-13 两相自然循环系统加热段和上升段简图

这是一种与静压头脉动相关的不稳定性,因此又常称热虹吸振荡。通常发生在小直径短加热流道与大直径长上升段组合的自然循环回路中,加热段对热量的变化响应快,可以认为单相流动段和加热段处于稳态工况,详细研究上升段的动态变化。其简单模型如图8-13所示。

沸腾起始点的高度为 $Y = u_0\tau_b$,其中 τ_b 为加热段入口流体达到液体饱和焓的时刻。为了讨论简单,假定构成回路每一管件的压降比系统压力小得多。因而可以忽略压缩性和物性变化,回路的动力学方程为

加速项 A + 摩擦项 F + 浮力项 $H = 0$

即

$$I\frac{du_0}{d\tau} + f(u_0) - \frac{V_g}{A_r}(\rho_f - \rho_g) = 0 \quad (8-47)$$

式中,I 为当量惯性,$I = \rho_0 A_0 \sum \frac{L_i}{A_i}$;$i$ 为构成管道序号;下标 0 表示加热段入口;下标 r 表示上升段;V_g 为上升段内蒸气容积(m^3);T 为蒸气在该段内停留时间(s),故

$$V_g = \int_{\tau-\tau}^{\tau} Q_g(\tau') d\tau' \qquad (8-48)$$

当入口流速发生小扰动时,式(8-47)的增量形式为

$$I \frac{d\Delta u_0}{d\tau} + \frac{\partial f}{\partial u_0} \Delta u_0 - \Delta V_g \frac{(\rho_f - \rho_g)}{A_r} = 0 \qquad (8-49)$$

1) Lagrangian 坐标下的参数式

令离开加热段后的蒸气和液体的体积流量分别为 Q_g 和 Q_f,则

$$Q_g = \frac{v_g a_0}{v_{fg}} (H - u_0 \tau_b) A_h \qquad (8-50)$$

$$Q_f = \left[W - \frac{A_h a_0}{v_{fg}} (H - u_0 \tau_b) \right] v_f \qquad (8-51)$$

假定上升段内为弹状流,则气相速度可假定为

$$u_g = u_b + \frac{Q_1 + Q_d}{A_r} = u_b + a_0 H \frac{A_h}{A_t} + u_0 \frac{A_b}{A_r} (1 - a_0 \tau_b) \qquad (8-52)$$

式中,u_b 为气泡速度;$a_0 = P_h q v_{fg} / A_h h_{fg}$;$P_h$ 为加热周长(m);A_h 为加热段截面(m^2);H 为加热段长度(m)。当气体通过上升段时,有

$$L = \int_{\tau-T}^{\tau} u_g(\tau') d\tau' \qquad (8-53)$$

式中,L 为上升段长度(m);在定态条件下, $du_0/d\tau = 0$,u_0 和 u_g 为常数。于是上式积分为

$$L = T \left[u_b + a_0 H \frac{A_h}{A_r} + u_0 \frac{A_h}{A_r} (1 - a_0 \tau_b) \right] \qquad (8-54)$$

$$V_g = \int_{\tau-T}^{\tau} \frac{v_g a_0}{v_{fg}} (H - u_0 \tau_b) A_h d\tau' \qquad (8-55)$$

2) 增量及增量方程

式(8-49)中的有关增量,可从相应的参数表达式求得,即

$$\Delta V_g = \Delta T \left[\frac{v_g a_0}{v_{fg}} (H - u_0 \tau_b) A_h \right] - \int_{\tau-T}^{\tau} \frac{v_g a_0}{v_{fg}} \tau_b A_h \Delta u_0 d\tau' \qquad (8-56)$$

$$\Delta L = 0 = \Delta T u_g + \frac{A_h}{A_r}(1 - a_0 \tau_b) \int_{\tau-T}^{r} \Delta v_0 \, \mathrm{d}\tau' \qquad (8-57)$$

消去两式中的 ΔT 增量,便求得增量式,于是式(8-49)变换为

$$I \frac{\mathrm{d}\Delta u_0}{\mathrm{d}\tau} + \frac{\partial f}{\partial u_0} \Delta u_0 + \beta \int_{\pi-T}^{t} \Delta u_0 \, \mathrm{d}\tau' = 0 \qquad (8-58)$$

式中,$\beta = \dfrac{\rho_r - \rho_b}{A_r} \left[\dfrac{a_0 u_0 (H - u_0 \tau_b) A_h^2 (1 - a_0 \tau_b)}{v_{fg} A_r u_0} + \dfrac{v_8}{v_{fg}} a_0 \tau_b A_h \right]$。

式(8-58)便是讨论自然循环浮力不稳定性的基本方程。若流速受到小扰动 $\Delta u_0 = \varepsilon e^{s\tau}$,则增量方程为

$$\left[Is + \frac{\partial f}{\partial u_0} + \frac{\beta}{s}(1 - e^{-\pi}) \right] \varepsilon e^{s\tau} = 0 \qquad (8-59)$$

若此特征方程的根 s 含正实部,则系统不稳定。在极端情况下,s 仅为虚部,$s = j\omega$,系统处于中性振荡。将 $s = j\omega$ 代入式(8-59),分别令方程的虚部和实部等于零,则

$$-I\omega^2 + \beta(1 - \cos \omega\tau) = 0 \qquad (8-60)$$

$$\frac{\partial f}{\partial u_0}\omega - \beta\sin \omega\tau = 0 \qquad (8-61)$$

3) 稳定性讨论

式(8-59)可能解出发生无阻尼中性振荡的 ω 值,而系统稳定的条件应当是 s 具有负实部。若假定 $1 - e^{-s\tau} \approx s\tau$,于是式(8-59)近似为

$$Is + \frac{\partial f}{\partial u_0} + \beta\tau = 0 \qquad (8-62)$$

要使 s 具有负实部,必须有

$$\frac{\partial f}{\partial u_0} + \beta\tau < 0 \qquad (8-63)$$

即相当于 Ledinegg 稳定性准则。两种运行情况如图 8-14 所示。A 点为式(8-63)的情况,阻力特性曲线满足单值性条件,运行稳定。B 点为式(8-59)的解,阻力特性曲线呈 N 形,出现振荡。

通常将自然循环流动不稳定性的周期与两个特征时间进行对比,以判断流体的波动是由密度等信号的传播导致的,还是过冷流体的沸腾导致的。这两个特征时间分别为入口流体通过加热通道的时间和流体的沸腾延迟时间。一般认为,密度波型脉动的周期为流体通过加热段时间的 1～2 倍,间歇泉不稳定性的周期通常与沸腾延迟时间一致。

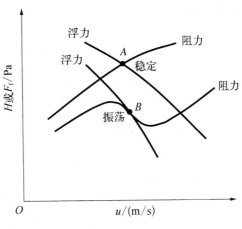

图 8-14　自然循环不稳定性

4) 自然循环不稳定性抑制措施

在一定功率水平下,上升管道内冷却剂闪蒸点位置、含汽率的变化导致驱动压头和流动阻力的周期变化,最终造成流动不稳定性现象。自然循环管道内的流动不稳定性可能导致系统管道震动、水锤等现象,虽然在实验过程中未发现可能影响回路安全运行的现象,但为了确保回路长期运行的稳定性,仍需要对流动不稳定的抑制措施进行研究。

(1) 增加上升管段含汽率。在设计上通过向回路上升管道注入不可凝气体的方式实现含汽率的提升,在抑制流量波动的同时还提高了系统自然循环的速率,有利于提高回路的冷却能力和流动稳定性,为核电站提供更加充分的安全裕量。同时,该措施在工程上易于实施,不会对回路整体功能造成影响。

(2) 在上升段内设置内插物。从诱发闪蒸的角度出发,内插物可以持续诱导气泡产生,抑制甚至消除系统流动不稳定性。当系统处于流动不稳定状态时,将内插物插入至管壁处可以消除流动不稳定性,并提升系统的循环流量;当系统流动处于稳定状态时,也不会因插入物的存在对系统的流动产生不利影响。

思考题

1. 影响临界流量的因素有哪些? 反应堆内的临界流形式主要有哪些? 分别发生在什么位置?

2. 支管夹带起始及夹带量如何影响反应堆的安全性?

3. 为什么会发生自然循环不稳定性? 如何抑制自然循环不稳定性?

参考文献

[1] Lee I, Oh D, Bang Y, et al. Effect of critical flow model in MARS - KS code on uncertainty quantification of large break loss of coolant accident(LBLOCA)[J]. Nuclear Engineering and Technology, 2020, 52: 755 - 763.

[2] 于平安,朱瑞安,喻真烷,等. 核反应堆热工分析[M]. 3 版. 上海:上海交通大学出版社,2002.

[3] Ghiaasiaan S M. Two-phase flow, boiling, and condensation: in conventional and miniature systems[M]. Cambridge: Cambridge University Press, 2017.

[4] Al Issa S, Macian R. A review of CCFL phenomenon[J]. Annals of Nuclear Energy, 2011, 38: 1795 - 1819.

[5] Hsu Y Y, Graham R W. Transport processes in boiling and two-phase systems[M]. La Grange: American Nuclear Society, 1986.

[6] Tong L S, Tang Y S. Boiling heat transfer & two-phase flow[M]. New York: John Wiley and Sons Incorporated, 1964.

[7] 徐济鋆. 沸腾传热和气液两相流[M]. 北京:原子能出版社,1993.

第9章　堆芯稳态热工设计

反应堆堆芯热工设计旨在构建一个安全可靠且经济的堆芯输热系统,在整个反应堆设计中占有重要的地位。反应堆堆芯稳态热工设计所要解决的具体内容,是在给定堆型和进行热工设计所必需的条件后,通过相关热工水力计算,确定堆芯布置、平均管和热管的流速和压降、燃料芯块和包壳的温度等参数,并根据一系列设计准则判定是否符合要求,旨在确保冷却剂在任何情况下都能有效地带走反应堆产生的热量,综合考量堆物理、堆材料等多方因素,避免燃料元件失效,从而保证反应堆的安全运行。本章将着重介绍压水堆堆芯稳态热工设计的理论基础和分析方法。

9.1　热工设计准则

在设计反应堆堆芯和冷却剂系统时,为了保证反应堆的安全可靠运行,预先规定了热工设计必须遵守的要求,这些要求通常称为热工设计准则。反应堆在整个运行寿期内,在每一种运行状态及预期的事故工况下,其热工参数必须满足设计准则。热工设计准则不但是热工设计的依据,而且也是设计安全保护系统和制定安全规程的依据。热工设计准则要根据现有的设计水平恰当地制定,既不过分保守又不偏于危险,这样既能保证反应堆的安全性又能保证反应堆的经济性。

热工设计准则也随着科学技术的发展、堆设计和运行经验的积累以及堆用材料性能和制造工艺等的改进而不断完善,使得设计的保守性更加合理。其内容因堆型而异,在压水堆中主要为以下 4 个方面。

(1) 燃料芯块最高温度应低于对应燃耗下燃料的熔化温度。压水堆大多采用二氧化铀作为燃料。二氧化铀的熔点约为 2 800℃,但经过辐照后,其熔点有所降低。目前在压水堆所能达到的燃耗深度下,熔点可降低到 2 650℃左右;在稳态热工设计中,燃料中心温度最高限值一般为 2 200~2 450℃;但在实际工程应用中,为保证安全裕量,通常规定一个更低的温度限值。

(2)燃料元件外表面不允许发生沸腾临界,即要求在堆芯中任何燃料元件表面上的任何点的热流密度 q_R 都小于该点的临界热流密度 q_{DNB}。为了定量表达这个限值要求,引入临界热流密度比(DNBR)这一概念,它的定义为

$$DNBR = q_{DNB}/q_R \tag{9-1}$$

式中,q_{DNB} 为根据实验或采用适当的临界热流密度(CHF)关系式计算得到的临界热流密度值(W/m^2);q_R 为计算点上燃料元件表面的实际热流密度值(W/m^2)。

在整个堆芯内所计算的 DNBR 分布中的最小值称为最小 DNBR,记为 MDNBR。为了保证燃料元件不被烧毁,要求 MDNBR 应该大于某一限值。假设计算 q_{DNB} 的关系式没有偏差,则当 MDNBR 等于 1 时表示燃料元件表面发生了沸腾临界;然而事实上计算 q_{DNB} 的关系式存在一定的偏差,因此要把 MDNBR 定得比 1 大。例如,在用 W-3 关系式计算 q_{DNB} 时,稳态额定工况通常要求 MDNBR=1.8~2.2,对于预计的常见事故工况,要求 MDNBR>1.3。

(3)必须保证正常运行工况下燃料元件和堆内构件能得到充分冷却,在事故工况下能提供足够的冷却剂以排出堆芯余热。

(4)在稳态和预期瞬态事故工况下,不允许发生流动不稳定性。对于压水堆而言,只要堆芯最热通道出口附近冷却剂中的含气率小于某一数值,就不会出现流动不稳定现象。

表 9-1 简要列举了典型压水堆的热工设计准则。由于核反应堆堆型多样,其热工设计准则在此不能一一列举,感兴趣的读者可自行查阅相关书籍。

表 9-1　压水堆的热工设计准则

参　　数	准　　则
燃料中心最高温度	不大于熔点温度
表面热流密度	在 112%功率下 MDNBR 不小于 1.3
包壳平均温度	大破口事故下小于 1 204℃
热通道出口含气率	不发生流动不稳定性

例如,气冷堆的热工设计准则与压水堆不同,由于气冷堆以气体为冷却工

质,不会存在像压水堆存在燃料元件表面的沸腾临界问题,其设计准则主要为以下3个:① 燃料元件表面最高温度小于限值;② 燃料元件中心最高温度小于限值;③ 燃料元件和结构材料的热应力小于限值。

9.2　热管因子和热点因子

反应堆堆芯中子通量是不均匀分布的,因此热功率分布也是不均匀的。造成非均匀性的原因可概括为两个因素:核因素(中子通量的不均匀分布等)和工程因素(燃料元件在加工、安装运行过程中造成的偏差)。堆芯的设计限制取决于堆芯内最恶劣的局部热工参数值。为了衡量最恶劣局部参数偏离平均值的程度,引入修正因子。根据产生原因不同,修正因子又分为热管因子和热点因子。

9.2.1　核热管因子和核热点因子

忽略燃料元件在加工、安装、运行过程中的工程因素造成的偏差,以及忽略堆芯进口冷却剂流量分布不均匀的因素,仅考虑核因素导致的热功率不均匀分布,堆芯内积分功率输出最大的燃料元件对应的子通道称为热管,堆芯内燃料元件表面热流密度最大的点,称为热点。

通常,采用平均管反映整个堆芯的平均特性,具有设计的名义尺寸、平均冷却剂流量以及平均热功率,其线功率为

$$\overline{q'} = \frac{N_{t}F_{u}}{NL} \tag{9-2}$$

式中,$\overline{q'}$ 为平均线功率(W/m);N_{t} 为堆热功率(W);F_{u} 为燃料释热份额;N 为堆芯内燃料棒总根数;L 为堆芯高度(m)。

在此基础上,为了定量表征热管与热点的工作条件,引入了热流密度核热点因子与焓升核热管因子。

热流密度核热点因子定义为

$$F_{q}^{N} = \frac{\text{堆芯最大热流密度}}{\text{平均管热流密度}} = \frac{q_{max}}{\overline{q}} = F_{R}^{N}F_{Z}^{N} \tag{9-3}$$

式中,F_{R}^{N} 与 F_{Z}^{N} 分别为径向与轴向热流密度核热点因子,假定热管的轴向归一化功率分布与堆芯内其他冷却剂通道一致,使得热管包含了热点,有

$$F_R^N = \frac{\text{热管平均热流密度}}{\text{平均管热流密度}} = \frac{\overline{q}_h}{\overline{q}} \qquad (9-4)$$

$$F_Z^N = \frac{\text{堆芯最大热流密度}}{\text{热管平均热流密度}} = \frac{q_{max}}{\overline{q}_h} \qquad (9-5)$$

式中，$\overline{q}$ 为平均热流密度（W/m^2）；下标 h 代表热管。

考虑到反应堆具体结构（控制棒、水隙、空泡与反射层）对热功率分布的影响，在实际计算中引入局部峰核热点因子 F_L^N 进行修正，式（9-3）改写为

$$F_q^N = F_R^N F_Z^N F_L^N \qquad (9-6)$$

焓升核热管因子定义为

$$F_{\Delta h}^N = \frac{\text{热管焓升}}{\text{平均管焓升}} = \frac{\Delta h_h}{\overline{\Delta h}} \qquad (9-7)$$

式中，Δh 为冷却剂焓升（J/kg）。

仅考虑核因素，忽略冷却剂流量分配不均等工程因素的影响，焓升核热管因子可以用热管同平均管的积分热功率输出比代替，即

$$F_{\Delta h}^N = \frac{\text{热管总热功率}}{\text{平均管总热功率}} = \frac{\int_0^L \overline{q'} F_R^N \varphi(z) dz}{\overline{q'} L} \qquad (9-8)$$

式中，$\varphi(z)$ 为对轴向燃料棒全长归一化功率分布，因此 $\int_0^L \varphi(z) dz = L$，观察到此时焓升核热管因子等于径向热点因子，即

$$F_{\Delta h}^N = F_R^N \qquad (9-9)$$

9.2.2　工程热管因子和工程热点因子

上述热管因子和热点因子都是单纯从核方面考虑的，所有涉及燃料元件热流密度及冷却剂通道流量的参数都应该作为设计依据。但实际工程上不可避免地会出现可能引起参数偏离设计值的各种误差，如燃料芯块的富集度及密度偏差，燃料元件的加工尺寸误差，安装过程中的定位偏差，运行过程中燃料元件的弯曲变形等。这些误差的存在使得实际的热流量和冷却剂通道中的冷却剂焓升都将偏离按核物理计算出来的值。因此，为了与工程计算得到的

数值区别开来,把在不考虑工程影响因素只根据堆物理所计算出来的热工参数称为名义值,定义热流密度工程热点因子 F_q^E 与焓升工程热管因子 $F_{\Delta h}^E$ 为

$$F_q^E = \frac{堆芯实际最大热流密度}{堆芯名义最大热流密度} = \frac{q_{a,\,max}}{q_{n,\,max}} \qquad (9-10)$$

$$F_{\Delta h}^E = \frac{热管实际焓升}{热管名义焓升} = \frac{\Delta h_{h,\,a}}{\Delta h_{h,\,n}} \qquad (9-11)$$

式中,下标 n 为名义值,下标 a 为实际值。

在热工设计中,有关工程热管因子和热点因子的计算,主要采用乘积法与混合法。

1) 乘积法

乘积法是一种很保守的计算工程因子的方法。该方法将工程中的偏差作为非随机因素,所有误差均按照对安全最不利的方向选取,即把所有最不利的工程偏差都同时集中作用在热管或热点上。燃料元件外表面的热流密度的影响因素包括燃料元件芯块的直径的加工误差、核燃料的富集度和包壳外径加工误差等。根据乘积法,工程热点因子表示为

$$F_q^E = \frac{d_{u,\,a}^2 e_a \rho_a d_{cs,\,n}}{d_{u,\,n}^2 e_n \rho_n d_{cs,\,a}} \qquad (9-12)$$

式中,下标 n 代表名义值,下标 a 代表具有最不利误差的实际值;e 为浓缩度(—);ρ 为密度(kg/m³);d_u 为燃料直径(m);d_{cs} 为包壳外径(m)。根据乘积法则,所有误差均按照对安全最不利的方向选取,因此,$d_{cs,\,a}$ 取的是最小值,其余取的都是最大值。

同理对于焓升工程热管因子,在压水堆中由燃料芯块加工误差引起的热管分因子 $F_{\Delta h,\,1}^E$,燃料元件与冷却机通道尺寸误差引起的热管分因子 $F_{\Delta h,\,2}^E$,堆芯下腔室流量分配不均引起的热管分因子 $F_{\Delta h,\,3}^E$,热管内冷却剂流量再分配引起的热管分因子 $F_{\Delta h,\,4}^E$ 与相邻通道内冷却剂交混引起的热管分因子 $F_{\Delta h,\,5}^E$,其中只有 $F_{\Delta h,\,5}^E$ 为有益工程因素,小于1。采用乘积法,即对每项因子选取最不利值,可以得到总焓升工程热管因子为

$$F_{\Delta h}^E = F_{\Delta h,\,1}^E F_{\Delta h,\,2}^E F_{\Delta h,\,3}^E F_{\Delta h,\,4}^E F_{\Delta h,\,5}^E \qquad (9-13)$$

表9-2列出了不同反应堆工程热管因子与工程热点因子的取值。

表 9－2　压水堆工程热管因子和工程热点因子

因　　　子	反　应　堆		
	Yankee-Rowe	Selni-Sena	AP1000
棒径、棒距和弯曲度、颗粒密度以及富集度分因子 $F_{\Delta h,1}^{E} F_{\Delta h,2}^{E}$	1.14	1.14	—
下腔室分因子 $F_{\Delta h,3}^{E}$	1.07	1.07	—
流动再分配分因子 $F_{\Delta h,4}^{E}$	1.05	1.05	—
流动交混分因子 $F_{\Delta h,5}^{E}$	—	0.95	—
焓升总工程热管因子 $F_{\Delta h}^{E}$	1.28	1.22	—
工程热点因子 F_q^{E}	1.08	1.04	1.03

在反应堆发展的早期,由于缺乏设计以及运行经验,采用乘积法可以尽可能地确保反应堆的安全运行。但是乘积法将最不利因素都集中于一点,所确定的工程热管因子数值过大,为了确保安全,就必须降低燃料元件的释热率,也降低了反应堆的经济性。

2) 混合法

目前广泛使用的方法为混合法,其将工程因素中产生的误差分为非随机误差(系统误差)和随机误差。例如,堆芯下腔室流量分配不均引起的焓升热管分因子认为是非随机误差,而燃料元件以及冷却剂通道尺寸认为是随机误差。

分别计算非随机误差和随机误差导致的分因子。对于非随机误差采用前文介绍的乘积法;而对于随机误差,认为该工程因素呈一定概率作用在于热管上,应按照误差分布统计学规律(高斯正态密度分布函数)进行计算,再累乘得到总工程热管因子和工程热点因子。

以零件加工为例,认为加工误差大小属于随机变量,其大小与正负服从高斯分布,形式如下:

$$g(x) = \frac{1}{\sigma\sqrt{2\pi}} \exp\left(-\frac{x^2}{2\sigma^2}\right) \qquad (9-14)$$

式中,σ 为均方误差,代表一批产品中加工后实际尺寸与标准尺寸偏差值平方和的均方根,同时均方误差的 3 倍常称为极限误差,用符号 3σ 表示,在 $\pm 3\sigma$ 范围之外的概率仅有 0.3%，可忽略不计。

$$\sigma = \sqrt{\frac{x_1^2 + x_2^2 + \cdots + x_N^2}{N}} \tag{9-15}$$

借助这些直接测量物理量，可以通过计算求得间接测量，其中间接测量的误差与直接测量误差存在如下关系。

设某函数为

$$Q = \frac{q_1^m q_2^n}{q_3^p} \tag{9-16}$$

根据统计学可知，相互独立的直接物理量构成的函数引起的误差同样符合正态分布，并通过误差传递公式传递：

$$\sigma_Q = \sqrt{\left(\frac{\partial Q}{\partial q_1}\right)^2 \left(\frac{\sigma_{q_1}}{Q}\right)^2 + \left(\frac{\partial Q}{\partial q_2}\right)^2 \left(\frac{\sigma_{q_2}}{Q}\right)^2 + \left(\frac{\partial Q}{\partial q_3}\right)^2 \left(\frac{\sigma_{q_3}}{Q}\right)^2}$$

$$= \sqrt{\left(\frac{m\sigma_{q_1}}{q_1}\right)^2 + \left(\frac{n\sigma_{q_2}}{q_2}\right)^2 + \left(\frac{p\sigma_{q_3}}{q_3}\right)^2} \tag{9-17}$$

式中，σ_Q 为函数 Q 的相对均方误差；Q 为该函数名义值；σ_{q_1} 等为各项直接测量物理量的均方误差，当其改写为极限误差 $3\sigma_{q_1}$ 时，可得改函数极限相对均方误差 $3\sigma_Q$。

$$\sigma_Q = \frac{\sigma}{Q} \tag{9-18}$$

在工程热点因子 F_q^E 的计算中，根据热点热流密度关系式，可以求得包壳外表面热流密度极限相对误差为

$$\frac{3\sigma_q}{q_{n,\max}} = 3\sqrt{\left(\frac{\sigma_{eu}}{e_{n,u}}\right)^2 + \left(\frac{\sigma_{\rho u}}{\rho_{n,u}}\right)^2 + \left(\frac{2\sigma_{du}}{d_{n,u}}\right)^2 + \left(\frac{\sigma_{dcs}}{d_{n,cs}}\right)^2} \tag{9-19}$$

式中，各均方根误差计算公式同式(9-15)。

最后，可以计算得到工程热点因子为

$$F_q^E = \frac{q_{a,\max}}{q_{n,\max}} = \frac{q_{n,\max} + \Delta q}{q_{n,\max}} = 1 + \frac{3\sigma_q}{q_{n,\max}} \tag{9-20}$$

而对焓升工程热管因子的计算可分为两部分：燃料芯块加工误差、燃料元件和冷却剂通道尺寸误差。对燃料芯块加工误差（燃料芯块直径、密度和燃料富集度）引起的热管分因子 $F_{\Delta h,1}^{\mathrm{E}}$ 为随机误差，类似于上述的分析方法，其极限相对误差计算如下。

$$\frac{3\sigma_{\Delta h,1}}{\Delta h_{n,\max}} = 3\sqrt{\left(\frac{\sigma_{h,eu}}{e_{n,u}}\right)^2 + \left(\frac{\sigma_{h,\rho u}}{\rho_{n,u}}\right)^2 + \left(\frac{2\sigma_{h,du}}{d_{n,u}}\right)^2} \qquad (9-21)$$

其中，计算均方根误差时应取热管全长上误差的平均值。计算后可得由燃料芯块直径、密度和燃料富集度的加工误差引起的焓升工程热管分因子 $F_{\Delta h,1}^{\mathrm{E}}$ 为

$$F_{\Delta h,1}^{\mathrm{E}} = 1 + \frac{3\sigma_{\Delta h,1}}{\Delta h_{n,\max}} \qquad (9-22)$$

同理，根据误差性质，对其他焓升工程热管分因子进行计算。

混合法对误差进行分类计算，比乘积法更先进，因此计算所得到的工程热管因子和工程热点因子更小，在满足堆芯热工设计准则前提下，提高了堆的功率输出，既考虑了堆的安全需求，又考虑了堆的经济性。

9.2.3 降低热管和热点因子的途径

降低热管因子和热点因子可以提高反应堆的安全性和经济性。产生热管因子和热点因子的原因有核和工程的原因，故可以从核和工程两方面对其降低。在核方面，主要依靠功率展平的方法，减小堆芯内热功率的分布不均匀性，比如分区进行燃料装载，在堆芯的径向不同区域装载不同富集度的燃料；合理布置控制棒和可燃毒物、调节含硼水的浓度；在堆芯周围设置反射层等。在工程方面需要在不过分增加加工费用的前提下，尽可能合理地确定有关部件的加工、安装以及运行所产生的误差；增加流体横向交混，降低热管内流体的焓升；开展精细的堆本体水力学模拟实验，减小下腔室流量分配不均匀性等。

9.3 基于单通道方法的堆芯稳态热工设计

单通道模型是一种简化的分析模型。该模型认为相邻的通道间不存在质量、动量和能量的交换。该模型引入平均管的概念，认为平均管是一个具有设

计的名义尺寸、平均的冷却剂流量和平均释热率的假想通道,并对其进行计算。在对闭式通道(如板状燃料元件堆芯)进行热工水力分析时,该假设是合适的。在对开式通道(如常规水冷大堆棒状燃料元件堆芯)进行热工水力分析时,该模型为了衡量各有关热工参数的最大值偏离平均值的程度,引入热管的概念来表征堆内具有最恶劣局部热工参数的通道。热管参数可在平均管的基础上,引入热管因子或热点因子计算得到。因此,使用单通道模型对开式通道进行热工水力分析是一种较为粗糙的处理方式,在核反应堆设计中,通常利用单通道模型做初步设计。

9.3.1　一般步骤

图 9-1 所示为核电厂设计的一般步骤。在设计之前,必须确定有关的热工参数,包括如下几个方面。

(1) 核电厂的电功率、电厂效率、系统压力、流量、温度(入口温度、出口温度或者平均温度其中之一)等主要参数。

(2) 燃料元件的直径、元件排列形式、栅距等结构参数。

(3) 燃料、包壳材料、冷却剂、慢化剂、堆内结构材料的密度、热导率、比热容等物性参数。

(4) 径向功率分布、方位角以及局部峰因子、轴向功率分布、核参数不确定因子等核参数。

(5) 某些需要由实验确定的系数,例如旁流系数、形阻压降系数等参数。

图 9-1　核电厂设计的一般步骤

9.3.2　计算内容

9.3.2.1　热功率

根据反应堆总功率的设计要求,结合一、二回路系统的具体设计,确定热工参数。一回路系统的热工参数为堆内冷却剂的工作压力、温度和流量。二回路系统的热工参数主要为蒸汽发生器给水温度和出口参数。需要反应堆输出的热功率为

$$N_t = \frac{N_e}{\eta_T} \qquad (9-23)$$

式中，N_t 为反应堆输出的热功率（W）；N_e 为电站生产的毛电功率（W）；η_T 为电站总毛效率。

9.3.2.2 燃料元件传热面积

燃料元件传热面积为

$$S = \frac{N_t F_u}{\bar{q}} \qquad (9-24)$$

式中，$\bar{q}$ 为燃料表面平均热流密度（W/m^2）；F_u 为燃料内释热量占堆芯总发热量的份额（—），可以参考同类型相近功率的反应堆初步确定。

9.3.2.3 堆芯布置

若堆芯燃料元件总根数为 N，则

$$N = \frac{S}{\pi d_{cs} L} = \frac{N_t}{\pi d_{cs} L \bar{q}} F_u \qquad (9-25)$$

式中，L 为堆芯高度（m）；d_{cs} 为燃料元件棒外径（m）。棒束示意图如图 9-2 所示。

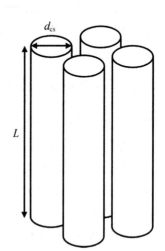

图 9-2　棒束示意图

对于正方形排列的燃料元件和燃料组件，假设每个燃料组件共有 n 根燃料元件棒，则

$$\frac{N}{n} l^2 = \frac{\pi}{4} D_{core,\,e}^2 \qquad (9-26)$$

式中，l 为燃料组件边长（m）；$D_{core,\,e}$ 为堆芯的等效直径（m）。堆芯示意图如图 9-3 所示。

因此，可以得到

$$\frac{\pi^2}{4l^2} d_{cs} n L D_{core,\,e}^2 = \frac{N_t F_u}{\bar{q}} \qquad (9-27)$$

式中，已知 n 和 l，L 和 $D_{core,\,e}$ 为待确定量。

为了减少中子泄露量，最佳的 $L/D_{core,\,e}$ 为 1.08。在实际工程中还需要考虑压力容器的加工以及铁路运输尺寸的限制，压力容器的直径不能太大。因

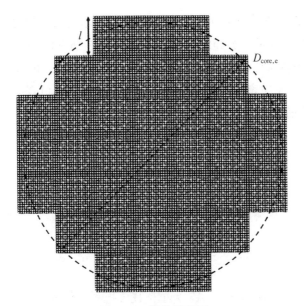

图 9-3　堆芯示意图

此,目前设计的反应堆的 $L/D_{core,e}$ 一般为 $0.9 \sim 1.3$。适当选择压力容器直径以及 $L/D_{core,e}$ 后,堆芯高度可以确定,燃料棒总数 N 以及燃料组件数 N/n 也可以确定。

9.3.2.4　热工设计准则相关计算

为了保证反应堆安全性,设计准则要求 MDNBR 大于限定值,并且燃料芯块中心最高温度低于熔点。在热工设计准则的相关计算中,首先需要确定热通道冷却剂的焓场,冷却剂焓场的计算过程是冷却剂的动量守恒方程和能量守恒方程之间的相互迭代过程。

为了计算热通道冷却剂的焓场和流速,首先应当计算平均通道的相关参数。

1) 平均管冷却剂流速

$$G_{m} = \frac{(1-\xi)W_{t}}{A_{t}} \tag{9-28}$$

式中,下标 m 代表平均管;ξ 为堆芯冷却剂旁流系数,在小型反应堆的设计研究中,旁流系数一般为 $6.5\% \sim 9\%$;W_{t} 为冷却剂总流量(kg/s);A_{t} 为总流通截面(m^{2})。

压力容器内安装的燃料组件和堆内部件存在制造公差,在某些部件之间存在一定的间隙,使得一小部分冷却剂没有参与燃料元件的冷却。这一小部分流量称为旁通流量。旁通流量主要包含以下 5 个方面:① 控制棒套管内 w_1;② 流经控制棒套管外不参与元件冷却 w_2;③ 围板和吊篮之间的环形空间 w_3;④ 流入压力容器上封头 w_4;⑤ 从压力容器进口直接漏到出口接管 w_5。 因此,旁通系数为

$$\xi = \frac{\sum\limits_{i=1}^{5} w_i}{W_t} \tag{9-29}$$

2) 平均管冷却剂焓场

$$h_{m,z} = h_{in} + \frac{N\bar{q}A_L}{G_m A_t}\int_0^z \Phi(z)\mathrm{d}z \tag{9-30}$$

式中,h_{in} 为进口焓值(J/kg);A_L 为单位长度燃料元件的表面积(m)。

3) 平均管压降

平均管内压降根据产生机理不同,分为摩擦压降 $\Delta p_{f,m}$、加速压降 $\Delta p_{a,m}$、提升压降 $\Delta p_{el,m}$、入口形阻压降 $\Delta p_{in,m}$、定位格架形阻压降 $\Delta p_{gd,m}$、出口形阻压降 $\Delta p_{ex,m}$ 等。

4) 热管的有效驱动压力

热管的驱动压力是求解热管流量的关键。考虑堆芯下腔室流量分配不均,热管的驱动压降小于平均管,通过引入工程流量因子修正平均管流量,利用平均管的压降乘以相应的压降修正因子,得到折算后平均管压降,作为热管的有效驱动压力 $\Delta p_{h,e}$:

$$\Delta p_{h,e} = K_{f,h}\Delta p_{f,m} + K_{a,h}(\Delta p_{in,m} + \Delta p_{a,m} + \Delta p_{gd,m} + \Delta p_{ex,m}) + \Delta p_{el,m} \tag{9-31}$$

式中,$K_{f,h}$ 为摩擦压降修正因子;$K_{a,h}$ 为形阻压降和加速压降修正因子。

假设引入修正因子后,平均管物性的改变可忽略不计。

摩擦压降满足

$$\Delta p_f \propto fU^2 \propto (ARe^{-b})U^2 \propto W^{2-b} \tag{9-32}$$

加速压降与形阻压降满足

$$\Delta p_a \propto KU^2 \propto KW^2 \tag{9-33}$$

提升压降与流量无关。

最终得

$$K_{f,h} = (1-\delta)^{2-b},\ K_{a,h} = (1-\delta)^2,\ \delta = \frac{W_m - W_{h,min,3}}{W_m} \qquad (9-34)$$

式中，b 为摩擦关系式指数因子；δ 为工程流量修正因子；$W_{h,min,3}$ 为考虑了下腔室流量分配不均的流量。

随后，假定热管流量，计算相应压降 Δp_h，直至与有效驱动压力 $\Delta p_{h,e}$ 相等。

5) 热管冷却剂的焓场

焓场可用下式计算：

$$h_{h,z} = h_{in} + \frac{\bar{q} F_R^N F_{\Delta h}^E A_L}{G_h A_b} \int_0^z \Phi(z)\mathrm{d}z \qquad (9-35)$$

式中，下标 h 代表热管；F_R^N 和 $F_{\Delta h}^E$ 分别为径向核热点因子和工程焓升热点因子；G_h 为热管流通量[kg/(m^2·s)]；A_b 为子通道截面积(m^2)。

6) MDNBR

在压水堆的热工设计中，要求燃料元件表面的最大热流密度小于临界热流密度。为了定量地表示这个安全要求，引入临界热流密度比。它是指用合适的临界热流密度关系式计算得到燃料元件表面某一点的临界热流密度与该点的实际热流密度的比值，用符号 DNBR 表示：

$$DNBR(z) = \frac{q_{DNB}(z)}{q(z)} = \frac{q_{DNB,eu}(z) F_g F_c}{\bar{q} F_R^N \Phi(z) F_q^E F_s} \qquad (9-36)$$

式中，下标 eu 为轴向均匀加热工况；F_g 为格架修正因子($-$)；F_c 为冷壁修正因子，F_s 为轴向热流密度非均匀修正因子。

$DNBR(z)$ 的值沿着冷却剂通道长度是变化的，其最小值称为最小临界热流密度比、最小偏离核态沸腾比或最小 DNB 比，记为 MDNBR。令 $\frac{\partial DNBR(z)}{\partial z} = 0$，得到 MDNBR。

7) 计算燃料元件的温度

燃料元件的释热量在轴向是非均匀分布的，且无法用简单函数来描述。物理计算可以提供一个离散的堆芯轴向功率分布。因此，在热工分析中，需要将燃料元件沿轴离散成小段进行计算,每一小段中的释热量近似为常数,分段多少按工程要求的精度而定。先计算燃料元件表面的温度,再利用导热方程,逐层计算燃料元件包壳温度和中心温度。校核燃料元件中心最高温度和表面最高温度是否超过反应堆热工设计准则的限值。

计算流程图如图 9-4 所示。

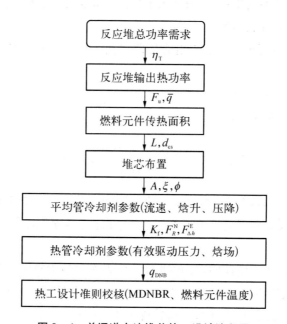

图 9-4 单通道方法堆芯热工设计流程图

9.4 压水堆堆芯稳态热工设计案例

前文介绍了基于单通道方法堆芯稳态热工设计的一般过程,本节基于一个典型三代压水堆热工参数给出了一个堆芯稳态热工设计的具体过程作为案例。

9.4.1 热工参数

在设计之前,首先要确认的热工参数如下。

(1)核电厂的设计毛电功率 $N_e = 1\,100\,\text{MW}$,总毛效率 $\eta_T = 32.35\%$,系统压力 $p = 15.5\,\text{MPa}$,冷却剂总流量 $W_t = 51.5 \times 10^6\,\text{kg/h}$,冷却剂入口温度 $T_{in} = 279.4\,℃$。

（2）采用棒状燃料元件，燃料棒外径 $d_{cs} = 9.50$ mm，包壳内径 $d_{ci} = 8.36$ mm，芯块直径 $d_u = 8.26$ mm，棒长 $L = 3.8$ m。燃料棒以 17×17 正方形排列方式组成燃料组件，棒距 $P = 12.6$ mm，单个子通道水力当量直径 $D_e = 11.8$ mm，每个燃料组件中包含 264 根燃料棒、24 根控制棒套管和 1 根中子通量测量管。考虑到装卸料的要求，组件间留有水隙宽度 $\delta = 0.8$ mm。

（3）采用 UO_2 作为燃料，包壳材料为 ZIROL 锆合金，采用水兼作冷却剂和慢化剂，相关材料物性可查询物性表获得。

（4）热点位于热管内，反应堆径向核热点因子 $F_R^N = 1.6$，轴向核热点因子 $F_Z^N = 1.5$，工程热点因子 $F_q^E = 1.04$，焓升工程热管因子 $F_{\Delta h}^E = 1.08$，热管轴向功率分布对称于几何中心。

（5）忽略冷却剂中的释热量，燃料元件的释热量占堆总热功率比例 $F_u = 97\%$；冷却剂旁流流量占冷却剂总流量的比例 $\xi = 9\%$。

9.4.2　计算内容

9.4.2.1　热功率

根据电站的毛效率和毛电功率，确定反应堆需要输出的热功率为

$$N_t = \frac{N_e}{\eta_T} = \frac{1\,100}{0.323\,5} = 3\,400 \, (MW) \qquad (9-37)$$

9.4.2.2　燃料元件的传热面积

参考同类型相近功率的反应堆初步确定燃料元件平均热流密度为

$$\bar{q} = 0.625 \, MW/m^2 \qquad (9-38)$$

根据总热量、燃料元件释热量占比以及燃料平均热流密度，计算燃料元件的总传热面积为

$$S = \frac{N_t F_u}{\bar{q}} = \frac{3\,400 \times 0.97}{0.625} = 5\,276.8 \, (m^2) \qquad (9-39)$$

9.4.2.3　堆芯布置

堆芯燃料元件总根数：

$$N = \frac{S}{\pi d_{cs} L} = \frac{5\,276.8}{3.14 \times 0.009\,5 \times 3.8} = 46\,552 \, (根) \qquad (9-40)$$

单组燃料组件内包含 264 根燃料棒，则总共需要燃料组件的数量为

$$\frac{N}{n} = \frac{46\,552}{264} = 176(\text{组}) \qquad (9-41)$$

考虑燃料组件的对称布置,实际反应堆内布置了 177 组燃料组件,燃料棒数目 N 实际为 46 728 根。

堆芯等效直径:

$$D_{\text{core, e}} = \sqrt{177\,\frac{l^2}{\pi/4}} = \sqrt{177 \times \frac{(17 \times 12.6 \times 10^{-3} + 0.8 \times 10^{-3})^2}{\pi/4}} = 3.23(\text{m})$$

$$(9-42)$$

堆芯 $L/D_{\text{core, e}}$:

$$\frac{L}{D_{\text{core, e}}} = \frac{3.8}{3.23} = 1.18 \qquad (9-43)$$

堆芯布置符合规范。

9.4.2.4 热工设计准则相关计算

1) 平均管冷却剂流速

冷却剂总流通截面积包括组件内燃料元件棒之间冷却剂流通截面积与组件间水隙流通面积,流过水隙的冷却剂用于冷却组件最外侧燃料元件,因此有

$$A_t = N\left(P^2 - \frac{\pi}{4}d_{cs}^2\right) + \frac{N}{n}(4 \times 17P\delta)$$

$$= 177 \times 264 \times \left[(12.6 \times 10^{-3})^2 - \frac{\pi}{4} \times (9.5 \times 10^{-3})^2\right] +$$

$$177 \times 4 \times 17 \times 12.6 \times 10^{-3} \times 0.8 \times 10^{-3} = 4.23(\text{m}^2) \qquad (9-44)$$

平均管冷却剂流速:

$$G_m = \frac{(1-\xi)W_t}{A_t} = \frac{(1-0.09) \times 51.5 \times 10^6}{3\,600 \times 4.23} = 3\,077.6[\text{kg}/(\text{m}^2 \cdot \text{s})]$$

$$(9-45)$$

2) 平均管冷却剂焓场

以计算平均管半高处焓为例。

平均管冷却剂焓场满足

$$h_{m,z} = h_{in} + \frac{N\bar{q}A_L}{G_m A_t}\int_0^z \phi(z)dz \qquad (9-46)$$

假设 $\phi(z)$ 以堆芯半高处为对称轴上下对称,半高处满足

$$\int_0^{\frac{L}{2}} \phi(z)\mathrm{d}z = \frac{L}{2} \tag{9-47}$$

根据进口温度,进口焓为 1 229 kJ/kg,因此平均管半高处焓为

$$h_{\mathrm{m},\frac{L}{2}} = 1\,229 + \frac{177 \times 264 \times (0.625 \times 10^3) \times \pi \times 9.5 \times 10^{-3}}{3\,077.6 \times 4.23} \times \frac{3.8}{2}$$
$$= 1\,356(\mathrm{kJ/kg}) \tag{9-48}$$

3) 平均管压降

(1) 提升压降:通常压力变化时,液体冷却剂密度变化较小,如果温度变化不大,提升压降计算所使用的 ρ 采用冷却剂沿通道全长的算术平均值,即平均管半高处温度所对应温度来近似。

查询物性表,可知平均管半高度处冷却剂焓为 1 356 kJ/kg,则密度为

$$\rho_{\mathrm{m},\frac{L}{2}} = 719.6\ \mathrm{kg/m^3} \tag{9-49}$$

因此,提升压降为

$$\Delta p_{\mathrm{el,m}} = \rho_{\mathrm{m},\frac{L}{2}} gL = 26\,798\ \mathrm{Pa} \tag{9-50}$$

(2) 摩擦压降:采用平均管半高处黏性计算 Re,则黏度为

$$\mu_{\mathrm{m},\frac{L}{2}} = 8.72 \times 10^{-5}\ \mathrm{Pa \cdot s} \tag{9-51}$$

平均管 Re:

$$Re_{\mathrm{m},\frac{L}{2}} = \frac{G_{\mathrm{m}} D_{\mathrm{e}}}{\mu_{\mathrm{m},\frac{L}{2}}} = \frac{3\,077.6 \times 11.8 \times 10^{-3}}{8.72 \times 10^{-5}} = 4.16 \times 10^5 > 2\,320 \tag{9-52}$$

采用 McAdams 关系式计算摩擦系数:

$$f_{\mathrm{m},\frac{L}{2}} = \frac{0.184}{Re_{\mathrm{m},\frac{L}{2}}^{0.2}} = \frac{0.184}{(4.16 \times 10^5)^{0.2}} = 0.013\,84 \tag{9-53}$$

因此,摩擦压降为

$$\Delta p_{\mathrm{f,m}} = \frac{1}{2} f_{\mathrm{m},\frac{L}{2}} \frac{L}{D_{\mathrm{e}}} \frac{G_{\mathrm{m}}^2}{\rho_{\mathrm{m},\frac{L}{2}}} = \frac{1}{2} \times 0.013\,84 \times \frac{3.8}{11.8 \times 10^{-3}} \times \frac{3\,077.6^2}{719.6} = 29\,332\ \mathrm{Pa} \tag{9-54}$$

（3）加速压降：平均管进口密度为

$$\rho_{in} = 765.6 \text{ kg/m}^3 \quad (9-55)$$

平均管出口焓满足

$$h_{m,L} = 1\,229 + \frac{177 \times 264 \times (0.625 \times 10^3) \times \pi \times 9.5 \times 10^{-3}}{3\,077.6 \times 4.23} \times 3.8$$
$$= 1\,483 (\text{kJ/kg}) \quad (9-56)$$

平均管出口密度：

$$\rho_{m,L} = 666.9 \text{ kg/m}^3 \quad (9-57)$$

加速压降满足

$$\Delta p_{a,m} = G_m^2 \left(\frac{1}{\rho_{m,L}} - \frac{1}{\rho_{in}} \right) = 3\,077.6^2 \times \left(\frac{1}{666.9} - \frac{1}{765.6} \right) = 1\,831 (\text{Pa})$$

$$(9-58)$$

（4）局部压降（入口、出口、格架压降）：以形阻压降关系式描述该效应，以格架压降为例，假设格架形阻系数为1，则格架压降为

$$\Delta p_{sp,m} = \frac{K_{sp} \rho_{m,\frac{L}{2}} v_m^2}{2} = \frac{K_{sp} G_m^2}{2\rho_{m,\frac{L}{2}}} = \frac{3\,077.6^2}{2 \times 719.6} = 6\,581 (\text{Pa}) \quad (9-59)$$

4）热管压降

假定流量修正因子 $\delta = 0.03$，折算后平均管压降，即热管驱动压强，满足

$$\Delta p_{h,e} = K_{f,h} \Delta p_{f,m} + K_{a,h} (\Delta p_{in,m} + \Delta p_{a,m} + \Delta p_{gd,m} + \Delta p_{ex,m}) + \Delta p_{el,m}$$
$$= (1-0.03)^{2-0.2} \times 29\,332 + (1-0.03)^2 \times (1\,831 + 6\,581) + 26\,798$$
$$= 27\,767 + 1\,773 + 6\,192 + 26\,798 = 62\,480 (\text{Pa}) \quad (9-60)$$

由此反推热管流量 G_h，当热管流量为 2 625 kg/(m²·s)时，热管平均焓 $\overline{h_h}$ 为 1 487 kJ/kg，进口焓 h_{in} 为 1 299 kJ/kg，出口焓 h_{out} 为 1 744 kJ/kg，相应平均密度 $\overline{\rho_h}$ 为 665.5 kg/m³，进口密度 ρ_{in} 为 765.6 kg/m³，出口密度 ρ_{out} 为 377.9 kg/m³，相应提升压降 $\Delta p_{el,h}$ 为 24 782 Pa，摩擦压降 $\Delta p_{f,h}$ 为 23 291 Pa，加速压降 $\Delta p_{a,h}$ 为 9 234 Pa，局部压降 $\Delta p_{sp,h}$ 为 5 177 Pa，热管压降 Δp_h 为 62 484 Pa，误差小于1%，符合要求。

5）热管冷却剂的焓场

以计算热管半高处焓为例。

热管冷却剂焓场满足

$$h_{h,z} = h_{in} + \frac{N\bar{q}A_L F_R^N F_{\Delta h}^E}{G_h A_t} \int_0^z \phi(z) dz \qquad (9-61)$$

同样，假设 $\phi(z)$ 以堆芯半高处为对称轴上下对称。

焓升热管因子可通过径向热点因子代替，和工程热管因子，计算得热管半高处焓为

$$h_{h,\frac{L}{2}} = 1\,229 + \frac{177 \times 264 \times (0.625 \times 10^3) \times \pi \times 9.5 \times 10^{-3}}{2\,625 \times 4.23} \times$$

$$\frac{3.8}{2} \times 1.6 \times 1.08 = 1\,487(kJ/kg) \qquad (9-62)$$

相应半高处温度为 325℃。

6）MDNBR

利用热管因子，计算热点处的 MDNBR 是否满足设计准则。

热点热流密度：

$$q_{max} = \bar{q}F_R^N F_Z^N F_q^E = 0.625 \times 1.6 \times 1.5 \times 1.04 = 1.56(MW/m^2)$$

$$(9-63)$$

参考相似的反应堆流动参数，发生 DNB 沸腾临界的热流密度 $q_{DNB} \approx 2.80\,MW/m^2$，则

$$MDNBR = \frac{q_{DNB}}{q_{max}} = \frac{2.8}{1.56} = 1.8 \qquad (9-64)$$

7）计算燃料元件的温度

假设热点位于热管半高度处位置，校核燃料元件中心最高温度是否满足设计准则。

热管半高处密度：

$$\rho_{h,\frac{L}{2}} = 665.5\ kg/m^3 \qquad (9-65)$$

热管半高度处的冷却剂流速：

$$v_{h,\frac{L}{2}} = \frac{G_h}{\rho_{h,\frac{L}{2}}} = \frac{2\,625}{665.5} = 3.94(m/s) \qquad (9-66)$$

黏性：

$$\mu_{h, \frac{L}{2}} = 7.81 \times 10^{-5} \text{ Pa} \cdot \text{s} \tag{9-67}$$

雷诺数：

$$Re_{h, \frac{L}{2}} = \frac{G_h D_e}{\mu_{h, \frac{L}{2}}} = \frac{2\,625 \times 11.8 \times 10^{-3}}{7.81 \times 10^{-5}} = 3.96 \times 10^5 \tag{9-68}$$

热点处普朗特数：

$$Pr_{h, \frac{L}{2}} = 0.969 \tag{9-69}$$

热点处努塞特数：

$$Nu_{h, \frac{L}{2}} = 0.023 Re_{h, \frac{L}{2}}^{0.8} Pr_{h, \frac{L}{2}}^{0.4} = 0.023 \times (3.96 \times 10^5)^{0.8} \times (0.969)^{0.4} = 683$$

$$\tag{9-70}$$

导热系数：

$$k_{h, \frac{L}{2}} = 0.518 \text{ W/(m} \cdot \text{℃)} \tag{9-71}$$

热点处单相强迫对流换热系数：

$$h_{h, \frac{L}{2}} = \frac{Nu_{h, \frac{L}{2}} k_{h, \frac{L}{2}}}{D_e} = \frac{683 \times 0.518}{11.8 \times 10^{-3}} = 3.00 \times 10^4 \text{ W/(m}^2 \cdot \text{℃)}$$

$$\tag{9-72}$$

根据单相对流换热关系式计算出热点处包壳外表面温度和冷却剂的温差：

$$\Delta\theta_{h, \frac{L}{2}} = \frac{\bar{q} F_R^N F_Z^N F_q^E}{h_{h, \frac{L}{2}}} = \frac{0.625 \times 10^6 \times 1.6 \times 1.5 \times 1.04}{3.00 \times 10^4} = 52(\text{℃})$$

$$\tag{9-73}$$

根据过冷沸腾换热关系式计算热点处包壳外表面温度和冷却剂的温差。

$$\Delta\theta'_{h, \frac{L}{2}} = T_s + 25\left(\frac{q_{max}}{10^6}\right)^{0.25} \exp\left(\frac{-p}{6.2}\right) - T_{h, \frac{L}{2}}$$

$$= 345 + 25(1.56)^{0.25} \exp\left(\frac{-15.5}{6.2}\right) - 325 = 22.3\text{℃} \tag{9-74}$$

式中，T_s 为饱和温度，p 为压力。

过冷沸腾计算得到的温差小于单相强迫对流，表明热点发生过冷沸腾，则燃料表面最高温度为

$$T_{cs,\,max} = T_{h,\,\frac{L}{2}} + \Delta\theta'_{h,\,\frac{L}{2}} = 325 + 22.3 = 347.3(℃) \qquad (9-75)$$

使用包壳一维导热关系式，根据总热流密度、包壳外表面温度、包壳尺寸和包壳材料热导率，计算包壳内表面温度。

包壳厚度：

$$\delta_c = \frac{d_{cs} - d_{ci}}{2} = \frac{9.50 - 8.36}{2} = 0.57(mm) \qquad (9-76)$$

包壳材料热导率：

$$\kappa_c = 0.005\,47(1.8\bar{t}_c + 32) + 13.8 \qquad (9-77)$$

由于包壳内表面温度暂未求得，根据经验假定包壳平均温度比外表面温度高 30℃，则

$$\kappa_c = 0.005\,47[1.8(347.3 + 30) + 32] + 13.8 = 17.7[W/(m \cdot ℃)] \qquad (9-78)$$

包壳内外表面温差：

$$\Delta\theta_{c,\,\frac{L}{2}} = \frac{\bar{q} F_R^N F_Z^N F_q^E \delta_c}{\kappa_c} = \frac{0.625 \times 10^6 \times 1.6 \times 1.5 \times 1.04 \times 0.57 \times 10^{-3}}{17.7}$$
$$= 50.2(℃) \qquad (9-79)$$

包壳内表面最高温度：

$$T_{ci,\,max} = T_{cs,\,max} + \Delta\theta_{c,\,\frac{L}{2}} = 347.3 + 50.2 = 397.5(℃) \qquad (9-80)$$

包壳平均温度为 372.4℃，校核假设的包壳平均温度与计算结果偏差在 5℃ 以内，满足工程要求。

设芯块与包壳间的气隙等效传热系数 $h_{gap} = 6\,000\ W/(m^2 \cdot ℃)$，则芯块外表面和包壳内表面温差：

$$\Delta\theta_{g,\,\frac{L}{2}} = \frac{\bar{q} F_R^N F_Z^N F_q^E}{h_{gap}} = \frac{0.625 \times 10^6 \times 1.6 \times 1.5 \times 1.04}{6\,000} = 260(℃) \qquad (9-81)$$

芯块表面最高温度：

$$T_{u, max} = T_{ci, max} + \Delta\theta_{g, \frac{L}{2}} = 397.5 + 260 = 657.5(℃) \qquad (9-82)$$

已知棒状燃料芯块的发热功率和芯块外表面最高温度，采用积分热导率查表 9-3 计算燃料芯块中心最高温度：

$$\int_0^{T_{0, max}} \kappa_u dT = \int_0^{657.5} \kappa_u dT + \frac{\bar{q} F_R^N F_Z^N F_q^E d_u}{4}$$

$$\cong 36.81 + \frac{0.625 \times 1.6 \times 1.5 \times 1.04 \times 8.26 \times 10}{4}$$

$$= 69.024(W/cm) \qquad (9-83)$$

查积分热导率表 9-3，得燃料中心最高温度约为 1884℃，处于安全限值内。

$$T_{0, max} < 2\ 200℃ \qquad (9-84)$$

表 9-3　UO₂ 燃料的积分热导率

$T/℃$	$I_k/(W/cm)$	$T/℃$	$I_k/(W/cm)$
100	8.49	1 200	53.41
200	15.44	1 298	55.84
300	21.32	1 405	58.40
400	26.42	1 560	61.95
500	30.93	1 738	66.87
600	34.97	1 876	68.86
700	38.65	1 990	71.31
800	42.02	2 155	74.88
900	45.41	2 348	79.16
1 000	48.06	2 432	81.07
1 100	50.81	2 805	90.00

思考题

1. 基于液态金属冷却反应堆传热特点，思考其热工设计准则。

2. 在压水堆稳态热工分析中，热点的位置是否位于 MDNBR 点处？如何认识两者之间的关系。

3. 单通道模型由于忽略了相邻通道之间的横向交混效应，MDNBR 相较于实际情况将如何变化？对于反应堆经济性有何影响？

参考文献

［1］ 于平安，朱瑞安，喻真烷. 核反应堆热工分析［M］. 3 版. 上海：上海交通大学出版社，2002.

［2］ Todreas N E，Kazimi M S. Nuclear systems［M］. New York：Hemisphere Publishing Corporation，1990.

［3］ 中国核能动力学会反应堆热工流体专业委员会. 核电厂热工水力设计和安全研究［M］. 北京：原子能出版社，1990.

［4］ Tong L S，Weisman J. Thermal analysis of pressurized water reactors［M］. Hinsdale，Illinois：American Nuclear Society，1970.

［5］ 陈毓湘，周全福. 秦山核电厂反应堆热工水力设计［J］. 核科学与工程，1985，4(5)：315－323＋6.

第 10 章　子通道分析方法

反应堆的核心是堆芯燃料组件,在压水堆中是有序排列的棒束结构。棒束组件的热工水力性能是反应堆建设与安全评估的关键参数,对燃料组件临界热流密度(critical heat flux, CHF)进行有效的预测是提升堆芯功率水平的关键因素。由于堆芯几何结构复杂,综合考虑计算精度与计算效率后,使用子通道程序开展堆芯热工水力分析是目前最为有效的方法。本章首先介绍子通道分析方法,明确子通道分析方法的目标、网格划分以及基本假设;在此基础上,以 COBRA‐EN 为例介绍典型均相流子通道程序的控制方程;最后介绍基于子通道分析方法的临界热流密度预测方法的开发和预测的基本内容。

10.1　子通道分析方法的目标

单通道分析模型只是孤立的计算一个平均通道或者热通道,不考虑冷却剂之间的横向质量、能量和动量交换,用这种模型对开式通道进行热工水力分析显得过于简单,常带有不必要的保守性。虽然在单通道模型中引入了各种热管因子来考虑相邻通道间冷却剂的交混作用对热通道焓场的影响,但封闭的热管模型需要使用统计学知识评估工程因子和其他热管因子的乘积来计算极端工况。这些因子都是分别评估的,乘积的使用会引入重复性。例如,热管进口处流量减小会减小该通道内的压降,为避免在同一个热管内产生过大的压降,如果我们同时使用减少进口流量和流量再分配子因子,该作用将会被重复考虑;同样地,热管进口处降低的流量可能恰恰与热管内栅距减小和燃料棒弯曲造成的流量损失相等。

为了提高堆芯热工水力计算的准确性,从 20 世纪 60 年代开始开发了子通道分析模型。该模型不是只计算一个通道,而是计算堆芯内存在着的许多个互相联通、相互平行的通道,即子通道。对全部子通道分别列出冷却剂的质量、能量和动量守恒方程,再配以适当的热工水力辅助模型闭合方程组,联立求解就能够计算出整个堆芯内各子通道的当地参数,包括冷却剂的压力、流量、焓值、含气率等物理量的分布。子通道模型充分考虑了冷却剂之间的质量、能量和动量交换。在研究分析时,一般认为交混现象有 4 种机理驱动,它们分别为横流交混、湍流交混、流动散射和流动后掠。但是交混模型中的相关系数一般通过实验来确定。交混模型设置对子通道程序计算的当地参数分布有很大的影响,因此选取合适的交混系数是精确评估热工水力状况的前提条件之一。

在获得当地参数后,便可以结合适当的 CHF 关系式计算堆芯内的偏离核态沸腾比(departure of nucleate boiling ratio,DNBR)分布,进而确定最小偏离核态沸腾比(minmun departure of nucleate boiling ratio,MDNBR)值及其位置,以评价反应堆的安全性与经济性。综上所述,子通道分析方法作为堆芯设计中对稳态和瞬态工况下 MDNBR 进行评价的工具,充分考虑了冷却剂间的交混影响并且结果是保守的。子通道分析方法最重要的目的就是获得堆芯内的当地热工水力参数,并结合适当的 CHF 关系式计算 MDNBR。

10.2　子通道与控制体的划分

传统的子通道分析方法是以冷却剂为中心来划分控制体,如图 10-1 所示,本节将对这种方法进行详细介绍。在子通道方法中,子通道参数(如速度和密度等)可由单个控制体内的平均值表示,在此基础上建立相邻子通道间的质量、能量和动量交换的本构方程。此外,子通道方法中主要的简化是相邻子通道之间的横向交换。假设通过子通道间隙区域的任何横向流动在离开间隙区域后失去方向,这使得子通道可以任意连接,而不需要固定的横向坐标。一个三维的物理情况可以简单地通过连接三维阵列中的通道来表示,这导致了线性动量平衡方程中横向对流项的简化。该方法最适合于轴流为主的流动情况,从这个角度来说,子通道分析方法并不是完全三维的流动分析。

除以冷却剂为中心来划分控制体之外,也有学者提出了以棒为中心的控制体划分方式。Gaspari 等认为在两相流中,特别是在环状流区,以冷却剂为中心来划分控制体很难分析棒周围的液体流动。因此,提出了以棒为中心的子通道划分方式并在预测高含气率临界热流密度时使用了这一方法,取得了良好的结果。

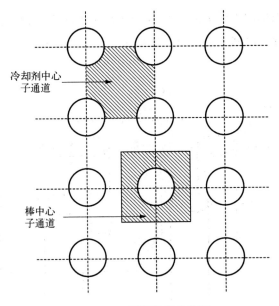

图 10-1　子通道划分选择

对于以冷却剂为中心的子通道方法来说,实际的子通道控制体仅包括冷却剂,而不包括燃料棒。图 10-2 显示了其相对于整个堆芯的情况,但是图

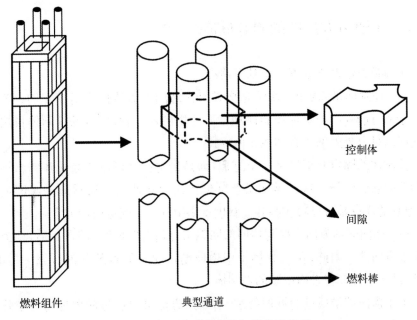

图 10-2　子通道控制体与堆芯的关系

10-2 中的控制体仅用于质量、轴向动量和能量平衡方程,相邻子通道之间采用单独的控制体。典型的横向控制体如图 10-3 中的虚线所示,尺寸 Δx 由人为指定划分。

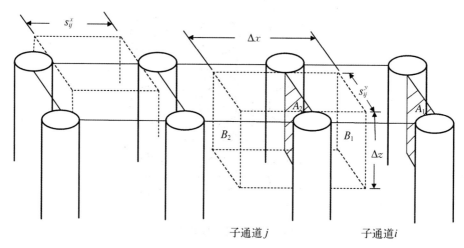

图 10-3 横向动量方程控制体示意图

注:A_2 平面的坐标原点位于 $\Delta z/2$ 和 $s_{ij}^y/2$。

10.3 子通道方法中的固有近似

子通道方法基于如下两个基本前提。

(1) 控制体是固定的,通常是指燃料棒之间的流体体积是固定的。关键点在于从可能存在的多种控制体划分方式中确定一种,确定的控制体被用于除横向动量方程外的所有其他守恒方程。

控制体的固定并不只是一个近似,而是指定一个可以描述流体的水动力学参数的确定区域。这种做法虽然降低了用户在使用子通道方法时的灵活性,但它的优点是可以将实验和经验模型集中到一个固定的构型上。

(2) 横向流动方向由棒与棒间的间隙引导,在离开棒间隙区域后,该流动会失去方向性。因此,在三维场景中横向动量通量的贡献并没有完全考虑。此外,横向动量方程采用单独的控制体。

由于横向动量通量的近似处理,子通道方法可以通过简单地将三维阵列中的通道互相连接起来以表征一个三维计算区域,这种处理方法可以较好地描述轴流占优的工况。但是,由于横向动量方程的简化,对于横流占优工况较难准确描述,如自然对流和混合对流的情况。

10.4　典型均相流子通道守恒方程

本节以 COBRA - EN 中的热工水力模型为例,对典型均相流子通道守恒方程进行详细介绍。子通道分析的基本原理可以描述为两个相邻子通道间的质量、能量和动量守恒,其中质量、能量和轴向动量守恒方程的控制体划分如图 10 - 4 所示。基于子通道方法对于横向流动的假设,横向动量守恒方程的控制体划分如图 10 - 5 所示。下面给出各守恒方程的差分形式。

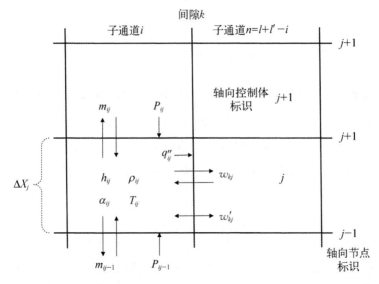

图 10 - 4　质量、能量、轴向动量守恒方程的控制体划分(侧面图)

10.4.1　质量守恒方程

混合物的质量守恒方程(连续性方程)在控制体(i,j)中的有限差分形式可以写成

$$A_i \frac{\Delta x_j}{\Delta t}(\rho_{ij} - \rho_{ij}^n) + m_{ij} - m_{ij-1} + \Delta x_j \sum_{k \in i} e_{ik} w_{kj} = 0 \qquad (10-1)$$

式中,A 为轴向流动面积(m^2);ρ 为混合物密度($\mathrm{kg/m}^3$),$\rho = \alpha \rho_v + (1-\alpha)\rho_l$,

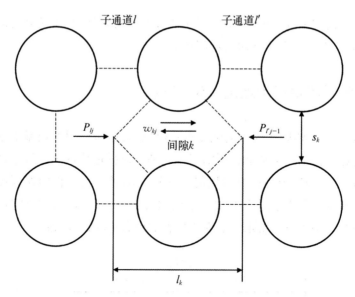

子通道l　　子通道l'

图 10-5　横向动量守恒方程的控制体划分(俯视图)

对于单相来说就是液体的密度；ρ^n 为在上个时间步长的结尾或这个步长的开头时的混合物密度(kg/m^3)；m 为混合物轴向质量流速(kg/s)；w 为混合物横流流速$[kg/(m \cdot s)]$；ρ_1 为液相密度(对饱和液体，$\rho_1 = \rho_f$)；ρ_v 为气相密度(对饱和气体，$\rho_v = \rho_g$)；α 为空泡份额，e_{ik} 为表征横向流动 w_{kj} 的方向；当 $i = l$ 时 $e_{ik} = 1$，当 $i = l'$ 时 $e_{ik} = -1$。

方程(10-1)中的第一项表示控制体的质量累积，第二项和第三项分别表示轴向流入和流出的质量总和以及横向流入和流出的质量总和，每个间隙 k 都是由两个相邻通道组成，对于控制体(i, j)来说，有不止一个间隙，因此这里要进行求和。

10.4.2　能量守恒方程

能量守恒方程的有限差分形式为

$$\frac{A_i}{\Delta t}\left[\rho''_{ij}(h_{ij} - h^n_{ij}) + h_{ij}(h_{ij} - h^n_{ij})\right] + \frac{1}{\Delta X_j}(m_{ij}h^*_{ij} - m_{ij-1}h^*_{ij-1}) + \sum_{k \in i} e_{ik}w_{ik}h^*_{kj}$$

$$= \sum_{r \in i} P_r \phi_{ir} q''_{rj} - \sum_{k \in i} w'_{kj}(h_{ij} - h_{nj}) - \sum_{k \in i} C_k s_k (T_{ij} - T_{nj}) + \sum_{r \in i} r_Q \phi_{ir} q'_{rj}$$

$$(10-2)$$

式中,等式右边所有项的和可扩展到所有的燃料棒 r 面向通道 i 的份额 ϕ_{ir} 和加热周长 P_r;$h = xh_v + (1-x)h_1$ 为混合物流动焓值(kJ/kg),对单相来说为单相液体的焓值;h^n 为前一个时间步长结束时的焓值;h_1 为液相焓值(对于饱和液体,$h_1 = h_f$);h_v 为气相焓值(对于饱和气体,$h_1 = h_f$);x 为流动含气率,对单相来说 $x = 0$;q'' 为假设圆周为均匀线功率燃料棒进入流体的热流密度 (W/m²);q' 为燃料棒的线功率(W/m);w' 为湍流横流[kg/(m·s)];$n = l + l' - i$ 为通过间隙 k 与通道 i 连接的通道编号;h_{ij}^* 为轴向 j 位置假设为供体单元的流动焓值(kJ/kg),即 $h_{ij}^* = h_{ij}$(当 $m_{ij} > 0$ 时),$h_{ij}^* = h_{ij+1}$(当 $m_{ij} < 0$ 时);h_{kj}^* 为假设间隙 k 为供体的流动焓值(kJ/kg),即 $h_{kj}^* = h_{ij}$(当 $e_{ij}w_{kj} > 0$ 时),$h_{kj}^* = h_{nj}$(当 $e_{ij}w_{kj} < 0$ 时);C_k 为横向热导率[W(m·K)],计算公式为

$$C_k = G_T \bar{k} / l_k \qquad (10-3)$$

其中,$\bar{k}$ 为通道 i 和通道 n 的热导率的算术平均值;G_T 为热导率的几何影响因子(输入数据);r_Q 为直接进入冷却剂的燃料棒产生的功率的分数。

方程(10-2)的左边,第 1 项表示控制体内累积的能量,第 2 项表示轴向流入和流出的焓值,第 3 项表示横向流入和流出的焓值;等式右边第一项表示燃料棒对通道 i 的加热量,第 2 项和第 3 项表示由于湍流和横向导热引起的横向能量交换,最后面的项表示直接出现在通道 i 的裂变功率(请注意,我们在质量守恒方程中假设不存在湍流质量交换)。

将连续性方程乘以流动焓值 h_{ij} 并且从能量方程中减去,得到最终的结果为

$$
\begin{aligned}
& \frac{\Delta X_j}{\Delta t} A_i \rho_{ij}'' (h_{ij} - h_{ij}^n) + m_{ij}(h_{ij}^* - h_{ij}) - m_{ij-1}(h_{ij-1}^* - h_{ij}) + \\
& \Delta X_j \sum_{k \in i} e_{ik} w_{kj}(h_{kj}^* - h_{ij}) \\
& = \Delta X_j \sum_{r \in i} P_r \Phi_{ir} q_{ij}'' - \Delta X_j \sum_{k \in i} w_{kj}(h_{ij} - h_{nj}) - \\
& \Delta X_j \sum_{k \in i} C_k s_k(T_{ij} - T_{nj}) + \Delta X_j \sum_{r \in i} r_Q \Phi_{ir} q_{ij} \qquad (10-4)
\end{aligned}
$$

10.4.3 轴向动量守恒方程

轴向动量守恒方程可以写成

$$\frac{\Delta X_j}{\Delta t}(m_{ij} - m_{ij}^n) + m_{ij}U'_{ij} - m_{ij-1}U'_{ij} + \Delta X_j \sum_{k \in i} e_{ik}w_{kj}U'^*_{kj}$$

$$= -g_c A_i(P_{ij} - P_{ij-1}) - g\Delta X_j \rho_{ij}\cos\theta -$$

$$\frac{1}{2}\left(\frac{\Delta X f \phi^2}{D_h \rho_1} + Kv'^*\right)_{ij}|m_{ij}|\frac{m_{ij}}{A_i} - f_T\Delta X_j \sum_{k \in i} w'_{ij}(U'_{ij} - U'_{nj})$$

$$(10-5)$$

式中，g_c 为从工程单位到力学单位的转化因子；g 为重力加速度；P 为压力；θ 为通道相对于竖直方向的倾角；f 为摩擦因子；ϕ^2 为两相摩擦倍增因子，单相时为 1；K 为对于定位格架或定位格板的压降损失系数；f_T 为横向动量因子；v' 为动量输运的有效比容，定义为

$$v' = \frac{x^2}{\alpha \rho_v} + \frac{(1-x)^2}{(1-\alpha)\rho_1} \tag{10-6}$$

对于单相来说，$v' = 0$。

U' 为相关的有效动量速度，其定义为

$$U' = \frac{m}{A}v'^* \tag{10-7}$$

在式（10-7）中，供体单元的动量比体积与轴向流速相关。

出现在方程（10-5）中的第 4 项中的相邻通道 l 和 l' 的间隙 k 的动量速度假设有供体单元提供，即 $U^*_{kj} = U_{ij}$（当 $e_{ik}w_{kj} > 0$ 时），$U^*_{kj} = U_{nj}$（当 $e_{ik}w_{kj} < 0$ 时）。

通常情况下 $n = l + l' - i$。

在方程（10-5）的左边第 1 项代表控制体内的动量累积，第 2 项和第 3 项代表轴向动量的流出流入，第 4 项表示横向的动量流出流入之和；而等式右边则表示作用在控制体上的作用力，也就是轴向压力差、流体重力的垂直分量、由于壁面摩擦和形阻引起的压降、加上通道 i 和相连的通道 n 之间由于湍流混合引起的横向动量交换。

10.4.4　横向动量守恒方程

横向动量守恒方程可以写成

$$\frac{\Delta X_j}{\Delta t}(w_{kj} - w_{kj}^n) + \bar{U}'_{kj}w^*_{kj} - \bar{U}'_{kj-1}w^*_{kj-1}$$

$$= \frac{s_k}{l_k} g_c \Delta X_j P_{kj-1} - \frac{1}{2} \left(K_G \frac{\Delta X v'^*}{s_k l_k} \right)_{kj} |w_{kj}| w_{kj} \qquad (10-8)$$

式中,间隙 k 的动量速度假设是通道 l 和通道 l' 的速度的算术平均值:

$$\bar{U}_{kj} = \frac{1}{2} (U_{lj} + U_{l'j}) \qquad (10-9)$$

$P_{kj-1} = P_{lj-1} - P_{l'j-1}$ 是通道 l 和通道 l' 的压差,横向动量的轴向流入和流出采用供体单元规则,即 $w_{kj}^* = w_{kj}$(当 $\bar{U}'_{kj} > 0$ 时),$w_{kj}^* = w_{kj+1}$(当 $\bar{U}'_{kj} < 0$ 时)。

方程(10-8)右边第 1 项表示动量控制体边界的横向压差,而最后一项表示通过间隙的横向流动的压降。

前述方程组中存在两个交混项,一个是由于横向压力梯度引起的横流混合项 w_{kj},另一个是湍流交混项 w'_{kj}。一般而言,棒束子通道内的交混行为通常认为有如下 3 种机制。

(1) 单相/两相转向叉流(cross flow),即由相邻子通道之间的净横向压差引起的定向流动。

(2) 单相/两相湍流交混(turbulent mixing),由随机的湍流流动和压力波动引起。湍流交混可以进一步分为自然湍流交混和受迫湍流交混(natural and forced)。自然湍流交混发生在多个连通的子通道之间,受到流动性质影响。受迫湍流交混则是由棒束内结构件(包括格架)引起的非定向流动。

(3) 两相的空泡漂移(void drift),即因气泡在通道间扩散导致的交混行为。

此外,由于定位件引起的交混(流动散射与流动后掠)行为也会引起子通道间的质量、动量与能量交换。湍流交混是子通道分析中冷却剂通道间流体横向交混的重要组成部分。湍流交混本质上是冷却剂通道间流体脉动时自然涡团扩散引起的非定向交混。由于湍流交混的强弱将影响冷却剂通道内的局部热工参数,进而影响临界热流密度的预测,目前针对湍流交混行为已有大量相关研究。在子通道软件中,通常将光棒引起的交混与格架产生的交混行为不区分产生机制而统一用等效交混模型,即采用湍流交混系数 β 来表征湍流交混效应。湍流交混系数通常是基于试验数据确定的经验参数,仅能代表特定结构产生的交混效应。湍流交混系数分为单相湍流交混系数和两相湍流交混系数。对于单相湍流交混系数,其定义如下:

$$\beta = \frac{w'_{i,j}}{\bar{G}S_{ij}} \tag{10-10}$$

式中，$w'_{i,j}$ 是从子通道 i 到 j 的湍流横向交混速率；$\bar{G}$ 是相邻子通道间的质量通量的区域权重均值。

对于两相交混，子通道分析中常在单相交混的基础上乘以倍增因子 ϕ_{tp}^2，即

$$\beta_{tp} = \phi_{tp}^2 \beta_{sp} \tag{10-11}$$

式中，β_{tp} 为两相交混系数；ϕ_{tp}^2 为两相倍增因子；β_{sp} 为单相交混系数。两相倍增因子 ϕ_{tp}^2 的关系式通常由干度和质量通量（或雷诺数）来表示，例如 Beus 关系式，该关系式被广泛应用于子通道分析程序中。实验研究表明，两相交混系数高于单相交混系数。

在子通道软件中，湍流交混模型有多种形式。以 COBRA-IV 软件为例，其采用的单相湍流交混关系式如下：

$$w'_{i,j} = aS_{i,j}\bar{G} \tag{10-12}$$

$$w'_{i,j} = aRe^b S_{i,j}\bar{G} \tag{10-13}$$

$$w'_{i,j} = aRe^b D_e \bar{G} \tag{10-14}$$

$$w'_{i,j} = aRe^b (S_{i,j}/\Delta y) D_e \bar{G} \tag{10-15}$$

式中，a、b 为待定输入参数，其数值与试验件结构相关，通常需要基于交混试验来确定。式(10-12)中 $a = \beta$，即等效交混系数。在式(10-13)~式(10-15)中，D_e 为水力直径，Δy 为轴向网格高度。而 a 的取值可以参考相关经验关系式。

除此之外，在研究中也采用热扩散系数（thermal diffusion coefficient，TDC）来表征湍流交混效应。热扩散系数 TDC 是一个可以反应棒束通道内整体交混特性的无量纲特征参数，其定义与交混系数 β 类似。但由于普朗特数的偏差，交混系数 β 和热扩散系数 TDC 的具体数值略有差别。当前，对于 TDC，研究者有不同的定义和计算方法。普遍做法是通过对比实验子通道的出口温度和子通道分析程序算得的温度，当两者偏差最小时，子通道分析程序假设的 TDC 即为实验工况下的实际 TDC。

10.4.5　蒸汽连续性方程

在三方程模型中采用了均相流模型,过冷沸腾区采用了关系式来计算,以此来修正过冷沸腾的平衡含气率。同理,采用漂移流模型的空泡份额公式来计算蒸汽漂移。

另外一种模型是增加一个蒸汽连续性方程来计算空泡份额,即四方程模型(混合相质量守恒方程、混合相能量守恒方程、混合相动量守恒方程、蒸汽相质量守恒方程)。

混合相质量守恒方程为

$$A\,\frac{\partial \rho}{\partial t} + \frac{\partial m}{\partial x} + \sum_{k \in i} e_{ik} w_k = 0 \tag{10-16}$$

蒸汽相质量守恒方程为

$$A\,\frac{\partial}{\partial t}(\alpha_v \rho_v) + \frac{\partial}{\partial x}(A U_v \alpha_v \rho_v) + \sum_{k \in i} e_{ik} s_k V_v (\alpha_v \rho_v) = \Gamma_v \tag{10-17}$$

式中,ρ 为混合物密度(kg/m³),$\rho = \alpha \rho_v + (1-\alpha)\rho_l$;$m$ 为轴向质量流量(kg/s);w_k 为间隙 k 的横向质量流速[kg/(s·m)];α_v 为空泡份额;U_v 为蒸汽的流速(m/s);Γ_v 为蒸汽产生率[kg/(s·m)]。

将式(10-16)和式(10-17)关于时间和空间上离散得到

$$A_i\,\frac{\Delta x_j}{\Delta t}(\rho_{ij} - \rho_{ij}^n) + m_{ij} - m_{ij-1} + \Delta x_j \sum_{k \in i} e_{ik} w_{kj} = 0 \tag{10-18}$$

$$A_j\,\frac{\Delta X_j}{\Delta t}(\alpha_v \rho_v - \alpha_v^n \rho_v^n)_j + A_j U_{vj}(\alpha_v \rho_v)_j^* - A_{j-1} U_{vj-1}(\alpha_v \rho_v)_{j-1}^* +$$

$$\Delta X_j \sum_{k \in i} e_{ik} s_{kj} V_{vkj}(\alpha_v \rho_v)_{kj}^* = \Gamma_{vj} \tag{10-19}$$

在前面的网格划分中可以看出,j 代表了轴向控制体界面和轴向控制体,例如轴向控制体 j 以轴向界面 $j-1$ 和 j 为边界。轴向速度、流量、压力都是定义在界面上面,而其他的变量如密度等定义在控制体中心。＊代表的是界面(或者间隙)上的值,这些值是由迎风格式得到的,即

$$Q_i^* = \begin{cases} Q_i, & U_{vi} > 0 \\ Q_{i+1}, & U_{vi} < 0 \end{cases} \tag{10-20}$$

$$Q_k^* = \begin{cases} Q_{ij}, & e_{ik}w_k > 0 \\ Q_{nj}, & e_{ik}w_k < 0 \end{cases} \tag{10-21}$$

n 和 i 形成间隙 k。

蒸汽方程引入了 3 个变量,分别为空泡份额、蒸汽速度、蒸汽横向速度,令

$$S = U_v/U_1 = v_v/v_1 \tag{10-22}$$

则

$$A_j U_{vj} = \frac{m_j}{(\alpha_v\rho_v)_j^* + (\alpha_1\rho_1/S)_j^*} \tag{10-23}$$

$$s_{kj}v_{vkj} = \frac{w_{kj}}{(\alpha_v\rho_v)_{kj}^* + (\alpha_1\rho_1/S)_{kj}^*} \tag{10-24}$$

式中,α_1 表示液体的份额,并且假设横向和轴向具有相同的滑速比 S。

进而将蒸汽质量守恒方程转化为

$$A_j \frac{\Delta X_j}{\Delta t} = (\alpha_v\rho_v - \alpha_v^n\rho_v^n)_j + \frac{f_j m_j (\alpha_v\rho_v)_j}{(\alpha_v\rho_v)_j + (\alpha_1\rho_1/S)_j} + \frac{(1-f_j)m_j(\alpha_v\rho_v)_{j+1}}{(\alpha_v\rho_v)_{j+1} + (\alpha_1\rho_1/S)_{j+1}} -$$

$$\frac{f_{j-1}m_{j-1}(\alpha_v\rho_v)_{j-1}}{(\alpha_v\rho_v)_{j-1} + (\alpha_1\rho_1/S)_{j-1}} - \frac{(1-f_{j-1})m_{j-1}(\alpha_v\rho_v)_j}{(\alpha_v\rho_v)_j + (\alpha_1\rho_1/S)_j} +$$

$$\Delta X_j \sum_{k \in i} \beta_{kj} e_{ik} w_{kj} \frac{(\alpha_v\rho_v)_j}{(\alpha_v\rho_v)_j + (\alpha_1\rho_1/S)_j} +$$

$$\Delta X_j \sum_{k \in i} (1-\beta_{kj}) e_{ik} w_{kj} \frac{(\alpha_v\rho_v)_{nj}}{(\alpha_v\rho_v)_{nj} + (\alpha_1\rho_1/S)_{nj}} = \Gamma_{vj} \tag{10-25}$$

滑速比和蒸汽产生率都是通过相应的关系式进行计算的,最简单的情况是假设两相动力学平衡即滑速比为 1,即过冷条件下没有气泡,但是这并不意味着热力学平衡。当然滑速比也可以是一个不等于 1 的常数,通过其他的关系式来计算,如 Bankoff-Jones 模型。

10.5 基于子通道分析方法的临界热流密度关系式开发流程

燃料元件包壳是压水堆核电站防止反射性物质释放的第一道实体屏障,燃料元件表面出现临界热流密度会导致包壳温度明显上升,甚至导致燃料元

件烧毁。压水堆核电站设计要求燃料元件在正常运行和预期运行瞬态这两类工况下不发生临界热流密度现象,因此,精确预测燃料组件的临界热流密度对反应堆安全运行至关重要。

根据发生临界热流密度现象时流体的流型和传热特征的不同,临界热流密度工况可以分为两类:偏离泡核沸腾(DNB)型和干涸(Dryout,DO)型。对于压水堆而言,堆芯热通道出口允许发生少量过冷沸腾,由于通道内含气率低,DNB 型临界热流密度最容易发生。

通常而言,有两种棒束临界热流密度预测方法:第一种是将预测圆管临界热流密度的理论模型和经验方法,在考虑了棒束中的格架效应、冷壁效应及非均匀加热效应等修正之后,用来预测棒束临界热流密度。多位学者在将圆管临界热流密度预测方法应用于预测棒束临界热流密度方面做了研究。由于棒束临界热流密度本身的复杂性,这种方法的修正因子多,预测误差较大。第二种方法是针对特定燃料组件的临界热流密度实验数据而开发的棒束临界热流密度关系式。这种直接利用棒束临界热流密度实验数据开发关系式的方法可分为两种,分别为最小偏离泡核沸腾比(DNBR)点法和烧毁(BO)点法。

最小 DNBR 点法,即利用子通道分析程序模拟临界热流密度实验工况,获得最小 DNBR 点的发生位置及其当地参数(P、G、X),利用最小 DNBR 点的参数开发临界热流密度关系式,并利用最小 DNBR 点的 M/P 数据确定 DNBR 限值,图 10 - 6 所示为最小 DNBR 点法开发临界热流密度关系式的流程图。同理,BO 点法,即利用子通道分析程序模拟临界热流密度实验工况,获得实验烧毁点(buring out,BO)的位置及其当地参数(P、G、X),利用 BO 点的参数开发临界热流密度关系式,并在 BO 点的 M/P 数据的基础上确定 DNBR 限值,将图 10 - 6 中的最小 DNBR 点的当地参数替换为 BO 点的当地参数,即为 BO 点法开发临界热流密度关系式的流程图。由于子通道程序的模型差异和计算的不确定性,最小 DNBR 点和 BO 点的位置不可能完全重合,这直接导致最小 DNBR 点和 BO 点的当地参数存在差异,使得两种方法开发的棒束临界热流密度关系式的预测精度不同。一般而言,采用 BO 点法开发的棒束临界热流密度关系式预测精度高,但前提条件是,临界热流密度实验数据中较准确地给出了实验测得的 BO 点位置。下文将以 CF - DRW 关系式为例,对使用最小 DNBR 点法开发临界热流密度关系式的流程进行介绍。

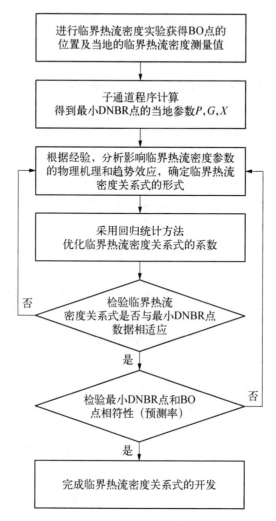

图 10 - 6　最小 DNBR 点法开发临界热流密度关系式流程图

10.5.1　整理试验数据

影响棒束临界热流密度的因素很多，包括燃料元件的间距和功率、子通道的形状和尺寸、交混格架的形状和间距、冷壁效应、轴向非均匀加热等。在开展临界热流密度实验时，需要针对不同燃料棒的布置和轴向功率分布情况，在不同的热工水力条件下进行一系列的实验。因此，需对实验件结构种类及实验产生的有效数据点进行分类整理，形成针对特定燃料组件临界热流密度实验数据库。表 10 - 1 为中国核动力研究设计院对 CF 系列燃料组件开展临界热流密度实验而形成的数据库。

表 10 - 1　CF - DRW 关系式的实验数据库

实验数据	编　号	栅元类型	轴向热流分布
开发数据	1	典型栅元	均匀
	2	典型栅元	均匀
	3	典型栅元	均匀
	4	导向管栅元	均匀
	5	典型栅元	均匀
	6	典型栅元	非均匀
	7	典型栅元	非均匀
	8	典型栅元	非均匀
	9	导向管栅元	非均匀
验证数据	10	典型栅元	均匀
	11	典型栅元	非均匀

10.5.2　获取当地参数

通常而言,临界热流密度发生位置的当地参数是由子通道分析程序模拟实验工况而获得的。由于子通道模型差异,使得对于相同的实验工况,不同子通道程序会获得不同的当地参数,进而匹配不同的临界热流密度关系式。因此,需要强调的是,燃料组件、子通道程序以及开发的临界热流密度关系式应该是配套使用的。CF - DRW 关系式是基于是自主化子通道分析程序 CORTH 开发的。在计算完成所有实验工况后,便可得到所有实验工况的当地参数范围,亦即 CF - DRW 关系式的适用范围。

表 10 - 2　CF - DRW 关系式的当地参数范围

参　　数	参 数 范 围
压力 P/MPa	2.7～16.8
质量流密度 $G/[\mathrm{kg/(m^2 \cdot s)}]$	$1.48 \times 10^3 \sim 4.18 \times 10^3$
干度 X	$-0.17 \sim 0.47$

参　　数	参　数　范　围
加热长度 L/m	2.438～4.267
冷热棒功率比	0.76～0.85
格架间距 g_{sp}/m	0.26～0.56
水力直径 D_e/m	0.009 4～0.011 8
热当量直径 D_h/m	0.011 8～0.013 8

10.5.3　确定关系式的形式

值得一提的是,不同公司开发的临界热流密度关系式形式差别很大,绝大部分关系式以当地热工参数为基础,并适当考虑了试验件的结构特征,采用高度非线性的表达式形式,并且绝大部分关系式不具有明确的物理含义。因此,当前并没有通用的临界热流密度关系式形式,只以是否能较好地还原实验数据为关系式优劣的判断标准。通常而言,在确定关系式形式时,需要考虑格架效应、冷壁效应以及非均匀热流效应。

1) 格架效应

燃料组件中的格架会产生两种效应:一是格架会增强流动阻力和湍流交混,使子通道间的流体焓值和流量分布更加均匀;二是带交混翼片的格架会增强二次回流,进而增强壁面气泡层的扰动,降低气泡层的厚度,强化换热从而提高临界热流密度。总体而言,棒束中的格架会提高临界热流密度,且格架间距越小临界热流密度值越大。图 10-7 为格架对棒束临界热流密度的影响示意图。

2) 冷壁效应

在实际的压水堆的燃料组件中,存在不发热的控制棒导向管或仪器测量管,如图 10-8 所示。由于在不发热的壁面上覆盖有一薄层液膜,冷却剂流过导向管时会旁流加热区域,致使加热壁面热量不能及时导出,子通道中主流液体焓值增加,从而引起临界热流密度降低。实验测量表明,在给定出口含气率下,含有控制棒导向管或仪器测量管栅元的临界热流密度比典型栅元临界热流密度降低 7%。这种由于不发热壁面的存在使得临界热流密度降低的现象称为冷壁效应。

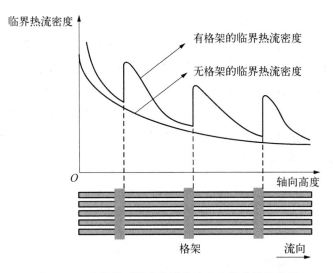

图 10 - 7　定位件对棒束临界热流密度影响的示意图

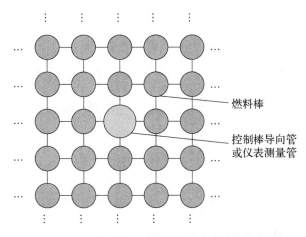

图 10 - 8　冷壁对棒束临界热流密度影响的示意图

3）非均匀加热效应

非均匀加热效应指的是沿着流道轴向或周向非均匀加热的两类工况。目前有 3 种方法计算非均匀加热下的临界热流密度值。① 局部参数假设法。该方法认为无论是均匀加热还是非均匀加热，临界热流密度指沸腾临界点前的热流密度积分的平均值。用这种方法预测得到的非均匀加热的最大热流密度值高于实验测量值，而且随压力变化波动大，一般并不正确。② 总加热功率假设法。该方法认为对于相同的管径、加热长度和入口条件，无论是均匀加热还是非均匀加热，在发生临界热流现象时的全流道输入总加热功率相同。这一方法的缺点是不能预测加热段内何处发生临界热流现象。③ F 因子法。目前，对于平滑的非均匀加热工况，主要采用 F 因子法预测临界热流密度。Tong 提出的 F 因子法，将均匀加热的临界热流密度关系式推广到非均匀加热工况下的临界热流密度。气泡层越厚，壁面过热度越大，就越容易发生沸腾临界工况。Tong 假定气泡层与加热面之间存在一层过热液膜，当液膜过热度达到一定值后便发生临界热流现象，并且其数值与加热热流分布无关。在此假定下，Tong 定义修正 F_n 因子为

$$F_n = \frac{\text{有冷壁的 } q_{DNB}}{\text{无冷壁的 } q_{DNB}} \qquad (10-26)$$

$$F_n = \frac{C}{q_{local}(l_{DNB})[1 - \exp(-Cl_{DNB})]} \int_0^{l_{DNB}} q(z) \exp[-C(l_{DNB} - z)] \qquad (10-27)$$

$$C = 0.44 \frac{(1 - x_{DNB})^{7.9}}{(G/10^6)^{1.72}} \qquad (10-28)$$

文献没有给出 CF‐DRW 关系式的具体形式，但给出了如下基本形式。

$$q_{DNB,n} = \frac{a(P, G, X) + b(p, G, x, d_g, g_{sp}, D_e, D_h)}{F_n} \qquad (10-29)$$

式中，$a(P, G, X)$ 为当地参数影响项；$b(p, G, x, d_g, g_{sp}, D_e, D_h)$ 为格架效应、冷壁效应影响项；F_n 为非均匀分热流修正项，其形式与 Tong 提出的 F_n 因子一致，但使用了实验数据对 F_n 中 C 的常数项系数进行了优化。

10.5.4 优化临界热流密度关系式系数

针对上一步确定的关系式形式结合实验数据采用非线性回归方法求解临界热流密度关系式中各项待定系数。检查临界热流密度关系式与最小 DNBR 点数据的相符性，不断优化系数，直到达到给定精度，便确定了临界热流密度关系式。在此过程中，可尝试更改关系式形式，优化回归方法等方法优化系数。

将得到的临界热流密度关系式补充进子通道程序，重新计算实验工况，得到新的最小 DNBR 点的当地参数；检查新的最小 DNBR 点数据与临界热流密度关系式的相符性，如差别较大，则优化得到新的关系式系数；在子通道程序中更新临界热流密度关系式，重新计算实验工况，再检查新的最小 DNBR 点数

据与临界热流密度关系式的相符性;重复该过程,直到子通道程序前后两次计算临界热流密度关系式都与最小 DNBR 点数据有较好的相符性,就完成了临界热流密度关系式的开发。

10.5.5 确定偏离泡核沸腾比限值

偏离泡核沸腾比 DNBR 定义为

$$\text{DNBR} = \frac{q_{\text{DNB, cal}}}{q_{\text{DNB, local}}} \qquad (10-30)$$

式中,$q_{\text{DNB, cal}}$ 为临界热流密度关系式计算得到的热流密度值;$q_{\text{DNB, local}}$ 为当地实际热流密度值。

DNBR 等于 1 表示在计算位置发生偏离泡核沸腾。DNBR 比 1 越大,表明 DNB 裕量越大。在给定条件下,若全堆芯计算的最小 DNBR 值大于临界热流密度关系式的 DNBR 限值,则整个堆芯内不会发生偏离泡核沸腾,反应堆处于安全运行状态。

用上一步开发出的临界热流密度关系式重新计算试验工况,得到最小 DNBR 点的临界热流密度值,记为 P,将实验测量得到的临界热流密度值记为 M,这样便形成了 M/P 数据库。对 M/P 数据进行正态分布检验与方差检验,从而保证结果的可靠性与合理性。若不满足检验,则需要对 M/P 数据的自由度和标准偏差进行惩罚性修正,以获得保守的 DNBR 限值。

在通过以上检验后,在整个参数应用范围内 M/P 值都接近于 1 的前提下,可利用 Owen 准则确定 DNBR 限值:

$$C = \frac{1}{\bar{x} - k(\beta, \gamma, \nu)s} \qquad (10-31)$$

式中,$k(\beta, \gamma, \nu)$ 为 Owen 系数,对应于可能性 β、置信度 γ 和样本自由度 ν。

当可能性和置信度都为 95% 时,可以采用下式确定 Owen 系数。

$$k(\nu) = \frac{1.645 + 1.645\sqrt{1 - \left(1 - \frac{2.706}{2(\nu-1)}\right)\left(1 - \frac{1}{\nu}\right)}}{1 - \frac{2.706}{2(\nu-1)}} \qquad (10-32)$$

$$\nu = \nu_{\text{Total}} - 1 - \eta \qquad (10-33)$$

$$\nu_{\text{Total}} = \frac{(\sigma_{\text{W}}^2 + \sigma_{\text{C}}^2)^2}{\left(\dfrac{\sigma_{\text{W}}^4}{\nu_{\text{W}}} + \dfrac{\sigma_{\text{C}}^4}{\nu_{\text{C}}}\right)} \qquad (10-34)$$

$$\sigma_{\text{W}}^2 = \frac{\displaystyle\sum_{i=1}^{N}(N_i \times \sigma_i^2)}{\nu_{\text{W}}} \qquad (10-35)$$

$$\sigma_{\text{C}}^2 = \sigma^2 - \sigma_{\text{W}}^2 \qquad (10-36)$$

式中，ν_{W} 为总数据的自由度(等于总数据点数减去数据组数)；ν_{C} 为数据组数的自由度(等于数据组数减去 1)。

需要再次强调的是，燃料组件、临界热流密度关系式以及子通道程序是配套使用的。

如 CF-DRW 关系式只能用于 CF 燃料的临界热流密度预测，且该关系式只有在子通道 CORTH 程序中使用时才能预测 CF 燃料的临界热流密度。若用于其他子通道程序，便不能用来预测 CF 燃料的临界热流密度。只有与特定燃料组件及子通道程序配套开发和使用的临界热流密度关系式才有可能通过安全审评，用这样的临界热流密度关系式来进行安全分析得到的结果才具有可信度。例如，法马通公司为 AFA2G 开发了 FC98 关系式，为 AFA3G 开发了 FC2 000 关系式，使用子通道程序 FLICA Ⅲ-F 为 AFA3GLE 开发了 FC2002 关系式；西屋公司开发的 WRB-2 关系式适用于 17×17 燃料组件，包括 VANTAGE5、VANTAGE5H 和 APWR。相关典型的临界热流密度关系式的具体形式可见前文。

10.6　基于子通道分析方法的堆芯-组件偏离泡核沸腾计算

在压水堆热工设计准则中，为了保证燃料不发生烧毁或者熔化，对于正常运行和预期运行瞬态工况(Ⅰ、Ⅱ类事故)，要求最小偏离泡核沸腾比(MDNBR)不应低于某一规定值。因此，对于Ⅰ、Ⅱ类事故工况都要分别计算出发生 MDNBR 时的反应堆功率值，以确定反应堆的安全运行边界。

针对设计工况下堆芯热工分析，首先需将其进行子通道划分可将若干组件视作子通道，也可将组件内若干燃料棒包围的冷却剂通道视为子通道，其划分主要依据人为经验。由于子通道模型假定同一网格中热工参数均匀，如果子通道划分过粗糙,可能会忽略堆芯内的各向异性,严重偏离实际情况;如果子通道划分过于精细,则可能造成庞大的计算量。在权衡考虑下,核反应堆子通道分析一般采用如下方法解决该矛盾。

(1) 针对几何及功率对称的堆芯,只需计算特征区域,降低计算量。

(2) 根据需要采取不同精细程度的子通道,对热通道附近提高分辨率,在常规通道位置降低分辨率。

(3) 子通道划分采用"堆芯-组件"两步法进行。首先将堆芯按燃料组件划分子通道,计算求得最热组件,再针对最热组件按燃料棒包围冷却剂通道划分子通道,最后计算求得最热通道及热工参数。

下文以小型模块化反应堆型 NuScale 为例,介绍堆芯-组件的 DNBR 计算过程,本算例中使用的几何与热工参数均来自 NuScale 安全分析报告。NuScale 堆芯包括 37 个 17×17 燃料组件,组件长度为典型压水堆燃料组件一半,组件内包括 5 个定位格架、264 根燃料棒、24 根导向管及 1 根支撑管。NuScale 反应堆的关键几何与热工参数如表 10-3 所示。选取 NuScale 堆芯寿期初的典型功率分布进行 DNBR 计算,堆芯径向及轴向功率分布如图 10-9 和图 10-10 所示。

表 10-3　NuScale 堆芯关键几何与热工参数

参　　数	值
热功率	160 MWt
系统压力	12.76 MPa
堆芯入口温度	258.3℃
一回路流量	587 kg/s
堆芯有效长度	2 436 mm
燃料组件间距	215 mm
燃料棒外径	9.5 mm
燃料棒间距	12.6 mm
导向管外径	12.2 mm

首先针对 NuScale 堆芯进行组件级子通道计算,每个组件等效为一个子通道,计算得到热组件;对于热组件,以冷却剂通道为中心划分子通道,计算得到热组件径向温度分布如图 10-12 所示,可见热通道处于中心通道处。

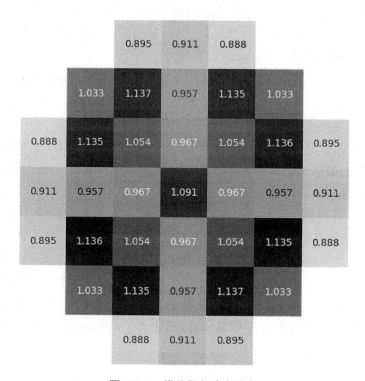

图 10-9 堆芯径向功率分布

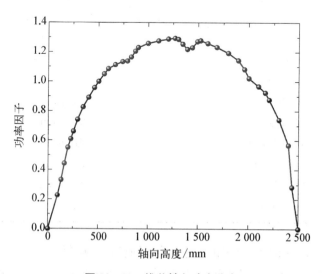

图 10-10 堆芯轴向功率分布

0.930	0.950	0.970	0.990	1.000	1.010	1.010	1.010	1.020	1.010	1.010	1.010	1.000	0.990	0.970	0.950	0.930
0.950	0.980	1.010	1.040	1.060	1.090	1.070	1.070	1.090	1.070	1.070	1.090	1.060	1.040	1.010	0.980	0.950
0.970	1.010	1.060	1.110	1.130	0.000	1.130	1.130	0.000	1.130	1.130	0.000	1.130	1.110	1.060	1.010	0.970
0.990	1.040	1.110	0.000	1.160	1.160	1.130	1.130	1.160	1.130	1.130	1.160	1.160	0.000	1.110	1.040	0.990
1.000	1.060	1.130	1.160	1.160	1.170	1.150	1.150	1.170	1.150	1.150	1.170	1.160	1.160	1.130	1.060	1.000
1.010	1.090	0.000	1.160	1.170	0.000	1.180	1.180	0.000	1.180	1.180	0.000	1.170	1.160	0.000	1.090	1.010
1.010	1.070	1.130	1.130	1.150	1.180	1.160	1.160	1.190	1.160	1.160	1.180	1.150	1.130	1.130	1.070	1.010
1.010	1.070	1.130	1.130	1.150	1.180	1.160	1.160	1.190	1.160	1.160	1.180	1.150	1.130	1.130	1.070	1.010
1.020	1.090	0.000	1.160	1.170	0.000	1.190	1.190	0.000	1.190	1.190	0.000	1.170	1.160	0.000	1.090	1.020
1.010	1.070	1.130	1.130	1.150	1.180	1.160	1.160	1.190	1.160	1.160	1.180	1.150	1.130	1.130	1.070	1.010
1.010	1.070	1.130	1.130	1.150	1.180	1.160	1.160	1.190	1.160	1.160	1.180	1.150	1.130	1.130	1.070	1.010
1.010	1.090	0.000	1.160	1.170	0.000	1.180	1.180	0.000	1.180	1.180	0.000	1.170	1.160	0.000	1.090	1.010
1.000	1.060	1.130	1.160	1.160	1.170	1.150	1.150	1.170	1.150	1.150	1.170	1.160	1.160	1.130	1.060	1.000
0.990	1.040	1.110	0.000	1.160	1.160	1.130	1.130	1.160	1.130	1.130	1.160	1.160	0.000	1.110	1.040	0.990
0.970	1.010	1.060	1.110	1.130	0.000	1.130	1.130	0.000	1.130	1.130	0.000	1.130	1.110	1.060	1.010	0.970
0.950	0.980	1.010	1.040	1.060	1.090	1.070	1.070	1.090	1.070	1.070	1.090	1.060	1.040	1.010	0.980	0.950
0.930	0.950	0.970	0.990	1.000	1.010	1.010	1.010	1.020	1.010	1.010	1.010	1.000	0.990	0.970	0.950	0.930

图 10 - 11　组件径向功率分布

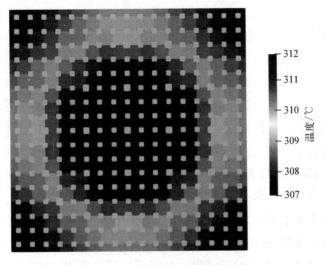

图 10 - 12　组件出口截面温度分布

热通道沿轴向的热流密度与 DNBR 值变化如图 10-13 所示,本例使用 W-3 公式计算 DNBR 值。可以观察到沿轴向发展,关系式预测的临界热流密度值逐渐下降,而由于当地热流密度呈余弦分布,最终 MDNBR 点将出现于组件中下游,约为 8,可见在额定运行工况下 NuScale 反应堆留有较大的安全裕量。

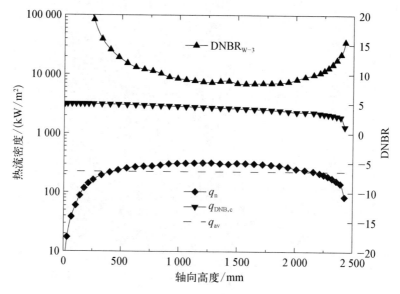

图 10-13 最热通道轴向参数分布

在真实的核反应堆堆芯中,轴向功率并不总是呈对称的余弦分布,随着控制棒插入深度的变化,轴向功率峰值的位置也会发生变化,即功率偏移。子通道分析程序允许在输入卡中输入一系列离散点详细的描述轴向功率形状,因此所有轴向功率偏移的影响都可计算。对于各种各样的控制棒布置产生的各种各样的功率偏移进行计算,得到发生 MDNBR 时的功率值,并将该功率值与轴向偏移相对应,产生一系列点,如图 10-14 所示。该图中的离散点是发生 MDNBR 的功率,图中点下方的边界曲线表示稳态运行的允许限制线。

实际上,反应堆真实的运行功率必须比允许限制线充分低才行,以保证充足的运行安全裕量。真实运行功率与设计限制之间的差值必须大到足以保证在预期瞬态工况下不会发生 MDNBR。通常而言,流量丧失事故和落棒瞬态事故是最大的限制,因此,在考虑大量轴向偏移中最不利的径向功率分布条件下,需要对这些瞬态进行检验计算。如果子通道分析程序瞬态计算表明这些

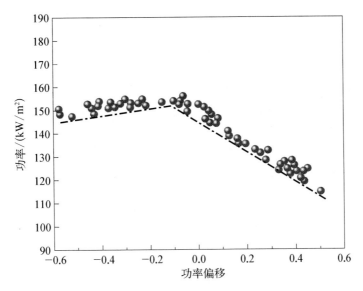

图 10 - 14 稳态 DNBR 限制计算结果

情况发生 MDNBR 时的功率在允许限制线以上,那么安全运行边界必须调整,而且允许的运行功率必须降到一个可接受的 DNBR 的水平上。

思考题

1. 使用子通道程序开展堆芯热工水力分析的目的以及优势是什么?

2. 等效交混模型是对流动交混行为的总体描述,那么在什么条件下使用等效交混模型会产生较大的偏差?

3. 最小 DNBR 点法和 BO 点法在何种情况下会产生相同的结果?

参考文献

[1] Gaspari G P, Hassid A, Vanoli G. Some considerations on critical heat flux in rod clusters in annular dispersed vertical upward two-phase flow[C]//Proceedings of the International Heat Transfer Conference, 1970.

[2] Gaspari G P, Hassid A, Lucchini F. A rod-centered subchannel analysis with turbulent (enthalpy) mixing for critical heat flux prediction in rod clusters cooled by boiling water[C]// Proceedings of the International Heat Transfer Conference, Tokyo, Japan: JSME 1974.

[3] Carlucci L N, Hammouda N, Rowe D S. Two-phase turbulent mixing and buoyancy drift in rod bundles[J]. Nuclear Engineering and Design, 2004, 227: 65 - 84.

[4] Liu A, Yang B W, Han B, et al. Turbulent mixing models and other mixing coefficients in subchannel codes: a review part A: single phase[J]. Nuclear Technology, 2020, 206(9): 1253 - 1295.

[5] Beus S G. A two-phase turbulent mixing model for flow in rod bundles[R]. Pittsburgh: Bettis

Atomic Power Laboratory，1971.

［6］ Wheeler C L，Stewart C W，Cena R J，et al. COBRA－Ⅳ－Ⅰ：an interim version of COBRA for thermal-hydradic analysis of rod bundle nuclear fuel elements and cores［R］. Richland：Battelle Pacific Northwest Laboratory，1976.

［7］ 柴国旱,王小海,陈召林,等. 对临界热流密度计算关系式 FC－2000 的审评［J］. 核动力工程，2003,24(S2)：84－7,96.

［8］ 刘伟,彭诗念,江光明,等.适用于新型 PWR 燃料组件的临界热流密度关系式的开发及应用［J］.核动力工程,2019,40(1)：8－11.

［9］ 刘余,谭长禄,潘俊杰,等.子通道分析软件 CORTH 的研发［J］.核动力工程,2017,38(6)：157－162.

［10］ Owen D B. Factors for one-side tolerance limit and for variable sampling plans［R］. United States：Sandia National Laboratory，1963.

［11］ NuScale Power LLC. Nuscale standard plant design certification application［R］. United States：NuScale Power Limited Liability Company，2020.

第 11 章　计算流体力学应用

计算流体力学（computational fluid dynamics，CFD）是通过数值方法求解流动传热等物理过程的偏微分控制方程的方法。由于控制流动传热问题的偏微分方程通常不可直接求解，因此需要通过离散偏微分方程获得代数方程组，获得时间、三维空间上离散点的温度、速度、压力、组分等场参数，支撑设计分析。

在核反应堆热工水力领域，传统的分析方法以单通道和子通道方法为主，这些方法以流动传热基本理论为基础，对三维输运方程进行降维简化，获得一维或伪三维控制方程，利用实验获得的经验关联式封闭简化的控制方程，从而实现堆内热工水力过程的预测。这种基于实验数据的半经验分析方法已经广泛应用于反应堆的设计和安全分析。然而，该方法存在着适用范围受限、对实验数据依赖性强、解的空间分辨率低等问题，制约了热工水力分析结果精度和可信度的提升，且难以直接外推到新堆型或新结构设计中。例如，由于定位格架结构复杂，燃料组件内的流动传热呈现明显的三维特性，现有分析方法通过半经验性质的阻力和传热模型考虑格架对流动传热的宏观影响，无法解析定位格架搅混翼作用下的局部流场；同时，由于半经验模型均针对特定定位格架结构开发，现有模型无法用于格架设计优化和新型格架的热工水力分析。CFD 方法通过真实结构通道进行空间离散，可以描述复杂结构对流场和传热的影响。CFD 方法已经在反应堆热工水力领域取得了较为广泛的应用。

11.1　计算流体力学的基本数学物理模型

采用 CFD 方法研究热工水力问题的理论基础为流动和传热的基本三维控制方程。对于单相问题有如下控制方程。

质量守恒方程：

$$\frac{\partial \rho}{\partial t} + \nabla \cdot (\rho \boldsymbol{v}) = S_m \qquad (11-1)$$

动量守恒方程：

$$\frac{\partial}{\partial t}(\rho \boldsymbol{v}) + \nabla \cdot (\rho \boldsymbol{v}\boldsymbol{v}) = -\nabla p + \nabla \cdot \bar{\tau} + \rho \boldsymbol{g} + \boldsymbol{f} \qquad (11-2)$$

能量守恒方程：

$$\frac{\partial}{\partial t}(\rho h) + \nabla \cdot (\rho \boldsymbol{v}h) = \nabla \cdot (k_{eff} \nabla T + \bar{\tau} \cdot \boldsymbol{v}) + S_h \qquad (11-3)$$

式中，ρ、$\boldsymbol{v}$、p、$\bar{\tau}$、$\boldsymbol{g}$、$\boldsymbol{f}$、h、k_{eff}、T、S_h、S_m 分别为密度（kg/m³）、速度（m/s）、压力（Pa）、应力张量（Pa）、重力加速度（m/s²）、体积力（N/m³）、焓（J/kg）、总导热率[W/(m·K)]、温度（K）、体积源项（W/m³）和质量源项[kg/(m³·s)]。理论上，求解以上守恒方程可以获得所有单相流动传热问题的数值解。但是核领域的大部分流动都是湍流，为了准确模拟湍流流动，需同时捕捉较大时间和空间尺度范围内的涡结构。此外，考虑到典型的反应堆热工水力问题通常具有复杂流体域结构（可能有跨尺度的几何特征结构，如燃料组件的弹簧、刚突等微小结构与不同尺度量级的组件长度）和高 Re 的特征，直接求解以上守恒方程的计算代价太大，不具有可行性。因此，通常引入湍流模型简化湍流流动传热问题。湍流模型的选取应当综合考虑经济性和计算精度，在某些复杂问题中，经济性和可行性的权重大于计算精度。

对工程问题进行模拟时最好从雷诺时均模型出发，即通过时均处理获得的时均守恒方程和湍流应力封闭模型。在过去 50 年中，研究人员针对不同问题开发了大量基于 RANS 模型的湍流封闭模型，然而，每一种湍流模型都具有特定的适用范围，没有任何一个湍流模型可以适用于所有的物理问题。此外，当所求解的问题中出现较大的瞬态效应，且瞬态效应是所关心的物理现象时，不应使用稳态 RANS 模型。例如，在模拟单个圆柱的绕流问题时，卡门涡街的脱落是圆柱绕流的一个关键物理现象，且是瞬态过程，因此在该模拟中不能使用稳态 RANS 模型，但可以使用瞬态 RANS 模型。关于反应堆热工水力中 CFD 问题湍流模型选取，可参考 OECD/NEA 发布的最佳实践导则。

在反应堆热工水力中常遇到两相或多相问题，此时，必须首先对控制方程进行修改以考虑相间的相互作用。两相流问题通常根据相界面的处理方法进行分类,并选择不同的模拟方法。相界面可以采用确定论方法直接识别,也可以通过统计方法进行模拟,根据其处理方法不同,两相流模型的控制方程和求解方法相差极大。统计方法需要大量的辅助模型以封闭控制方程,但计算量较小;确定论方法需要的辅助模型较少,但通常需要极大量的计算资源。在反应堆热工水力工程应用中,通常采用欧拉两流体模型结合相界面统计方法,实现较大规模两相流问题的数值模拟,其控制方程如下。

质量守恒方程:

$$\frac{\partial}{\partial t}(\alpha_i \rho_i) + \nabla \cdot (\alpha_i \rho_i \boldsymbol{v}_i) = S_{m,i} + \dot{m}_{ji} - \dot{m}_{ij} \qquad (11-4)$$

动量守恒方程:

$$\frac{\partial(\alpha_i \rho_i \boldsymbol{v}_i)}{\partial t} + \nabla \cdot (\alpha_i \rho_i \boldsymbol{v}_i \boldsymbol{v}_i) = -\alpha_i \nabla p + \nabla \cdot \bar{\boldsymbol{\tau}}_i + \alpha_i \rho_i \boldsymbol{g} + \dot{m}_{ji} \boldsymbol{v}_j - \dot{m}_{ij} \boldsymbol{v}_i +$$
$$\boldsymbol{F}_{D,i} + \boldsymbol{F}_{L,i} + \boldsymbol{F}_{wl,i} + \boldsymbol{F}_{td,i} + \boldsymbol{F}_{vm,i} \qquad (11-5)$$

能量守恒方程:

$$\frac{\partial}{\partial t}(\alpha_i \rho_i h_i) + \nabla \cdot (\alpha_i \rho_i \boldsymbol{v}_i h_i) = \alpha_i \frac{\partial p}{\partial t} - \nabla \cdot \boldsymbol{q}_i + S_{h,i} + Q_{ij} + \dot{m}_{ji} h_j - \dot{m}_{ij} h_i$$
$$(11-6)$$

式中,α_i、ρ_i、$\boldsymbol{v}_i$、$S_{m,i}$、τ_i、h_i、q_i、$S_{h,i}$ 分别为第 i 相(液相或气相)的空泡份额、密度(kg/m³)、速度矢量(m/s)、质量源项[kg/(m³ · s)]、应力张量(Pa)、焓值(J/kg)、导热热流(W/m²)、能量源项(W/m³);$\dot{m}_{ji}$、$\dot{m}_{ij}$ 分别为第 j 相向第 i 相以及第 i 相向第 j 相的传质速率(kg/s);Q_{ij} 为两相间通过相界面的体积传热率(W/m³);p 为两相混合物的压力;$\boldsymbol{F}_{D,i}$、$\boldsymbol{F}_{L,i}$、$\boldsymbol{F}_{wl,l}$、$\boldsymbol{F}_{td,i}$、$\boldsymbol{F}_{vm,i}$ 分别为作用在第 i 相上的曳力(N/m³)、升力(N/m³)、壁面润滑力(N/m³)、湍流耗散力(N/m³)和虚拟质量力(N/m³)。这些详细作用参数需要通过相应的封闭方程求解,具体可参阅文献(ANSYS Theory Guide)。

11.2　计算流体力学的一般分析流程

热工水力问题的 CFD 分析流程如图 11-1 所示。在将 CFD 应用于反应堆热工水力问题之前,应当首先了解所研究问题和现象的关键特征,包括但不

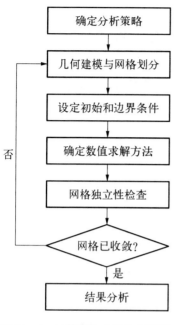

图 11-1 计算流体力学分析流程

限于物理条件、湍流强度、流动分离、旋流、二次流和多相流等,基于对关键特征的认知和CFD分析的目标确定模拟方法,明确CFD分析所需的几何模型及简化方法、初始和边界条件、所需模型、求解方法和计算硬件资源需求。之后进行几何建模和网格划分,CFD模拟中几何参数直接决定了计算域的形态和尺寸,几何结构能否准确再现真实对象的几何参数对最终计算结果的影响极大。CFD分析中常见的几何简化包括忽略倒角、对称或周期性边界等。离散计算域的网格质量和数量对求解的准确性和计算代价至关重要,通常需经过网格独立性分析才能确定所需网格的数量。在网格的基础上,设定初始和边界条件,选择合适的数值求解方法,即可对物理问题进行求解,获得收敛的解。

此时获得的收敛解仅仅能保证数值上收敛,在进行进一步的结果分析之前,需要进行细化网格和网格独立性分析。根据网格类型,细化网格的工作可能非常简单,但也有可能难度极高,对于复杂结构,重新划分网格可能需要数天时间。然而,在将CFD程序应用于反应堆热工水力问题时,必须证明计算结果已经随网格尺寸的降低达到了收敛,即获得了网格独立解。网格独立性分析是CFD计算结果可靠性的一个最基本的前提和保障。在进行网格独立性分析时,应当仔细选取在哪些区域的哪一个或多个变量作为评判网格独立性的依据。

11.3 计算流体力学在反应堆热工水力中的典型应用

随着CFD模型的演变和计算机计算能力的提升,CFD技术在反应堆热工水力领域已经取得了大量应用,涉及单相流动传热、多相流动传热和多组分问题。除了简单的流动传热问题,经济合作与发展组织下属核能署总结了反应堆热工领域中的典型单相和两相CFD应用。其中,单相流动传热问题包括硼扩散、堆芯及下封头流量分配、定位格架结构设计、热混合及承压热冲击、热疲劳、氢气扩散、化学反应及气冷堆等新堆中的流动传热问题；两相流动传热问题包括 DNB 和 Dryout、直接接触冷凝、冷凝导致水锤、池式换热器及水池中的热分层、腐蚀产物形成和沉积、两相流动稳定性、空化等问题。本节分别介绍 CFD 方法在燃料组件单相湍流传热、反应堆整体水力学特性、燃料组件临界热流密度等问题中的应用。

11.3.1　燃料组件单相湍流传热问题

　　燃料组件设计优化的目标之一是提高单相传热和交混能力，通过 CFD 分析可以获得不同类型的定位格架下游流场结构，从而支撑格架结构优化。燃料组件中的单相流动为湍流流动，其包括不同尺度的涡。本节以包含单个搅混格架的棒束为例（见图 11 - 2），对比不同湍流模型对流场关键特征的解析能力。

　　常用的湍流模型包括雷诺时均模型（RANS）和大涡模拟（LES）。在此基础上，研究者提出了部分时均模型（partially-averaged navier-stokes，PANS），对部分小尺度涡进行时均处理，对大尺度涡直接求解，该方法可以更好地解析燃料组件内的大尺度涡旋结构。通过调节 PANS 模型中的滤波参数 f_k，即未解析的湍动能与总湍动能之比，PANS 模型可调节直接求解的涡量的比例，此处使

图 11 - 2　燃料组件典型结构

用 3 组不同的滤波参数，f_k 分别为 0.8、0.6 和 0.4，直接求解的涡量占比依次增大。对于 RANS 模型，所有涡量均不直接求解，而是通过模型获得，此时 $f_k=1$。

　　通过求解可以获得瞬时速度云图，如图 11 - 3 所示。总体上，流场结构随着 f_k 变小趋向于 LES 模型。在不同模型中，非稳态 RANS 模型无法获得搅混翼产生的涡量，导致格架下游的瞬态流场结构迅速耗散，产生了类似稳态计算的结果。随着 f_k 逐步减小到 0.6，搅混翼下游出现了大尺度的涡，但是在紧邻格架的下游区域（黑框内），由于搅混翼的强制扰流作用，PANS 模型仍不足以捕捉该区域的小尺度涡，该处的流场与非稳态 RANS 模型接近。当进一步减小 f_k 到 0.4 时，PANS 模型对湍流结构的捕捉能力进一步增强，即便是在紧邻搅混翼的区域，其小尺度的湍流脉动及涡结构也可以被准确捕捉。

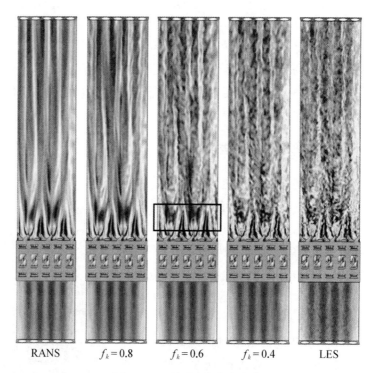

图 11 - 3　瞬时速度大小分布

11.3.2　反应堆整体水力学特性

　　水力学特征参数的确定和优化是反应堆设计的基础。通过数值模拟获得关键的反应堆水力学特征参数，主要包括堆芯入口处的流量分配特性、下腔室的交混特性以及压降特性，这些参数是分析堆芯热工水力特性及安全限值的关键参数，对反应堆的安全性和经济性至关重要。由于堆芯棒束通道结构复杂，对其进行真实几何的建模需要十亿以上的网格量，因此通常使用多孔介质模型对堆芯进行简化处理，以降低计算代价。

　　多孔介质模型在建模时无须建立棒束、定位格架等结构的真实几何模型，仅需对堆芯区域进行粗网格划分，引入孔隙率的概念考虑棒束所占几何空间对流速的影响，同时将流动压力损失以动量源项的形式添加到动量守恒方程中。对于堆芯冷却剂，其流速较高，仅需要考虑惯性动量损失。通过棒束顺流和横掠压降模型计算轴向和横向的动量源项。

　　针对图 11 - 4(a)所示的双环路小型堆，建立如图 11 - 4(b)所示的几何模型。在进行反应堆整体水力学分析时，利用多孔介质模型简化堆芯燃料组件，其余部件采用真实几何以考虑其对流场的影响。通过计算得到整个压力容器内的流场结构,其三维流线分布及典型截面上的速度云图、流线分布如图 11 - 5 所示。

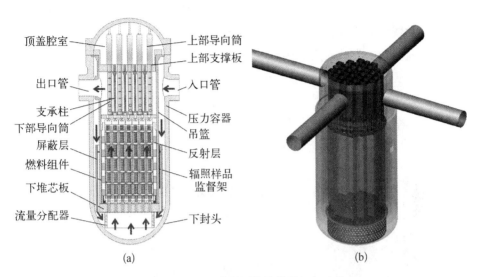

图 11 - 4　双环路小型堆结构及几何建模

(a) 反应堆结构;(b) 整体几何模型

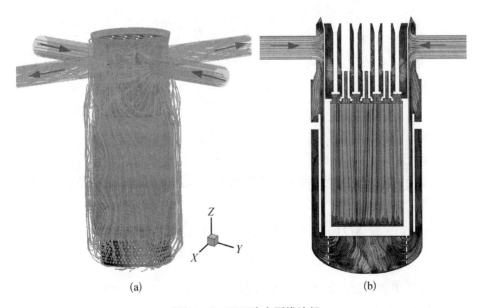

图 11 - 5　双环路小型堆流场

(a) 三维流线图;(b) 典型截面($x=0$)速度云图和流线分布

11.3.3　燃料组件临界热流密度

临界热流密度(CHF)是燃料组件设计的关键指标之一,传统的燃料组件 CHF 预测以子通道分析方法为主,需要以交混因子、阻力系数、CHF 模型为输入,这些参数依赖于几何,且通常需要通过实验测定。随着两相 CFD 理论的进步,研究者开始尝试使用两相 CFD 方法预测燃料组件的 CHF,支撑燃料组件设计优化。本节给出了基于两相 CFD 方法的 5×5 棒束 CHF 预测。组件包含 25 根加热棒,如图 11-6 所示,其中内部 9 根棒功率较高,外部 16 根棒功率较低,功率密度沿轴向呈余弦分布。为固定加热棒,并加强通道间交混,沿轴向布置多个不同类型的定位格架。

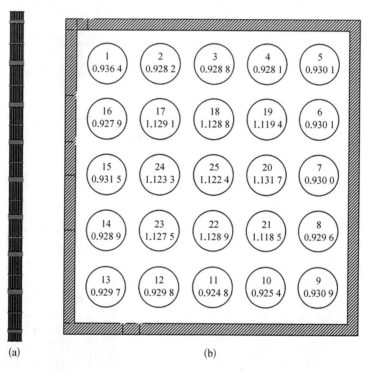

(a)　　　　　　　　　　　　(b)

图 11-6　5×5 燃料组件几何及径向功率因子

(a) 燃料组件几何示意图;(b) 径向功率因子

在计算中逐步提高加热棒功率,同时监控加热棒表面最高温度,当出现温度飞升时(见图 11-7),触发沸腾临界,获得 CHF。本例中的沸腾临界发生在内部中心棒表面,位于交混格架的上游位置,与实验测量位置一致。

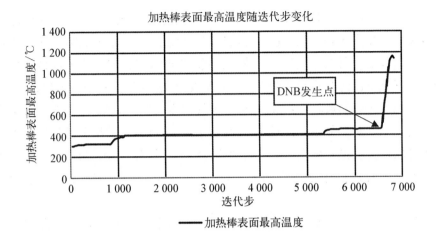

图 11 - 7　加热棒表面最高温度随迭代步变化

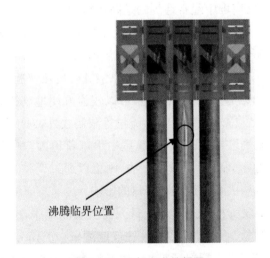

图 11 - 8　局部空泡份额图

11.4　计算流体力学的优势及其局限性

受制于流动传热问题偏微分方程的复杂性,解析方法仅能对流道和物理现象较为简单的问题进行求解,如边界层内的流动传热、层流流动传热等;对于湍流、两相流及复杂结构内的层流、湍流问题,难以求解控制方程获得解析解。而 CFD 方法不受到物理问题及几何结构复杂度的限制,具有更好的适用性。此外,相对于传统的实验流体力学方法,CFD 方法也具有如下优势。

（1）研究对象的空间尺寸局限性较小。在事故工况下，反应堆一回路产生的氢气可能进入安全壳，氢气浓度过高将威胁安全壳的完整性，安全壳内通常布置氢气复合器以降低氢气浓度。因此，获得氢气在安全壳不同位置的分布对氢气复合器的布置和性能评价具有重要意义。但是，安全壳体积较大，对其进行原型实验的风险大且成本高，且氢气浓度的测点有限，难以获得整个安全壳内的三维瞬态分布。针对这类问题，采用CFD方法的组分输运模型可以以极低的代价获得安全壳内氢气浓度的三维瞬时分布。CFD可降低空间尺寸限制的应用案例还包括堆芯流量分配、安全壳通风、污染物在大气中的扩散等。

（2）易于研究真实运行参数下的热工水力问题。对于低压、低温的中小流量流动传热问题，无论是采用实验还是CFD方法，均可以较为方便地研究这些问题。然而，反应堆中经常遇到的是高压高功率的问题，如研究大型压水堆蒸汽发生器二次侧的沸腾传热特性。大型压水堆蒸汽发生器原型的功率在千兆瓦量级，如AP1000的单台蒸汽发生器功率约为1 700 MW；原型的管内外压力分别约为15.5 MPa和7 MPa，对原型进行传热实验不具有可实施性。而通过CFD方法，结合多孔介质模型，可以较为方便地获得蒸汽发生器二次侧的沸腾传热特性。除了功率、压力、流量等限制之外，对于新型核动力系统，如空间或海洋核动力装置，在普通实验室中很难获得太空中的零重力环境以及海洋下的摇摆海况，而采用CFD方法，则可以通过调整重力大小和添加周期性体积力研究这些因素对流动和传热的影响。

（3）可同时获取所有感兴趣的变量。在实验测量中，通常将待测信号转换为电信号进行测量，一种测量仪表往往仅能测量一类信号，如热电偶测量温度、压力表测量压强、皮托管测量速度。由于测量仪表自身体积大小以及对流场的影响，实验段中可以布置的测量仪表较为有限，难以获得全部感兴趣的变量。如在采用热电偶测温时，无法测量相同位置处的速度或压力。而CFD方法在求解流动传热问题时，可以获得任意空间位置的所有物理量，如对于流动传热问题，可同时获得瞬时速度、温度和压力，同时还可以获得这些参数的各阶梯度，进而通过推导获得衍生变量，如涡量、湍流耗散率等。

（4）计算结果的时间、空间分辨率高。在热工水力实验中，由于测量技术的限制，通常难以直接获得流动传热的三维空间场数据，如热电偶仅能获得离散位置的温度分布、皮托管仅能获得管顶部的速度分布、压力传感器仅能获得引压管附近的压强，即便是激光粒子测速等先进测量方式，也仅能获得特定平面上的场数据,且数据的分辨率受限于高速相机的分辨率。此外,在时间尺度上,其分辨率受到采样频率和元件相应时间的限制。当采用 CFD 方法研究流动传热问题时,理论上,可通过提高网格的空间分辨率、降低瞬态分析的时间步长获得所需的时空分辨率。

(5) 成本相对较低。对于大型热工水力实验,如堆芯流量分配实验、燃料组件传热及阻力特性实验、安全壳氢气扩散实验等,需要较大的功率和流量,且实验回路的搭建耗时长、资金投入大。对于大部分的流动传热问题,采用 CFD 方法进行数值求解,仅需要人力和计算机时的投入,通常成本远低于实验。

然而,在使用 CFD 研究反应堆热工水力问题时,也存在一定的限制,主要有如下几个方面。

(1) 边界及初始参数存在不确定性。CFD 方法通常用于设备或零部件级别的数值分析,如堆芯、组件、泵、换热器等设备,对其进行分析时,需要给定计算域的边界条件,包括进口、出口边界及壁面边界条件。然而,真实物理问题的边界条件往往难以准确获得。例如,对于堆芯的流量分配,为了降低边界条件对计算结果的影响,通常将进口边界条件设置在冷腿管道上,以泵的名义流量和冷腿温度为入口边界;但是在实际运行过程中,泵的流量可能存在一定的波动,且流体在冷腿横截面上的速度分布未知,因此,在数值模拟中给定的边界将会引入误差。

(2) 对复杂结构的大量简化引入误差。核反应堆系统结构复杂,例如燃料组件定位格架的弹簧、刚突等结构与格架板片连接处有大量的倒角,且存在不少焊点,会给几何建模和网格划分带来困难,一般需要对其进行简化。几何简化势必导致局部流场偏离真实流场结构,需要评估和量化这些简化影响。

(3) 数学物理模型存在误差。对于湍流流动传热问题,理论上,直接求解流动传热的偏微分控制方程可以获得所有流动传热问题的解,但是直接求解需要捕捉不同尺度的涡结构,计算代价极大,目前该方法仅用于简单的低雷诺数问题。除此之外的其他数值分析方法均需引入湍流模型,湍流模型是根据对物理过程的认识,对控制方程进行简化获得的额外的控制方程,其自身存在一定的经验性,且不能完全准确地描述湍流问题,因此基于该模型求解获得的数值解与真实物理过程存在偏差。此外,对于两相流动和传热问题,在基本控制方程的基础上,需要引入描述气液两相相互作用的经验模型,从而引入误差。

（4）缺乏高精度验证数据。利用实验数据进行程序验证是保证数值模拟精度的重要方法之一，目前被安审当局认可的软件均通过大量的实验验证。然而，传统的针对系统程序开展的验证性实验由于空间分辨率较低，无法满足CFD结果验证需求。CFD结果验证需要实验数据具有较高的时空分辨率，且这一要求不仅仅针对实验测量参数，还需要获得同等精度的边界及初场参数，这给实验的测量带来很大困难。

（5）缺乏最佳实践导则。不同于系统分析程序只包含1套或2套经过验证的模型，CFD程序包含大量可选的模型：当处理湍流问题时，可选择不同类型的雷诺时均模型、雷诺应力模型和涡识别模型；当处理两相流问题时，可选择VOF、混合物或欧拉两流体模型；在使用欧拉两流体模型时，又涉及大量的相间作用模型的选取。这些模型的选取会给计算带来很大的不确定度，需要利用经验性质的最佳实践导则（BPG）指导模型选择，但是目前仅有少量问题有BPG，反应堆热工水力中的大部分问题目前仍缺乏BPG。

（6）计算精度受计算能力限制。在进行CFD计算时，需要对计算域进行网格划分，将待求解的连续场变量离散为网格上的参数；对于瞬态问题，还需要确定时间步长，进行时间离散。然而，随着空间和时间离散精度的提升，计算机需求解的代数方程组的大小急剧增大，对计算资源的消耗也迅速增大。在实际的流动传热问题CFD分析中，往往需要在计算代价和计算精度两者之间进行折中，以可接受的计算代价获得能够满足要求的数值计算结果。

思考题

1. 采用CFD方法求解湍流问题时，为什么要引入湍流模型？

2. CFD分析的常见步骤是什么？每一步有什么注意事项？

3. 采用CFD方法求解燃料组件内的单相流场，其计算结果与实验值存在一定的偏差，偏差来源是什么？

参考文献

[1] Busco G, Hassan Y A. Space and energy-based turbulent scale-resolving simulations of flow in a 5×5 nuclear reactor core fuel assembly with a spacer grid[J]. International Journal of Heat and Fluid Flow, 2018, 71: 420-441.

[2] 彭帆. 反应堆整体水力学模化方法及应用研究[D]. 上海：上海交通大学，2024.

[3] Karoutas Z E, Xu Y, Smith L D, et al. Use of CFD to predict critical heat flux in rod bundles [C]//International Topical Meeting on Nuclear Reactor Thermal Hydraulics, Aug 30-Sept 4 2015,Chicago. Chicago: ANS, 2015: 7608-7620.

附录 A　符号表

变量符号(包含变量和无量纲数)	中文含义
a	板状燃料半厚度,m
a_i	间隙气体组分 i 的调节系数
A	质量数
A	流道横截面积,m^2
A_b	棒束通道总流通面积,m^2
A_c	格架栅格投影面积,m^2
A_e	出口横截面面积,m^2
A_f	格架条带润湿区域面积,m^2
A_g	气相所占的流道截面积,m^2
A_i	第 i 类子通道面积,m^2
A_l	液相所占的流道截面积,m^2
A_L	液相所占孔板孔口的截面积,m^2
A_L	燃料棒表面积,m^2
A_o	光棒区流通面积,m^2
$A_{S,i}$	特征结构在轴向的投影面积,m^2
A_s	条带表面积,m^2
A_t	冷却剂流通截面积,m^2
A_v	轴向的投影面积,m^2
B	棒束水力直径与棒直径之比
BU	燃耗深度,$MW \cdot d/tU$
c_{pl}	液体定压比热,$J/(kg \cdot K)$
c_{pv}	气体定压比热,$J/(kg \cdot K)$

（续表）

变量符号(包含变量和无量纲数)	中 文 含 义
c_p	定压比热容,J/(kg·K)
c_v	定容比热容,J/(kg·K)
C_d	曳力系数
$C_{D,i}$	特征结构的阻力系数
C_D	搅混翼片形阻系数
C_f	摩擦阻力系数
C_{fi}	平均摩擦阻力系数
C_f	摩阻系数几何因子
C_g	格架损失系数
C_{sf}	加热面材料、粗糙度和流体相关的常数
C_v	修正的损失系数
dA	面微元,m^2
d_{ci}	包壳内径,m
d_{cs}	燃料棒外径,m
d_d	气泡脱离直径,m
d_u	芯块直径,m
dV	体微元,m^3
D	扩散系数,m^2/s
D	直径,m
D^*	无量纲直径
D_e	等效水力直径,m
De	Dean 数
D_h	加热周长,m
D_{rod}	棒径,m
D_{ref}	特征长度,m
D_{wire}	绕丝直径,m
e_{ik}	表征横向流动 w_{kj} 的方向
E_f	每次裂变可利用的能量,MeV
f	体积力,N/m^3

（续表）

变量符号（包含变量和无量纲数）	中 文 含 义
f	摩擦阻力系数
f_i	间隙气体组分 i 的摩尔分数
f_k	滤波参数
f_L	层流区摩擦系数
f_n	相对功率因子
f_{tr}	过渡区摩擦系数
f_T	湍流区摩擦系数
f_{TP}	两相流动的范宁摩擦系数
f_T	横向动量因子
F	有效流速与棒束轴向平均流速的比值
F	F 因子
F_c	冷壁因子
F_{drag}	拖曳力，N
$\boldsymbol{F}_{D,i}$	作用在第 i 相上的曳力，N
F_{fric}	摩擦力，N
F_F	沿程阻力，N
F_{grid}	流动阻力，N
F_g	格架修正因子
$\boldsymbol{F}_{L,i}$	作用在第 i 相上的升力，N
F_L^N	局部热流密度热点因子
F_p	压力修正因子
F_q^E	工程热流密度热点因子
F_q^N	核热流密度热点因子
Fr	弗劳德数
F_R^N	径向热流密度热点因子
$\boldsymbol{F}_{td,i}$	作用在第 i 相上的湍流耗散力，N
F_u	燃料释热份额
$\boldsymbol{F}_{vm,i}$	作用在第 i 相上的虚拟质量力，N
$\boldsymbol{F}_{wl,i}$	作用在第 i 相上的壁面润滑力，N

（续表）

变量符号（包含变量和无量纲数）	中 文 含 义
F_Z^N	轴向热流密度热点因子
$F_{\Delta h}^E$	工程焓升热管因子
$F_{\Delta h}^N$	核焓升热管因子
$\boldsymbol{g}$	重力加速度
gad	燃料中氧化钆的质量分数
g_c	包壳表面温度不连续距离，m
g_c	从工程单位到力学单位的转化因子
g_f	燃料表面温度不连续距离，m
G	质量流速，$\mathrm{kg/(m^2 \cdot s)}$
G^*	临界质量流率，$\mathrm{kg/(m^2 \cdot s)}$
$\bar{G}$	相邻子通道间的质量通量的区域权重均值，$\mathrm{kg/(m^2 \cdot s)}$
G_c	临界质量流量密度，$\mathrm{kg/(m^2 \cdot s)}$
G_h	热管流通量，$\mathrm{kg/(m^2 \cdot s)}$
G_m	冷却剂平均流通量，$\mathrm{kg/(m^2 \cdot s)}$
Gr^*	根据热流密度计算所得的格拉晓夫数
Gr_x	坐标 x 处的局部格拉晓夫数
Gr_x^*	坐标 x 处的局部 Gr^*
Gr	格拉晓夫数
$h_{2\phi}$	Chen 公式换热系数，$\mathrm{W/(m^2 \cdot K)}$
h	对流传热系数，$\mathrm{W/(m^2 \cdot K)}$
h	比焓，$\mathrm{J/kg}$
$h_{contact}$	间隙接触导热换热系数，$\mathrm{W/(m^2 \cdot K)}$
h_e	出口比焓，$\mathrm{J/kg}$
h_{fg}'	修正的汽化潜热，$\mathrm{J/kg}$
h_{fg}	汽化潜热，$\mathrm{J/kg}$
h_{fs}	饱和水比焓，$\mathrm{J/kg}$
h_{gs}	饱和汽比焓，$\mathrm{J/kg}$
h_{gap}	间隙换热系数，$\mathrm{W/(m^2 \cdot K)}$
h_{gapi}	环形燃料内间隙换热系数，$\mathrm{W/(m^2 \cdot K)}$

(续表)

变量符号(包含变量和无量纲数)	中 文 含 义
h_{gapo}	环形燃料外间隙换热系数,$W/(m^2 \cdot K)$
h_{gas}	间隙气体换热系数,$W/(m^2 \cdot K)$
h_i	第 i 相(液相或气相)的焓值,J/kg
h_{ij}^*	轴向 j 位置假设为供体单元的流动焓值,kJ/kg
h_{kj}^*	假设间隙 k 为供体的流动焓值,kJ/kg
h_{NB}	泡核沸腾传热系数,$W/(m^2 \cdot K)$
$\hbar_r$	间隙辐射换热系数,$W/(m^2 \cdot K)$
h_v	气相比焓,J/kg
H	绕丝螺距,m
H_{ch}	通道高度,m
I	当量惯性,kg/m^2
I_k	积分热导率,W/m
I_0	第一类零阶修正的贝塞尔函数
I_1	第一类一阶修正的贝塞尔函数
j	折算速度,m/s
j_g	气相表观速度,m/s
j_{lg}	气液相表现速度差,m/s
j_1	液相表观速度,m/s
J_0	第一类零阶贝塞尔函数
Ja	雅克比数
k_{95}	95%理论密度 UO_2 燃料的热导率,$W/(m \cdot K)$
k	热导率,$W/(m \cdot K)$
k_c	包壳热导率,$W/(m \cdot K)$
k_f	燃料热导率,$W/(m \cdot K)$
k_{gas}	气体热导率,$W/(m \cdot K)$
k_i	气体组分 i 的热导率,$W/(m \cdot K)$
k_1	液体导热系数,$W/(m \cdot K)$
k_m	包壳和燃料的几何平均热导率
k_p	纯惰性或双原子气体热导率,$W/(m \cdot K)$

（续表）

变量符号（包含变量和无量纲数）	中 文 含 义
k_v	气体导热系数，$W/(m \cdot K)$
k_{vfm}	采用加热面温度和饱和温度平均值计算的导热系数，$W/(m \cdot K)$
$K_{a, h}$	热管形阻压降和加速压降修正因子
K	局部阻力系数
K	对于定位格架或定位格板的压降损失系数
K_{form}^{grid}	格架形阻系数
K_{form}^{mixing}	搅混翼片形阻系数
K_{fric}^{grid}	格架摩擦阻力系数
K_{fric}^{rod}	棒束摩擦阻力系数
$K_{f, h}$	热管摩擦压降修正因子
K_s	格架系数
l	燃料组件边长，m
l_κ	积分热导率，W/m
L_0	临界高度，m
L	管道的长度，m
L	长度，m
L_B	沸腾长度，m
L_t	格架前缘到流动转变位置的距离，m
m	质量流量，kg/s
m_c	临界流量，kg/s
$\dot{m}_{ij}$	第 i 相向第 j 相的传质速率，kg/s
$\dot{m}_{ji}$	第 j 相向第 i 相的传质速率，kg/s
$\boldsymbol{n}$	单位法向量
n	棒束中活性（加热）棒的个数，根
N	燃料棒总数，根
N_e	电站毛电功率，W
N_i	第 i 类子通道数目，个
N_{rod}	棒数，根
N_t	反应堆热功率，W

(续表)

变量符号(包含变量和无量纲数)	中 文 含 义
$\overline{Nu_L}$	竖壁自然对流的平均 Nu
$\overline{Nu}$	从入口到出口的平均 Nu
Nu	努塞特数
Nu_0	无格架棒束通道的对流传热 Nu
Nu_∞	充分发展流动处的 Nu
Nu_D	以直径为特征长度的 Nu
Nu_{FT}	根据强迫对流湍流流动计算所得的 Nu
$Nu_{c.t.}$	采用圆管湍流传热公式计算得到的 Nu
Nu_m	自然对流的 Nu
Nu_x	坐标 x 处的局部 Nu
Nu_z	坐标 z 处的当地 Nu
p_0	上游滞止压力,Pa
p	压力,Pa
p_b	背压,Pa
p_c	临界压力,MPa
p_e	出口压力,Pa
P	热功率,MW
P	棒束节距,m
P_r	系统压力于临界压力之比
Pr_b	主流区普朗特数
Pr_w	近壁面处普朗特数
Pr	普朗特数
P_t	相邻燃料棒中心间距,m
P_{wall}	棒束的润湿周长,m
q'	线功率密度,W/m
q''	热流密度,W/m^2
q'''	体积释热率,W/m^3
$\overline{q}$	燃料平均热流密度,W/m^2
q_{bb}	沸腾起始点热流密度,W/m^2

(续表)

变量符号(包含变量和无量纲数)	中 文 含 义
$q''_{cr,u}$	均匀热流条件下临界热流密度,kW/m^2
q_{cr}	临界热流密度 CHF,kW/m^2
q''_i	环形燃料元件内间隙热流密度,W/m^2
q_{max}	最大热流密度,MW/m^2
q''_o	环形燃料元件外间隙热流密度,W/m^2
Q	体积流量,m^3/s
Q_g	气相体积流量,m^3/s
Q_{ij}	两相间通过相界面的体积传热率,W/m^3
r	螺旋管的内半径,m
$\boldsymbol{r}$	单位位置向量,m
r_{ci}	包壳内表面半径,m
r_{cii}	环形燃料内包壳内表面半径,m
r_{cio}	环形燃料内包壳外表面半径,m
r_{co}	包壳外表面半径,m
r_{coi}	环形燃料外包壳内表面半径,m
r_{coo}	环形燃料外包壳外表面半径,m
r_{fi}	环形燃料内表面半径,m
r_{fo}	环形燃料外表面半径,m
r_{fs}	燃料外表面半径,m
r_Q	直接进入冷却剂的燃料棒产生的功率的分数
R	气体常数,$J/(kg \cdot K)$
R	螺旋管的螺旋半径
Ra_m	修正后的瑞利数
Ra	瑞利数
R_c	螺旋管的曲率半径,m
R_c	包壳表面粗糙度,m
Re	雷诺数,$\rho uL/\mu$
Re_{bL}	层流区流体雷诺数
Re_{bT}	湍流区流体雷诺数

（续表）

变量符号（包含变量和无量纲数）	中 文 含 义
Re_{cr}	临界雷诺数
Re_D	以直径为特征长度的雷诺数
Re_c	螺旋管内的层流-湍流过渡临界雷诺数
R_f	燃料表面粗糙度，m
R_m	加热面最大缺陷孔洞的半径，m
RR	裂变反应率，$cm^{-3}s^{-1}$
s	滑速比
S	Chen 公式抑制因子
S_c	临界滑速比
$S_{h,i}$	第 i 相（液相或气相）的能量源项，$kg/(m^3 \cdot s)$
S_i	无量纲几何学参数
$S_{m,i}$	第 i 相（液相或气相）的质量源项 $kg/(m^3 \cdot s)$
S_m	质量源项，$kg/(m^3 \cdot s)$
t	时间，s
T	温度，K
T_{bulk}	主流冷却剂温度，K
T_{ci}	包壳内表面温度，K
T_{cii}	环形燃料内包壳内表面温度，K
T_{cio}	环形燃料内包壳外表面温度，K
T_{co}	包壳外表面温度，K
T_{coi}	环形燃料外包壳内表面温度，K
T_{coo}	环形燃料外包壳外表面温度，K
T_f	流体平均温度，K
T_{fi}	环形燃料内表面温度，K
T_{fo}	环形燃料外表面温度，K
T_{fs}	燃料表面温度，K
T_{gas}	间隙气体平均温度，K
T_s	饱和温度，K
T_w	管面温度，K

(续表)

变量符号（包含变量和无量纲数）	中 文 含 义
u	流体的平均速度，m/s
u_{grid}	格架区流体速度，m/s
U	比热力学能，kJ/mol
U_{g}^{*}	液相无量纲流速
U_{l}^{*}	气相无量纲速度
v	比体积，m³/kg
v_{0}	上游滞止点比体积，m³/kg
$\boldsymbol{v}$	速度矢量，m/s
v	流体速度，m/s
v_{e}	出口比体积，m³/kg
v_{f}	液相比体积，m³/kg
v_{fs}	饱和液相比体积，m³/kg
v_{g}	气相比容，m³/kg
v_{gs}	饱和汽相比体积，m³/kg
v_{tp}	汽水混合物平均比体积，m³/kg
$\boldsymbol{v}_{i}$	第 i 相（液相或气相）的速度矢量，m/s
v_{ref}	相对速度，m/s
V	控制体
v	流速，m/s
v_{e}	出口速度，m/s
v_{f}	液体流速，m/s
V_{g}	气相介质的容积流量，m³/s
v_{g}	气体流速，m/s
V_{l}	液相介质的容积流量，m³/s
w	轴向流速，m/s
w'	湍流横流，kg/(m·s)
$w'_{i,j}$	从子通道 i 到 j 的湍流横向交混速率，kg/(m·s)
w_{k}	间隙 k 的横向质量流速，kg/(m·s)
W	质量流量，kg/s

（续表）

变量符号（包含变量和无量纲数）	中 文 含 义
We	韦伯数
W_{ch}	流道宽度，m
W_c	临界质量流量，kg/s
W_f	液体质量流量，kg/s
W_g	气相真实平均速度，m/s
W_{gm}	气相漂移速度，m/s
M_g	气相的质量流量，kg/s
W_l	液相真实平均速度，m/s
W_{lm}	液相漂移速度，m/s
M_l	液相的质量流量，kg/s
W_o	循环速度，m/s
W_t	总质量流量，kg/s
x	含气率
x_e	平衡含气率
x_{eZ}	位置 Z 处的平衡含气率
x_{in}	进口含气率
X	干度
y^*	临界汽膜厚度，m
Y	衡量功率轴向非均匀性的参数
z	沿管道的轴向坐标，m
z^+	进口速度充分发展、温度均匀分布圆管的努塞特数分布经验公式中的无量纲坐标项
Z	距离加热段起点的长度，m

希腊字母	含义（中文）
α	空泡份额
α_l	液相体积份额
α_i	第 i 相（液相或气相）的空泡份额
α_1	液体热扩散系数，m²/s

（续表）

希腊字母	含义（中文）
α_v	气体体积份额
β	尺寸比例因子
β	体胀系数，$\mathrm{℃}^{-1}$
β_0	导热率变化系数，$\mathrm{℃}^{-1}$
β_c	临界压力比
β_{SP}	单相交混系数
β_{TP}	两相交混系数
Γ	质量源项，$\mathrm{kg/(m^3 \cdot s)}$
Γ_v	蒸汽产生率，$\mathrm{kg/(m^3 \cdot s)}$
ΔE	中子每次碰撞平均能量损失，MeV
$\Delta h_{\mathrm{sub,in}}$	入口过冷度，K
ΔP_1	单相区压力损失，Pa
ΔP_2	两相区压力损失，Pa
Δp_{form}	局部阻力压降，Pa
ΔP_{GO}	气相单独流过孔板时的压降，Pa
ΔP_{LO}	液相单独流过孔板时的压降，Pa
ΔP_{TP}	两相流流过孔板时的静压降，Pa
Δp_a	加速压降，Pa
Δp_e	有效驱动压力，Pa
Δp_{el}	提升压降，Pa
Δp_{ex}	出口压降，Pa
Δp_f	摩擦压降，Pa
Δp_{gd}	格架压降，Pa
Δp_{in}	进口压降，Pa
ΔT_{sat}	过热度，K
ΔT_{gap}	间隙温差，K
Δy	轴向网格高度，m
δ	工程流量修正因子
δ_c	板状燃料元件包壳厚度，m

（续表）

希腊字母	含义（中文）
δ_{cold}	冷态燃料的间隙宽度，mm
δ_{eff}	间隙的总有效宽度，mm
δ_g	未接触间隙宽度，mm
δ_{hot}	热态下未开裂燃料的间隙宽度，mm
ε	管道壁面的粗糙度
ε	燃料组件的流通堵塞率
ε_c	包壳发射率
ε_f	燃料发射率
ε_l	气液相界面辐射系数，$W \cdot K/m^2$
ε_s	加热面辐射系数，$W \cdot K/m^2$
η	孔隙修正因子
η_T	电厂总毛效率
θ	管道与水平方向的夹角，°
θ	接触角，°
κ	导热系数 $W/(m \cdot K)$
κ	无量纲常数（$\kappa = c_p/c_v$）
λ	拉普拉斯特征长度，m
λ_d	危险的瑞利-泰勒不稳定性波长，m
μ	流体动力黏度，$Pa \cdot s$
μ_b	主流区流体动力黏度，$Pa \cdot s$
μ_f	液体动力黏度，$Pa \cdot s$
μ_g	气体动力黏度，$Pa \cdot s$
μ_m	两相动力黏度，$Pa \cdot s$
μ_w	近壁处流体动力黏度，$Pa \cdot s$
ν	运动黏度，m^2/s
ξ	氧化物中 PuO_2 的摩尔百分比
ξ	平均对数能降
ξ	冷却剂旁流系数
ξ_s	单相流体中的三通阻力系数
ρ	密度，kg/m^3

（续表）

希腊字母	含义（中文）
ρ_l	液体密度，kg/m^3
ρ_g	气体密度，kg/m^3
ρ_i	第 i 相（液相或气相）的密度，kg/m^3
ρ_m	两相混合物密度，kg/m^3
ρ_{TD}	理论密度，kg/m^3
Σ_a	宏观吸收截面，cm^{-1}
Σ_f	宏观裂变截面，cm^{-1}
σ	斯特藩-玻尔兹曼常数，5.6697×10^{-8} $W/(m^2 \cdot K^4)$
σ	流动截面比
σ	表面张力，N/m
σ	玻尔兹曼常数，$W \cdot K^4/m^2$
σ_f	微观裂变截面，$barn$
$\bar{\bar{\tau}}$	应力张量，N/m^2
τ_b	时间间隔，s
$\bar{\bar{\tau}}_i$	第 i 相（液相或气相）的应力张量
τ_w	壁面剪切应力，N
ϕ	中子通量密度，cm^{-2} s^{-1}
ϕ_{GO}^2	全气相折算系数
ϕ_{LO}^2	全液相折算系数
ψ	间歇因子
ω	相关性特征尺寸，m
ϕ_{tp}^2	两相摩擦倍增因子
ϕ	搅混翼偏折角，$°$
$\phi(z)$	轴向归一化功率分布函数

附录 B　缩略语对照表

英文缩写	英 文 全 称	中 文 含 义
ADS	automatic depressurization system	自动卸压系统
BPG	best practice guideline	经验性质的最佳实践导则
BWR	boiling water reactor	沸水堆
CCFL	counter-current flow limitation	两相逆流限制现象
CFD	computational fluid dynamics	计算流体力学
CHF	critical heat flux	临界热流密度
DNB	departure from nucleate boiling	偏离泡核沸腾
DNBR	departure from nucleate boiling ratio	偏离泡核沸腾比
DO	Dryout	干涸
ECC	emergency core cooling	应急堆芯冷却剂
IRWST	in-containment refueling water tank	安全壳内置换料水箱
LES	large eddy simulation	大涡模拟
LOCA	loss of coolant accident	冷却剂失水事故
MDNBR	minimum departure from nucleate boiling ratio	最小偏离泡核沸腾比
NVG	net vapor generation	净汽泡产生点
ONB	onset of nucleation boiling	沸腾起始点
PANS	partially-averaged navier-stokes	部分时均模型
PRHRS	passive residual heat removal systems	非能动余热排出系统
PWR	pressurized water reactor	压水堆
RANS	Reynolds-averaged Navier-Stokes	雷诺时均模型
TDC	thermal diffusion coefficient	湍流扩散系数
VOF	volume of fluid	流体体积法